新工科信息技术基础系列规划教材

大学计算机：问题求解基础

何钦铭 主编

谢红霞 陈丹 编

中国教育出版传媒集团

高等教育出版社·北京

内容提要

本书是高校计算机基础教学的入门课程教材。教材从计算机问题求解的视角,将计算思维培养和新技术赋能这两个课程教学目标在内容体系上进行整合,使人工智能、大数据、云计算、区块链、物联网等新一代信息技术内容能够较好地融入大学计算机课程教学中。

全书以计算机问题求解为主线,通过案例和问题的引入,重点讲解计算机系统基础知识,以及计算机问题表示和流程处理的基本思想方法,并通过演示性的 Python 程序使读者体验相关问题求解方法的实现。全书内容分为五篇(共 15 章),分别是计算机系统基础、程序设计基础——Python 程序设计入门、信息表示与数据组织、算法与问题求解策略、搜索与人工智能。

本书可以作为普通高等学校各类专业大学计算机课程的教材,也可作为广大读者了解、学习计算机基础知识的参考用书。

图书在版编目(CIP)数据

大学计算机:问题求解基础 / 何钦铭主编;谢红霞,陈丹编. --北京:高等教育出版社,2022.9
ISBN 978-7-04-059142-2

Ⅰ.①大… Ⅱ.①何…②谢…③陈… Ⅲ.①电子计算机-基本知识 Ⅳ.①TP3

中国版本图书馆 CIP 数据核字(2022)第 141992 号

Daxue Jisuanji:Wenti Qiujie Jichu

策划编辑 唐德凯　　责任编辑 唐德凯　　封面设计 张申申　　版式设计 杨　树
责任绘图 于　博　　责任校对 胡美萍　　责任印制 存　怡

出版发行 高等教育出版社
社　　址 北京市西城区德外大街 4 号
邮政编码 100120
印　　刷 北京市大天乐投资管理有限公司
开　　本 787mm×1092mm 1/16
印　　张 16.75
字　　数 370 千字
购书热线 010-58581118
咨询电话 400-810-0598
网　　址 http://www.hep.edu.cn
　　　　 http://www.hep.com.cn
网上订购 http://www.hepmall.com.cn
　　　　 http://www.hepmall.com
　　　　 http://www.hepmall.cn
版　　次 2022 年 9 月第 1 版
印　　次 2022 年 9 月第 1 次印刷
定　　价 34.80 元

物 料 号 59142-00

前　　言

随着信息社会的快速发展和计算机技术在各领域的深入应用，以人工智能、大数据、云计算、物联网、区块链等为代表的新一代信息技术迅猛发展，新一轮世界科技革命和产业变革正在加速演进。在新形势下，大学计算机教学是一种集知识、能力与素质培养于一体的通识教育内容，也是新时期培养大学生理解和掌握新一代信息技术的赋能教育。大学计算机课程已经成为21世纪大学教育中的核心基础课程，是每位大学生都必须接受的课程教育。

教育部高等学校大学计算机课程教学指导委员会提出了以计算思维培养和新技术赋能为导向的大学计算机课程教学改革方向。计算思维是运用计算机科学的基础概念进行问题求解、系统设计、人类行为理解等涵盖计算机科学之广度的一系列思维活动。在大学计算机课程中，如何适应新形势的变化，在加强计算思维培养的同时将新一代信息技术更好地融入课程内容中，一直是许多教师不断探索的目标。

近年来，作者在浙江大学和浙大城市学院探索开设了以计算机问题求解为主线的大学计算机课程，并逐年迭代，逐步建立了比较完整的课程内容体系，由此凝练、编写成本教材。

本教材内容体系的整体设计思路是：以问题求解所依赖的计算平台为基础，以问题表示和处理流程为核心，并拓展到非平凡问题的求解方法，即搜索方法。同时，为了帮助读者体验问题求解的算法，也为后继程序设计能力培养打下更好的基础，教材还包含了Python语言程序设计的基础内容，以便读者能理解教材中相关算法的程序。根据以上设计思路，本教材内容分为以下五篇共15章。

第一篇介绍计算机系统基础。本篇主要学习目标是理解问题求解所依赖的计算平台；具体分三章：第1章图灵机，第2章计算机如何工作，第3章信息怎样传递。

第二篇为程序设计基础——Python程序设计入门。本篇主要学习目标是了解Python程序设计语言的基本内容，理解程序设计的数据表示和流程控制的基本思想；具体分三章：第4章Python程序设计启航，第5章程序流程控制，第6章Python组合数据类型，其中涉及软件开发及开源软件的基本思想。

第三篇介绍信息表示与数据组织。本篇主要学习目标是理解问题在计算机中的表示方法，主要是信息在计算机中的表示方法和反映复杂关系的数据组织方法，并延伸了解大数据和区块链技术的基本思想；具体分三章：第7章信息编码、校验与加密，第8章数据结构基础，第9章大数据与区块链技术等。

第四篇介绍算法与问题求解策略。本篇主要学习目标是理解问题求解中算法设计的基本策略，包括：迭代、递归、贪心法、分治法、随机算法等，并延伸了解资源调度与云计算；具体分三章：第 10 章迭代与递归，第 11 章算法设计基本策略，第 12 章资源调度与云计算。

第五篇搜索与人工智能。本篇主要学习目标是了解非平凡问题的一种问题求解方法——搜索，并延伸了解人工智能和机器学习的基本知识；具体分三章：第 13 章博弈树与搜索剪枝，第 14 章启发式搜索，第 15 章人工智能与机器学习。

本教材面向新生计算机入门课程，主要有以下特点。

(1) 在整体内容体系上，以计算机问题求解为主线，将传统计算机入门课程中的主要教学内容与新技术内容进行有机融合。以传统教学内容和计算思维培养为基础，通过关联性延伸到新技术的相关内容。比如，由信息表示与数据组织延伸到大数据与区块链，由资源调度算法延伸到云计算，由非平凡问题的搜索求解延伸到人工智能与机器学习，等等。

(2) 在具体内容讲解上，以典型案例作为导入，深入浅出地讲解其背后蕴含的计算思想和原理，并通过“思考”和“拓展阅读”的形式，激发思考、扩展视野，加强学生计算思维的培养。

(3) 在实践内容设计上，教材强调并鼓励读者动手实践，为此专门安排了 Python 入门级的教学内容，其目的不是替代程序设计课程，而是为后续理解和体验算法做好准备。本教材中绝大多数问题都配有求解算法的 Python 实现，读者可以运行这些程序，体验和理解程序和算法的基本思想，同时也建议在课程教学中通过布置更有探索性的问题(比如，教师给些程序让学生运行并分析实验结果等)，以加深学生对相应计算机科学思想方法的理解。

在实施课程教学时，由于不同高校、不同专业学生基础不同，对计算机技术内容的关注点不同，建议：(1) 第一篇、第三篇和第四篇是最基本的内容，可重点讲授，第二篇和第五篇可根据具体情况有选择地讲解；(2) 每章的课时安排基本是一周(2 节课)左右，但还是建议教师留些机动时间开展课堂讨论和前后章之间的内容调节；(3) 发挥在线教育平台的作用，积极开展翻转课堂探索，鼓励学生课后查找资料、动手实践、分析总结，并在课堂上开展讨论；已有课程教学实践表明，这些方法是激发学生学习积极性，培养分析问题、解决问题能力的有效途径。

本书由何钦铭主编并统稿，陈丹和谢红霞参与编写，其中陈丹主要负责第 1—3 章的编写，谢红霞主要负责第 4—7 章的编写，其余各章主要由何钦铭负责。颜晖和杨起帆审阅了本教材内容，并提出了许多非常好的建议，在此作者表示感谢！教材还配备了配套的课件、习题库(PTA 平台中)，以及部分内容的教学视频。这些数字化资源还将逐步补充、完善。

本教材是新形势下大学计算机课程内容改革的一种探索，由于作者水平有限，书中难免存在谬误之处，敬请读者批评指正。

何钦铭

2022 年 5 月

目　　录

第一篇　计算机系统基础

第三篇 信息表示与数据组织

第五篇 搜索与人工智能

第一篇　计算机系统基础

计算机已经融入人们生活的方方面面，成为不可或缺的部分。计算机作为一种复杂的系统设备，由硬件和软件组成。那么计算机各部分是如何协同工作，以克服系统瓶颈、保持系统平衡性、提高整体效率的呢？作为大学生应该对计算机系统有较好的理解，这种理解也有助于更有效地应用计算机来求解问题。本篇将介绍现代计算机产生的过程，计算机如何从理论变为现实，计算机的组成和工作原理，以及计算机网络的相关知识。

第 1 章讲解现代计算机出现之前人类的计算历史，并重点介绍计算机在理论上的可行性——图灵机模型，详细讲解图灵机的工作过程。

第 2 章讲解冯·诺依曼现代计算机的架构，计算机内部如何运用二进制并通过逻辑门电路来实现加法运算、逻辑运算、指令系统等。计算机要正常高效地运作，除了硬件部分，还需要有操作系统的统一协调管理。

第 3 章讲解计算机网络相关知识，从计算机在网络中的身份识别号（包括 IP、MAC、DNS）入手，介绍信息在网络中的传递方式、设备连网方式、Internet 应用、网络安全与道德法规及当前正在快速发展的物联网技术等。

第 1 章

图灵机

1.1　图灵机模型

计算的重要性毋庸置疑，从简单计算到货物贸易、从生产制造到科学研究都离不开计算，进行既快又准的计算一直是人类在不断追求的目标。在中国古代，就有数学家祖冲之(429—500)使用算筹将圆周率精确计算到了小数点后面的 7 位；有 2 000 多年历史的算盘(如图 1-1)直到现在还有人在使用。从近代欧美国家出现的机械式计算机、电子管计算机、晶体管计算机，再到现在世界上正在普遍使用的大规模、超大规模集成电路计算机，并向着生物计算机和量子计算机方向发展，人们的探索没有停止。

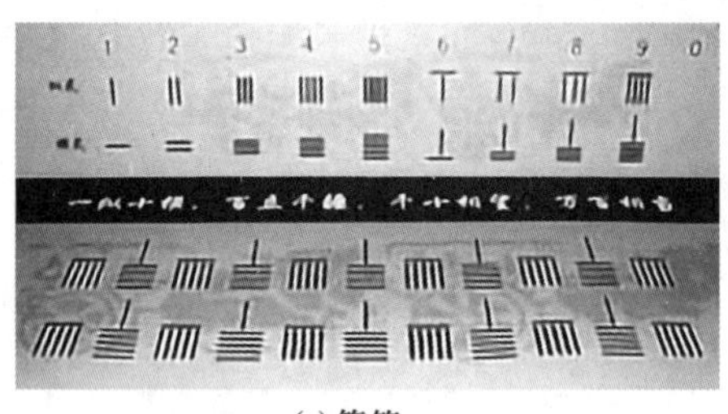

(a) 算筹

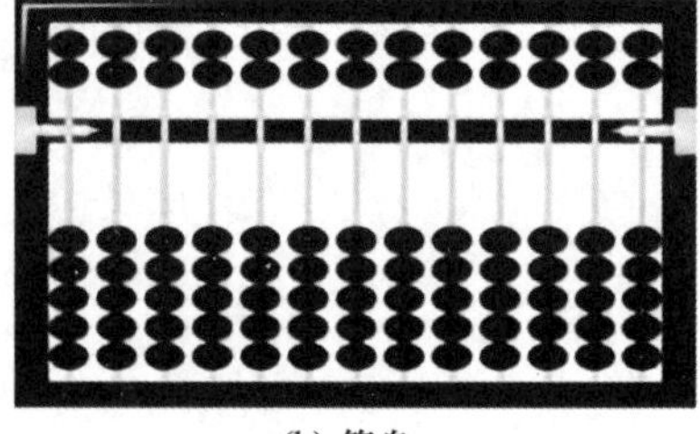

(b) 算盘

图 1-1　算筹与算盘

1.1.1　图灵的构想

既然计算非常重要，那么设计一台通用计算机理论上可行吗？现在我们知道这是可行的，但是在 20 世纪 30 年代前，人们对这个问题一直没有找到答案。

1936 年 5 月，年仅 24 岁的英国数学家阿兰·麦席森·图灵(1912—1954)发表一篇题为《论可计算数及其在判定问题中的应用》("*On computable numbers, with an application to the Entscheidungsproblem*")的论文，这篇论文被誉为现代计算机原理开山之作，论文中提出一种计算装置，后被称为"图灵机"(Turing machine)。图灵机不是具体的计算机，而是一种抽象的计算模型,即将人们使用纸笔并在大脑思维的指挥下进行数学运算的过程分解成一系列简单动作,然后将这些动作机械化,由一个虚拟的机器替代人类进行数学运算。这个虚拟的机器要完成人类进行数学运算的过程可以看作下列两种简单的动作的组合:① 把某个符号写到纸上或擦除;② 注意力从纸的一个位置转移到另一处。在每个阶段中,要由人来决定下一步的动作,决定的依据是此人当前所关注的纸上相应位置的符号以及他当前思维的状态,这两个动作交替执行,直到完成运算。图灵机结构如图 1–2 所示。

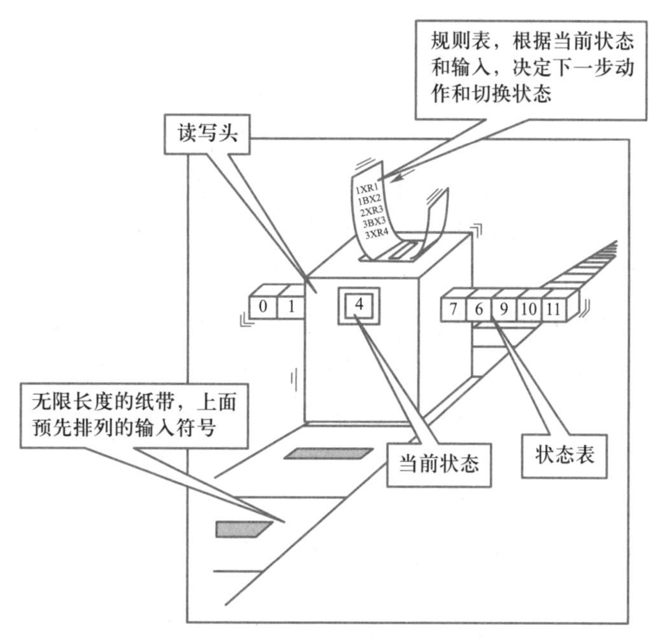

图 1–2 图灵与图灵机

图灵机由以下几部分组成。

(1) 一条无限长的纸带。纸带被划分为无数个小格子,每个格子上包含一个来自有限字母表的符号。

(2) 一个读写头。读写头可以执行的动作有:在纸带上左右移动;读取方格中的符号;改写方格中的符号;进行状态切换。

(3) 内部状态集。一系列工作状态的集合。

(4) 控制规则集。即决策依据,根据当前机器所处的状态以及当前读写头所指的格子上的符号来确定读写头下一步的动作,并改变状态值,令机器进入一个新的状态。

图灵机工作时,读写头可以在纸带上左右移动,它能读出当前所指的格子上的符号,并能改变当前格子上的符号。控制规则集是读写头工作的依据,它具体规定了两种内容:

① 在一种状态下,根据读出的符号执行相应的操作内容(移动及写操作)。

② 所规定的操作完成后的下一状态。

为了更加清晰、严格地描述图灵机模型,在这里给出图灵机模型的形式化描述。

图灵机是一个五元组$(K, \Sigma, \delta, s, H)$,其中:$K$ 是有穷个状态的集合;Σ 是字母表,即纸带上符号的集合;s 是初始状态,且 $s \in K$;H 是停机状态,且 $H \in K$,当控制器内部状态为停机状态时图灵机结束计算;δ 是转移函数,即控制规则集。

即图灵机模型工作时由五部分来共同完成:控制器的有限个内部状态、允许出现在纸带上的符号、起始状态、停机状态、控制器的控制规则。

下面举一个计算“x+1”的例子来说明图灵机的工作原理。

1.1.2 “x+1”图灵机

电子计算机内部使用的是二进制,所谓二进制就是用数字 0 和 1 来表示所有的数,如 $5=1\times 2^0+0\times 2^1+1\times 2^2$,则可以用二进制数 101 来表示十进制数 5。下面就利用二进制来设计一个计算“x+1”的图灵机,要求计算完成时,读写头要回归原位。

因为是二进制,表示数只要 0 和 1 就够了,为了对连续两个数进行分隔,增加一个符号“*”。所以确定字母表:

Σ:(0,1,*)

加法运算可能引起进位,区分是否有进位需两个状态;计算开始和结束需要初始状态和结束状态:计算过程和读写头回归原位过程需要区分等,还需要其他状态。于是

状态集合:K:{start,add,carry,noncarry,overflow,return,halt}

初始状态 s:start;

停机状态 H:halt;

控制规则集 δ:见表 1-1。

表 1-1 “x+1”图灵机的控制规则集

输入		响应		
当前状态	当前符号	新符号	读写头移动	新状态
start	*	*	left	add
add	0	1	left	noncarry
add	1	0	left	carry
add	*	*	right	halt
carry	0	1	left	noncarry
carry	1	0	left	carry
carry	*	1	left	overflow
noncarry	0	0	left	noncarry
noncarry	1	1	left	noncarry
noncarry	*	*	right	return
overflow	0 或 1 或 *	*	right	return
return	0	0	right	return
return	1	1	right	return
return	*	*	stay	halt

表 1–1 中每一行代表一条规则，比如第二条规则是：如果当前状态为“add”，读写头读出当前符号为“0”，则状态改为“noncarry”，读写头改写当前符号为“1”并左移一格（注意，由于读写头每次仅能完成改写、左移一格或右移一格中的一个动作，故此处改写并左移实际分两步完成，但为了叙述的简洁，将其合并，这并不影响问题的实质）。

1.1.3　例子：“5+1”运算过程

下面就以 x=5 为例来介绍图灵机进行“5+1”的工作过程，即初始图灵机纸带的符号序列是“*101*”（代表二进制“5”），要求计算后纸带上的符号序列是“*110*”（代表二进制数“6”）。根据表 1–1 中的控制规则，计算过程如图 1–3 所示，分别对应以下各步。

（1）开始时，图灵机纸带上的符号串为“*101*”，内部状态为“start”，箭头代表当前读写头的位置。

（2）根据控制规则集表，当前状态为“start”，当前符号为“*”时，读写头向左移动一格，内部状态改变为“add”，表示准备进行加运算。

（3）根据控制规则集表，当前状态为“add”，当前符号为“1”时，读写头改写当前符号为“0”，并向左移动一格，内部状态改变为“carry”，表示有进位。

（4）根据控制规则集表，当前状态为“carry”，当前符号为“0”时，读写头改写当前符号为“1”，并向左移动一格，进入“noncarry”状态，表明没有进位。

（5）根据控制规则集表，当前状态为“noncarry”，当前符号为“1”时，读写头将继续左移一格，指向“*”，状态不变。

（6）这时“5+1”即二进制“101+1”的计算已经完成，根据控制规则集表，读写头将连续右移，直到指向原位“*”，内部状态变为“return”。

（7）图灵机继续运行，按控制规则集表，状态为“return”并且当前符号为“*”，则图灵机进入“halt”状态，由于“halt”状态是该图灵机的停机状态，所以图灵机停止运行，圆满完成计算要求。

规则集中的“overflow”状态在这个例子中没有出现，那么何时会出现呢？可以尝试 x=7，即计算“7+1”，初始符号序列为“*111*”，运行过程中就会出现“overflow”状态，运行结束时在纸带上的字符为“*1000*”，其长度比原来字符的长度要长，得到了正确的结果。

总之，可以这样表示图灵机：输入 + 当前状态→输出 + 后一状态。

【思考】根据表 1–1，请解释一下状态“overflow”的含义，什么情况下会出现这个状态？

到这里，这个图灵机的功能看起来还是过于简单，只能进行“x+1”的计算，那么我们是否有办法构造更复杂的图灵机，来进行更复杂的计算呢？

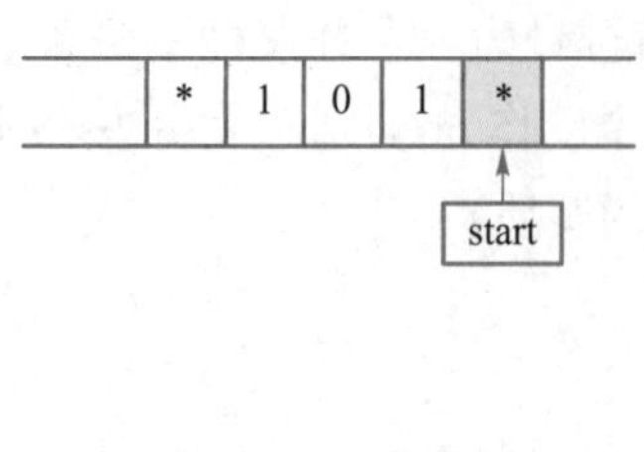

输入		响应		
当前状态	当前符号	新符号	读写头移动	新状态
start	*	*	left	add

(a) 初始状态及第一步适用规则

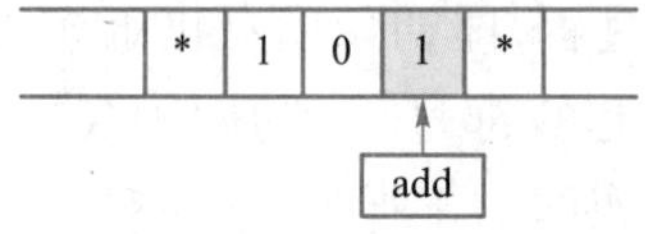

输入		响应		
当前状态	当前符号	新符号	读写头移动	新状态
add	1	0	left	carry

(b) 第一步完成后的状态及第二步适用规则

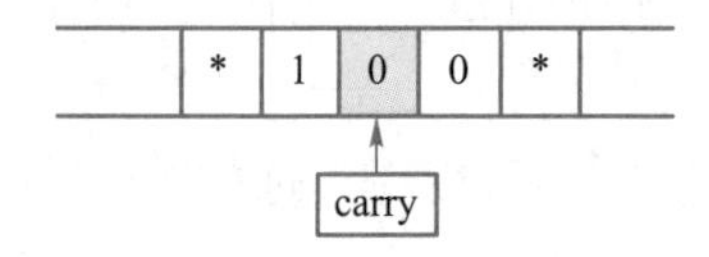

输入		响应		
当前状态	当前符号	新符号	读写头移动	新状态
carry	0	1	left	noncarry

(c) 第二步完成后的状态及第三步适用规则

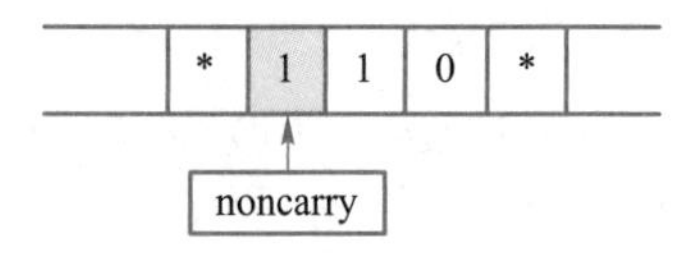

输入		响应		
当前状态	当前符号	新符号	读写头移动	新状态
noncarry	1	1	left	noncarry

(d) 第三步完成后的状态及第四步适用规则

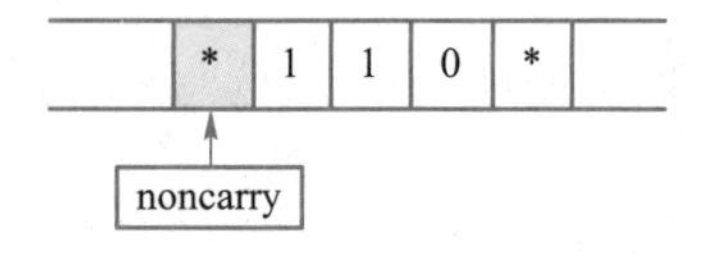

输入		响应		
当前状态	当前符号	新符号	读写头移动	新状态
noncarry	*	*	right	return

(e) 第四步完成后的状态及第五步适用规则

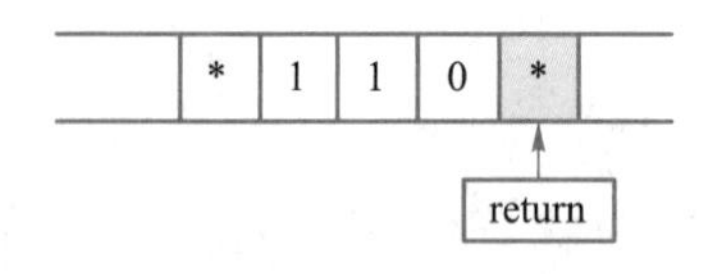

输入		响应		
当前状态	当前符号	新符号	读写头移动	新状态
return	*	*	stay	halt

(f) 第五步完成后的状态及第六步适用规则

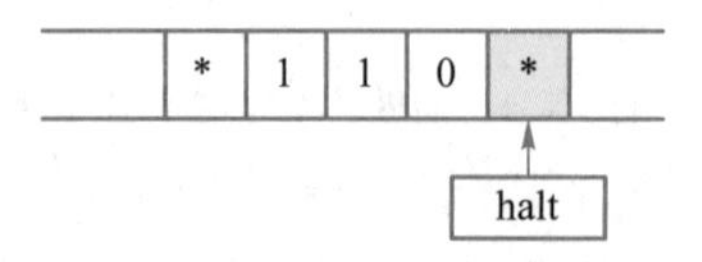

(g) 第七步完成后的停机状态

图 1-3 图灵机进行“5+1”运算的工作过程

1.2　通用图灵机

图灵机本质是在进行字符串的处理,输入是一个字符串,输出也是一个字符串。如果将图灵机的有限内部状态与读写头的有限动作用字符串表示,那么每条转换规则也可以用一个字符串表示,即四元组的形式,(当前状态 S_i,当前符号 C_i,动作(或新符号)A_i,新状态 S_n)。

按照这个思路,对以上“x+1”图灵机重新进行构建,用字符串表示四元组(当前状态,当前符号,动作,新状态)。字母表由 3 个符号组成,内部状态为 7 个,读写头动作包括左移、右移和改写(因为改写就是将原符号改为新符号,即完成了该动作,所以不需要另行专门为其编码),故一共有 12 个符号,用 4 位二进制串来表示足够,具体编码如表 1–2、表 1–3、表 1–4 所示。

表 1–2　字母表编码表

原符号	编码
0	0000
1	0001
*	0010

表 1–3　读写头动作编码表

动作	编码
left	0011
right	0100

表 1–4　状态编码表

状态	编码
start	0101
add	0110
carry	0111
noncarry	1000
overflow	1001
return	1010
halt	1011

根据以上三个编码表,对原来"x+1"图灵机规则集表 1–1 进行编码,第一条规则(start, *,*,left,add) 用四元组(当前状态,当前符号,动作,新状态)的形式表示为(start,*,left, add),编码为(0101 0010 0011 0110)。表 1–1 中的一些复合步骤,如第 2 条规则(add,0, 1,left,noncarry),分解成两步:(add,0,1,noncarry)和(noncarry,1,left,noncarry),则编码为(0110 0000 0001 1000)和(1000 0001 0011 1000),这样可以把整个"x+1"图灵机规则集用 0、1 字符串进行编码。重新编码后的规则集见表 1–5。

表 1–5 新规则集表

当前状态	当前符号	动作	新状态
0101	0010	0011	0110
0110	0000	0001	1000
1000	0001	0011	1000
0110	0001	0000	0111
0111	0001	0011	0111
0110	0010	0100	1011
0111	0000	0001	1000
1000	0001	0011	1000
0111	0001	0000	0111
0111	0000	0011	0111
0111	0010	0001	1001
1001	0001	0011	1001
1000	0000	0011	1000
1000	0001	0011	1000
1000	0010	0100	1010
1001	0000	0010	1010
1010	0010	0100	1010
1001	0001	0010	1010
1010	0010	0100	1010
1010	0000	0100	1010
1010	0001	0100	1010

下面构造一个三带通用图灵机 U,如图 1–4 所示,第一条带上存放"x+1"图灵机的数据,如 x=5(0010 0001 0000 0001 0010)即"*101*";第二条带上存放"x+1"图灵机的实时状态,初始时为"start",即(0101);第三条带上存放"x+1"图灵机的所有规则集合,即 16 位字符串连接成的长字符串。

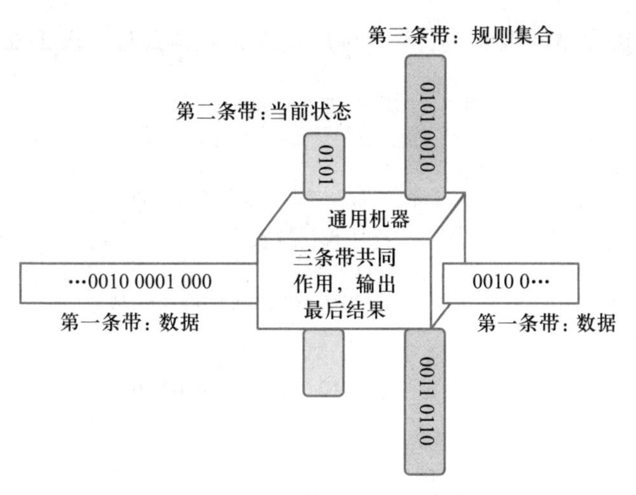

图 1-4　三带通用图灵机

图灵机 U 的运行过程：扫描第二和第一条带，分别获得当前状态（4 位）S_i 和当前数据（4 位）C_i；再扫描第三条带（16 位一组），找到匹配的一条规则，即其前四位正好为当前状态的编码 S_i，第二个四位正好为当前数据的符号串 C_i；于是将第二条带上当前状态改为该规则的第四个四位编码，即新的状态 S_n，并由第三个四位编码（即动作）根据编码指挥第一条带的读写头动作 A_i。如果某一步在第三条带上找不到对应的规则，则表示在第二条带上的状态为停机状态，计算结束，停机。其工作流程如图 1-5 所示。

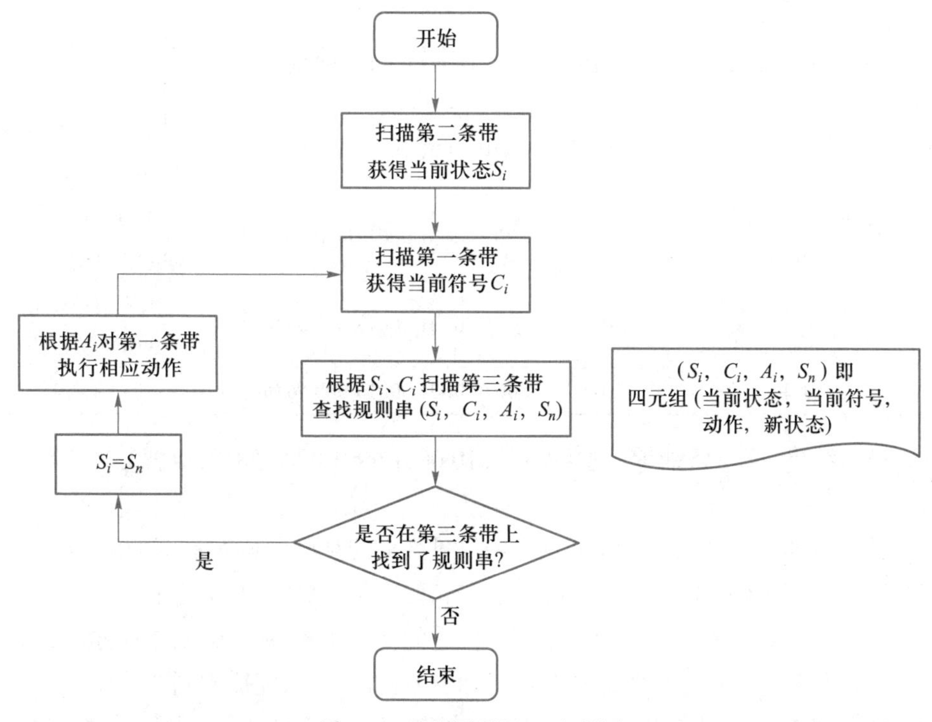

图 1-5　通用图灵机 U 流程图

在“x+1”图灵机和图灵机 U 上进行“5+1”计算的具体过程如表 1–6 所示。

表 1–6 “x+1”图灵机和图灵机 U 上进行“5+1”的过程对应表

序号	“x+1”图灵机执行过程	图灵机 U 执行“5+1”过程		
		第二条带（当前状态）	第一条带（黑斜体为当前读写头读取值）	第三条带上对应的规则代码（代表的规则）
1	start,*,*,left,add	0101	0010 0001 0000 0001 ***0010***	0101 0010 0011 0110 (start,*,left,add)
2	add,1,0,left,carry	0110	0010 0001 0000 ***0001*** 0010	0110 0001 0000 0111 (add,1,0,carry)
		0111	0010 0001 0000 ***0000*** 0010	0111 0000 0011 0111 (carry,0,left,carry)
3	carry,0,1,left,noncarry	0111	0010 0001 ***0000*** 0000 0010	0111 0000 0001 1000 (carry,0,1,noncarry)
		1000	0010 0001 ***0001*** 0000 0010	1000 0001 0011 1000 (noncarry,1,left,noncarry)
4	noncarry,1,1,left,noncarry	1000	0010 ***0001*** 0001 0000 0010	1000 0001 0011 1010 (noncarry,1,left,return)
5	noncarry,*,*,right,return	1010	***0010*** 0001 0001 0000 0010	1000 0010 0100 1010 (noncarry,*,right,return)
6	return,1,1,right,return	1010	0010 ***0001*** 0001 0000 0010	1010 0001 0100 1010 (return,1,right,return)
7	return,1,1,right,return	1010	0010 0001 ***0001*** 0000 0010	1010 0001 0100 1010 (return,1,right,return)
8	return,0,0,right,return	1010	0010 0001 0001 ***0000*** 0010	1010 0000 0100 1010 (return,0,right,return)
9	return,*,*,stay,halt	1010	0010 0001 0001 0000 ***0010***	没有对应编码 (return,*,stay,halt)
10	结束	1011	0010 0001 0001 0000 ***0010***	结束

最后输出结果，第一条纸带上的内容：0010 0001 0001 0000 0010，也就是 *110*，即结果为 6。

用图灵机 U 进行 $x+1$ 计算，输入为“$x+1$”图灵机的规则编码和 x 值的编码，可以输出 $x+1$ 的结果。如果输入换成其他图灵机的编码和相应值，则图灵机 U 就能完成其他图灵机的功能。可见图灵机 U 是一台通用的图灵机，它的功能根据输入编码的不同而变化，也可以根据不同的程序（规则集）和数据（字符串）而有不同的输出，完成不同的功能。

通用图灵机蕴含的计算思想：① 程序也是数据。前面的“$x+1$”图灵机模型中，输入为 x，输出为 $x+1$ 的结果，即功能是固定的，本身相当于一个固定的程序，该程序接受输入数据,输出结果也为数据,程序和数据是完全分开的。但在通用图灵机 U 中,输入的内容既包括“x+1”图灵机的编码,又包含输入的数据,程序和数据进行了统一编码,没有本质的区别。② 存储及控制。图灵机 U 中的三条纸带可以看作是存储器,输入数据和程序都预先保存在纸带上,执行后输出数据也保存在纸带上;图灵机 U 还拥有控制读写头及纸带移动的控制器等,这正是冯·诺依曼现代计算机思想的雏形。

习题 1

1. 讨论:掌握计算思维对我们非计算机专业的学生有何益处?

2. 用通用图灵机模型进行“7+1”的计算,即初始符号序列为 *111*,运行过程如何?

3. 请设计一个图灵机模型,实现计数法 x+1 的计算。比如,初始符号序列为“1111”(代表“4”),计算后的结果为“11111”(代表“5”)。

第 2 章

计算机如何工作

图灵机模型可以计算任何可计算问题，但它只是一个假设的模型，如何将这个模型变为实际的机器？ 1944 年，数学家冯·诺依曼提出计算机基本结构和工作方式的设想，为计算机的诞生和发展提供了理论基础。时至今日，尽管计算机软硬件技术飞速发展，但计算机本身的体系结构一直沿用冯·诺依曼架构。

2.1 计算机系统的组成

自 1946 年第一台电子计算机 ENIAC 诞生以来，计算机已历经 70 多年，其发展大部分时间都遵循“摩尔定律”，即当年 Intel 创始人之一戈登·摩尔（Gordon Moore）预测芯片上集成的晶体管数量将每 18~24 个月翻一番（进而性能也将翻一番）。电子器件从电子管、晶体管，发展到超大规模集成电路，其体积越来越小，计算速度越来越快。图 2-1 为当前人们所用的普通计算机的组成实物图。

2.1.1 冯·诺依曼型计算机

在图灵等人工作的影响下，冯·诺依曼于 1945 年发表了《存储程序通用电子计算机方案》报告，1946 年 6 月又完成了关于《电子计算装置逻辑结构设计》的研究报告，这都是计算机发展史上划时代的文献，它们向世界宣告：电子计算机的时代开始了。报告的基本思想主要有以下三点，后来被称为“冯·诺依曼原理”。

① 用二进制表示数据和指令。

② 采用存储程序工作方式：事先编制程序，然后将程序存储于计算机的存储器中，计算机在运行时将自动、连续地从存储器中依次取出指令并执行。

③ 计算机硬件系统由运算器、控制器、存储器、输入设备及输出设备五大部件组成，现代计算机也一直沿用这一结构，如图 2-2 所示。

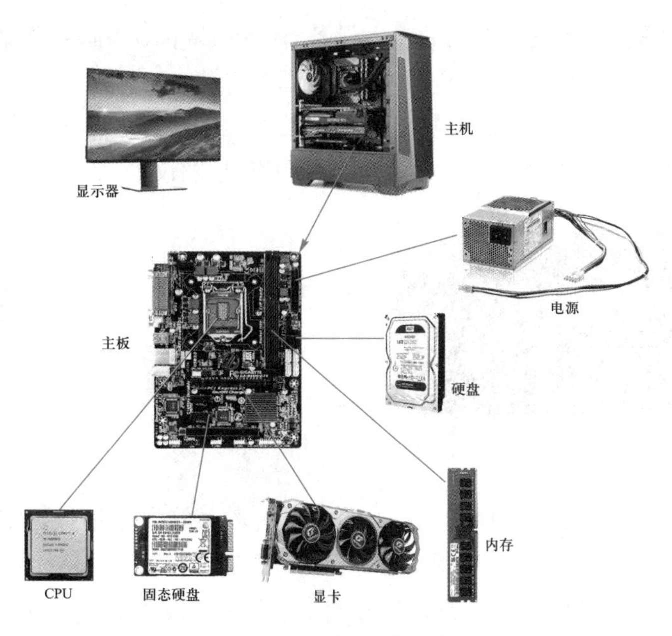

图 2-1　计算机组成实物图

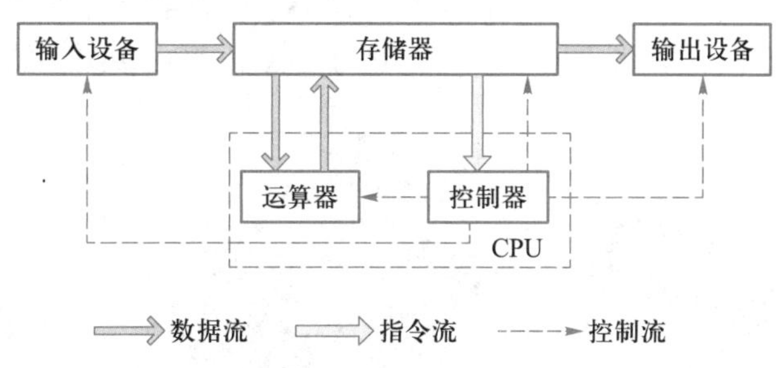

图 2-2　冯·诺依曼型计算机

运算器，也称为算术逻辑单元(arithmetical and logical unit，ALU)，是执行各种运算的部件。其主要功能是对二进制数码进行算术运算或逻辑运算。运算器由一个加法器，若干寄存器和一些控制线路组成。

控制器(control unit，CU)，是计算机的神经中枢，指挥计算机各个部件自动、协调地工作，其主要功能是按预定的顺序不断地取出指令进行分析，然后根据指令要求向运算器、存储器等各部件发出控制信号，让其完成指令所规定的操作。

因为运算器与控制器间的联系非常紧密，随着集成电路技术的迅速发展，早已把运算器与控制器集成在一块集成电路上，称之为中央处理器(central processing unit，CPU)，外观如图 2-3 所示。

图 2-3　CPU 外观

输入设备(input device)，能将数据、程序等用户信息变换为计算机能识别和处理的二进制信息形式输入计算机,常见的输入设备有键盘、鼠标、扫描仪、数码相机、卡片阅读机、数字化仪、触摸屏、声音识别器、图形图像识别器等等。

输出设备(output device),能将计算机处理的结果(二进制信息)变换为用户所需要的信息形式输出。常见的输出设备有显示器、音箱、打印机、绘图仪等,如图 2-4 所示。

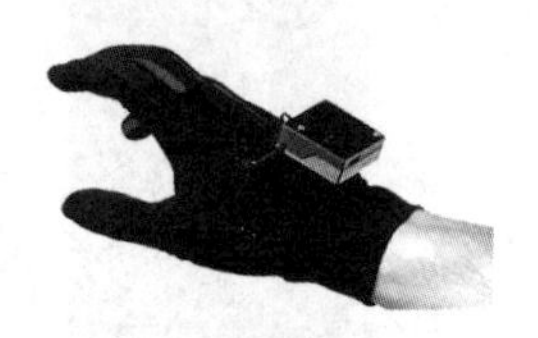

图 2-4 输入输出设备

存储器(memory),如图 2-5 所示,是计算机中用来存放程序和数据的,具备存储数据和取出数据的功能,从图 2-2 中可以看到,存储器是数据中转中心,是计算机内部的数据集散地。尽管 CPU 是计算机的核心,但计算机的主要性能不仅取决于 CPU,也取决于其他子系统的性能。如果不能高效地进行数据传输,仅仅提高 CPU 的性能是毫无意义的,仅提高 CPU 的性能只会让 CPU 更早地开始等待来自存储器或磁盘驱动器的数据。为了让计算机各个部件更协调地工作,计算机采用了多种类型的存储器,形成多级存储系统。

图 2-5 内存、硬盘和 U 盘存储器

2.1.2 存储器系统

存储器分为内存和外存两大类。内存简称主存储器或主存,在计算机工作时,整个处理过程中用到的数据都存放在内存中,一般说到的存储器指的是计算机的内存,内存的容量一般比较小,但存取速度快。内存又分为只读存储(read only memory,ROM)和随机存取存储器(random access memory,RAM)。ROM 中的信息只能读出不能随意写入,是厂家在制造时用特殊方法写入的,断电后其中的信息不会丢失;RAM 允许按任意指定地址对存储单元进行存取信息操作。外存也叫辅存,不能直接与 CPU 交换数据,一般与内存交换数据,即用来存放内存中难以容纳但程序执行所需的数据,软盘、硬盘、光盘、优盘和磁带等都是外存。外存一般容量比较大,存储成本低,但存取速度较慢。

存储器之所以区分“内”和“外”,与各自所处的位置以及其与 CPU 的关系有关。内存和外存相互联系、相互协作、相互弥补，共建一个和谐、高效的存储系统。当然，内存和外存从不同的角度来看还是有很大差异的，比如以下几个方面。

(1) CPU 可以直接读写内存的程序与数据，却不能直接读取外存中的程序与数据。外存中的程序和数据必须先加载进内存，才能被 CPU 读取。

(2) 内存的容量是非常有限的，这种限制取决于内存的价格和 CPU 的寻址空间的大小(与 CPU 地址线的数目有关)：而外存的容量是非常大的，甚至可以说是“海量”。

(3) 内存的读写速度比外存的存取速度快得多，二者根本不在一个数量级上。可以说，内存的读写速度是“电子级的”，而外存的基本上是“机械级的”。

(4) 内存是电子设备，多为大规模集成电路(RAM 和 ROM)；而外存多半是机械设备，利用磁记录、光学原理等做成磁盘、磁带、硬盘、光盘等形式。现在也有固态硬盘、U 盘等电子形式的外存，速度有较大提高。

(5) 从成本或费用的角度来说，单位存储容量的内存的价格比外存的高很多。

(6) 从数据存储的持久性来说，存放在内存中的程序或数据，一旦掉电就全没了，所以只能临时存放程序或数据；而外存就不同了，它可以长久存放程序和数据。

非常有意思的是，人们将这两个在速度、容量和价格等方面都不一样的存储器有机地结合起来，形成了一个存储系统，该存储系统对于用户来说是透明的、一体的、完整的，具有如下特点。

(1) 内存与外存既相互独立，又相互联系。计算机运行时内存中存放着操作系统、应用程序和数据等，构建了程序运行所需的基本环境。外存以一种独立的文件系统来管理程序和数据。我们可以把一个存放着大量程序和数据的 U 盘或硬盘从一台计算机移到另一台计算机。但内存和外存时刻保持着联系，交换着程序和数据，所以它们既独立又相互联系。

(2) 内存与外存相互作用，共建和谐的存储系统。内存和外存就像一对矛盾，一个容量小，一个容量大；一个速度快，一个速度慢；一个价格高，一个价格低。但这对矛盾“既对立又统一”相互协作，取长补短，形成了一个有机的存储系统。在一定的技术条件下，内存与外存还可以相互转化。利用虚拟化技术，人们可以把外存虚拟成内存，以获取更大的内存空间；反过来也一样，也可以把内存虚拟成外存来提高速度。

计算机不同组成部分的性能提升速度不均衡是当前计算机系统设计者面临的主要问题。例如，在过去几十年中，处理器的性能持续高速增长，而硬盘的读取速率在过去 30 年内提高不多。那么如何协调计算机中各个部件的运行？一种有效的方法是增加 Cache(缓存)，根据需要可以设置多级 Cache，现在 CPU、硬盘、主板等部件上都集成了片上 Cache，来协调各个部件存取数据速度的不一致，能有效地消除“瓶颈”，如图 2-6 所示。工作时，Cache 将数据按 Block(块)的方式从主存中预先读入，CPU 需要使用这些数据时再按 Word(字)读取，为了进一步提高性能，可以设置多级缓存。类似这种通过“缓存”来协调不同部件之间处理速度的方法，在计算机硬件系统、计算机网络、数据库系统、操作系统等许多计算系统中都有应用。

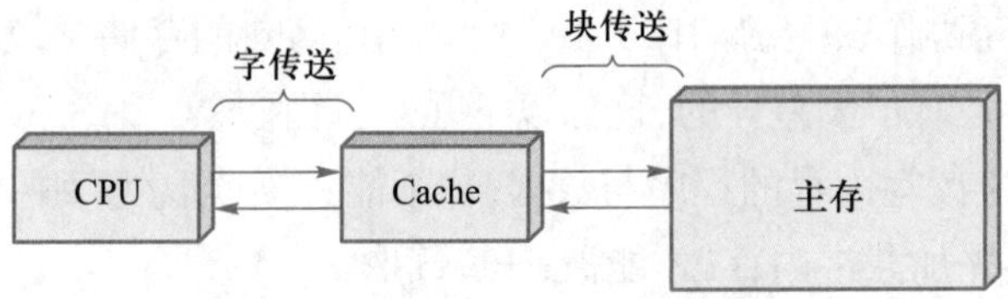

字传送 块传送

CPU Cache 主存

图 2-6 Cache 工作原理示意图

随着网络技术和计算机技术的飞速发展,海量的数据要求能够简便、安全、快速地存储。网络存储由于其自身的诸多优点,正得到越来越广泛的应用。图 2-7 为存储器的分类图。

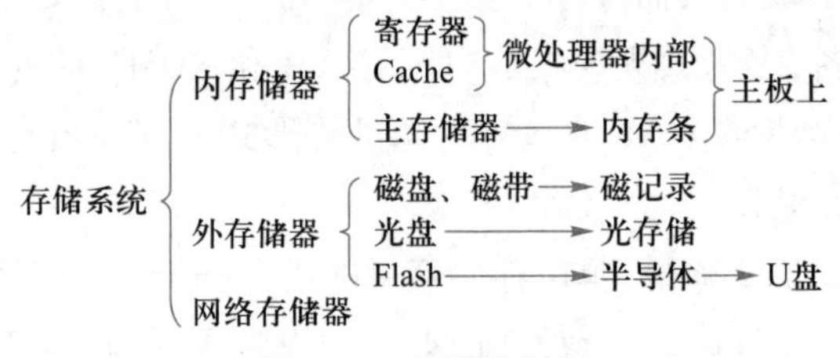

图 2-7 存储器分类

在运算器、控制器、存储器、输入设备和输出设备五个部件的密切配合下(如图 2-2,冯·诺依曼型计算机),计算机的工作过程可简单归结为以下 5 个步骤,每一步都是在控制器的统一控制协调下完成的,在存取数据的过程中,会根据需要利用 Cache 进行缓存。

① 输入设备将数据和程序从输入设备输入到内存储器;

② 从存储器取出指令送入控制器;

③ 控制器分析指令,指挥运算器、存储器执行指令规定的操作;

④ 运算结果送到存储器保存或送往输出设备输出;

⑤ 返回到第②步,继续取下一条指令。如此反复,直至程序结束。

2.2 数字电路实现及指令系统

现在的计算机能处理数字、字符、图像、声音等几乎所有类型的信息,这要归功于信息的数字化,信息的处理可以归化为数字的处理。那么,数字在计算机中是如何存储的?计算机内部采用的是哪种进制的数制?又是如何用电子元器件来实现各类运算的?

2.2.1 进制的选择

(1) 计算机是由电子元器件构成的。从物理上分析,二进制在电子元器件中最易实现,而且比较稳定可靠。例如,开关的接通和断开、晶体管的导通和截止、磁元件的正负剩磁、电位电平的低与高、脉冲的有无等都可表示 0、1 两个数码。试想,如果采用十进制,则需要用十种稳定的物理状态分别表示十个数字,不易找到具有这种特性的元器件,即便有,其运算与控制的实现也要复杂得多。

(2) 二进制的运算规则简单。十进制的加法和乘法运算规则的口诀各有 100 条,根据交换率去掉重复项,也各有 55 条。用计算机的电路实现这么多运算规则是很复杂的。相比之下,二进制的算术运算规则非常简单,加法仅四条:

0+0=0

0+1=1

1+0=1

1+1=10

根据交换率去掉重复项,实际只有 3 条。用计算机的数字电路是很容易实现的。

(3) 用二进制容易实现逻辑运算。计算机不仅需要算术运算功能,还应具备逻辑运算功能,二进制的 0、1 分别可用来表示假(False)和真(True),用布尔代数的运算法则很容易实现逻辑运算。

(4) 二进制的不足容易被克服。例如表示同样大小的数值时,其位数比十进制或其他数制多得多,难写难记,因而在日常生活和工作中二进制是不便使用的。但这对计算机而言,在计算机中每个存储记忆元件可以代表一位数字,“记忆”是它们本身的属性,不存在“记不住”或“忘记”的问题。至于位数多,目前集成电路芯片上元件的集成度极高,在体积上不存在问题。对于电子元器件,0 和 1 两种状态的转换速度极快,因而运算速度也是很快的。

2.2.2　逻辑运算

逻辑值有两种取值,即“真”和“假”,在计算机中可以用 1 和 0 表示。0 和 1 表示事物矛盾双方的符号,例如,命题的真假,信号的有无,电位的高低等。我们常用 1 表示真,0 表示假。基本的逻辑运算有 3 种,即逻辑与(AND)、逻辑或(OR),逻辑非(NOT),另外逻辑异或(XOR)也是一种常用的逻辑关系。表 2-1 列出了 AND、OR、XOR、NOT 的真值表。真值表是表示逻辑输入和输出之间全部可能状态的表格。例如,对于表 2-1,*A*、*B* 是输入,因此有 4 种可能的组合,对应 4 行;其他各列是输出,分别代表 AND、OR、XOR、NOT 4 种逻辑运算。

表 2-1　真　值　表

A	*B*	*A* AND *B*	*A* OR *B*	*A* XOR *B*	NOT *A*	NOT *B*
0	0	0	0	0	1	1
0	1	0	1	1	1	0
1	0	0	1	1	0	1
1	1	1	1	0	0	0

2.2.3　逻辑电路实现

1. 门电路

实现基本逻辑关系的电路是逻辑电路中的基本单元,通常称为门(gate)电路,顾名思义,就像“门”一样,具有开关的功能状态,正好与逻辑代数中的逻辑值(真与假)相对应。如

果把逻辑函数 $F=f(A,B)$ 中的自变量 A 和 B 看成两个输入信号,把因变量 F 看成输出信号,我们就可以设计并制作出如图 2-8 所示的门电路,来实现逻辑函数 $F=f(A,B)$ 的计算功能。

这样的门电路该如何设计呢?我们以实现“逻辑非”运算的门电路为例加以说明,如图 2-9 所示,是一个 CMOS 反相器的结构。它由一个 NMOS 晶体管和一个 PMOS 晶体管串联而成。它们的栅极连接起来作为输入端,它们的漏极连接起来作为输出;NMOS 管的 T_N 的源极接地,PMOS 管 T_P 的源极接电源 V_{DD}。两个 MOS 管互为对方的负载管,因此不需要电阻。

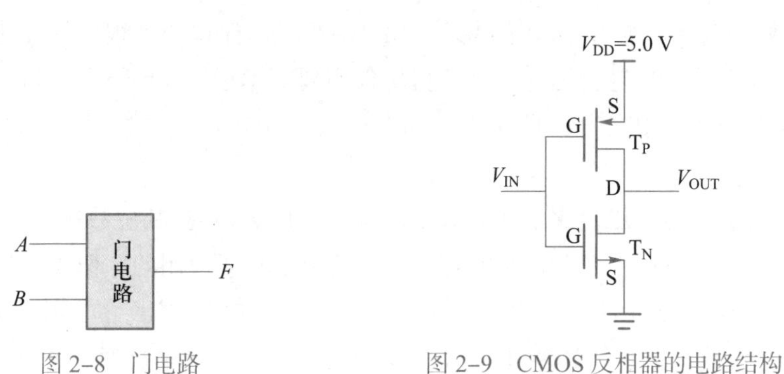

图 2-8 门电路 图 2-9 CMOS 反相器的电路结构

① V_{IN} 为 0 V 时,下面的 NMOS 管 T_N 因其 V_{GS}=0 V,故 T_N 截止;而上面的 PMOS 管 T_P 因其 V_{GS}=−5 V,故 T_P 导通。因此,T_P 在电源 V_{DD} 和输出 V_{OUT} 之间表现为一个小电阻,其输出电压 V_{OUT}=5 V。

② V_{IN} 为 5 V 时,NMOS 管 T_N 因其 V_{GS}=5 V,故 T_N 导通;而 PMOS 管 T_P 因其 V_{GS}=0 V,故 T_P 截止。因此,T_N 在输出 V_{OUT} 和地之间表现为一个小电阻,其输出电压 V_{OUT}=0 V。

由上述分析可知,若输入为 0 V,则输出为 5 V;若输入为 5 V,则输出为 0 V。所以电路实现了反相器(非门)功能,将其模型化为开关,如图 2-10 所示。

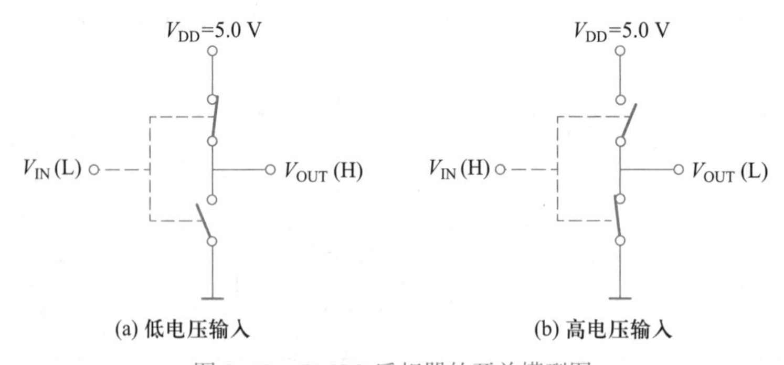

图 2-10 CMOS 反相器的开关模型图

当然,门电路的设计不是本课程的任务,上面的例子只是说明基本的逻辑关系运算在数字电路里完全可以实现。我们把这些门电路看成“黑箱”,知道输入、输出之间的关系就行了,不用管内部电路实现。为了表达方便,通常用下图 2-11 所示的矩形表示符号表示常用的逻辑门。

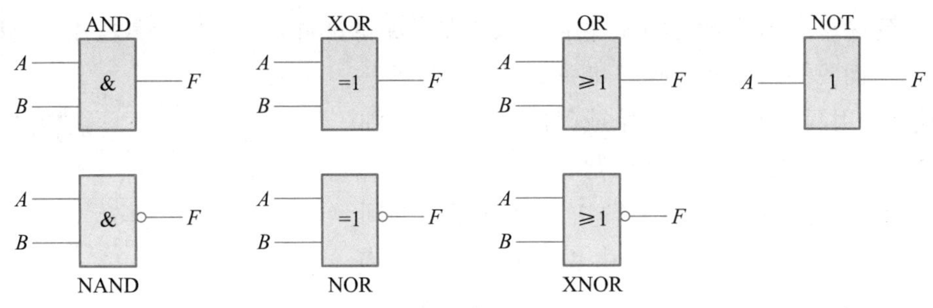

图 2-11　常用门的矩形表示符号（国标 IEC 60617-12）

更复杂的数字电路可以通过许多逻辑门组合而成。通常由晶体振荡器产生脉冲信号，作为数字电路工作的节拍。当新的时钟节拍到达时，才能进行下一步的处理。脉冲间隔对于完成数字信号传输和电路部件建立新的状态是必要的。

2. 加法运算实现

在 CPU 中，二进制数的加法运算是最基本的，我们看一下如何使用门电路构建一个加法器。首先，构建一个半加器（half-adder），在半加器中，输入 A 和 B，输出 S 为 $A+B$ 的和，以及 C 为 $A+B$ 的进位；表 2-2 列出了半加器的真值表，在图 2-12 中，使用异或门计算和，使用与门计算进位。

图 2-12　半加器

表 2-2　半加器的真值表

A　B	S　C
0　0	0　0
0　1	1　0
1　0	1　0
1　1	0　1

一个全加器（full adder）有三个输入位 A、B 和 C_{in}（进位），产生两个输出 A 加 B 的和 S_{out} 与进位 C_{out}。全加器可以由两个半加器和一个额外的或门组成，如图 2-13 所示。全加器的真值表见表 2-3。

表 2-3　全加器的真值表

A	B	C_{in}	S_{out}	C_{out}	A	B	C_{in}	S_{out}	C_{out}
0	0	0	0	0	0	0	1	1	0
0	1	0	1	0	0	1	1	0	1
1	0	0	1	0	1	0	1	0	1
1	1	0	0	1	1	1	1	1	1

先构建简单的部件,然后组合它们形成更加复杂的部件是工程师经常使用的解决问题的方法。上面我们用一个异或门和一个与门构建了一个半加器,又用两个半加器和一个或门构建了一个全加器,解决了 1 位二进制数相加的问题。

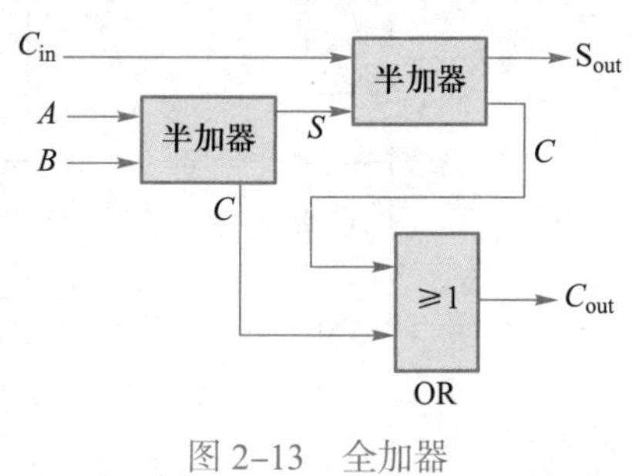

图 2-13 全加器

我们还能用 n 个全加器来解决 n 位数相加的问题。如图 2-14 所示,4 位加法器由 4 个全加器级联构成,能实现两个 4 位二进制数据 $A_3A_2A_1A_0$ 和 $B_3B_2B_1B_0$ 的加法运算。图中 C_0 为最低位进位输入,如没有该位输入则置 0 即可,C_4 为最高位进位输出。4 个全加器通过低位到高位的进位 C_1、C_2、C_3 连接起来,每个全加器的进位输出 C_{out} 连接到相邻高位的进位输入 C_{in}。

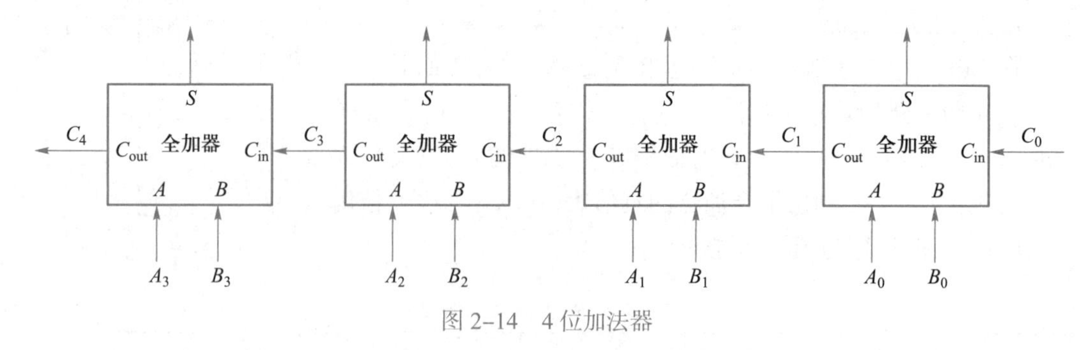

图 2-14 4 位加法器

3. 其他算术运算实现

上面我们知道了如何用电路来实现加法,那么该如何来实现减法呢?是应该重新设计一个减法器吗?其实可以通过补码(补码相关知识在后续章节会详细介绍)将减法转化为加法来计算。

另外,乘法可以用加法来完成,除法可以转变为减法。而且,对于计算机来说,求一个机器数的补码非常容易。这对简化 CPU 的设计非常有意义,CPU 只要有一个加法器就可以做算术运算了。解决了算术运算,逻辑运算本身就可以直接利用逻辑门电路实现,关系运算也可以通过相应的变换来实现,这样 CPU 就能进行几乎所有的运算了。

2.2.4 计算机指令系统及执行

我们知道计算机硬件部分由 CPU、存储器、输入设备和输出设备组成,也了解了 CPU 是如何实现一次计算的。那现在来看看计算机又是如何做一系列不同的计算,从而完成人类要求的计算任务。这就需要了解计算机的指令系统。

1. 指令格式

指令是用来规定计算机执行的操作类型和操作对象所在的存储位置的一个二进制位串。比如,一条指令可能是实现两个数的加法运算,“加法”就是操作类型,那两个数就是“操作对象”。在第 1 章图灵机中我们简单地介绍过,指令由操作数和操作码二部分组成,操作码其实就是指令序列号，用来告诉 CPU 需要执行的是哪一条指令，即第 1 章中图灵机的控制规则集。地址码则复杂一些，主要是源操作数地址、目的地址，或者下一条指令的地址。在某些指令中，地址码甚至可以部分或全部省略，比如一条空指令就只有操作码而没有地址码。图 2-15 所示是一条机器指令的格式。

指令系统：计算机根据能够识别的指令集的不同，可以分为复杂指令集计算机（complex instruction set computer，CISC）和精简指令集计算机（reduced instruction set computer，RISC）。指令系统代表了计算机所能完成的最基本的任务。指令系统的功能是否强大，指令类型是否丰富，决定了计算机的基本能力大小，也影响计算机的体系结构。

指令种类：数据传送型指令、数据处理型指令、输入输出型指令、硬件控制指令等。

2. 指令执行过程

取指令：即按照程序计数器中的地址，从内存储器中取出指令，并送往指令寄存器中。

分析指令：即对指令寄存器中存放的指令进行分析，由操作码确定执行什么操作，由地址码确定操作数的地址。

执行指令：即根据分析的结果，由控制器发出完成该操作所需要的一系列控制信息，去完成该指令所要求的操作。

重复上述步骤，执行下一条指令，如图 2-16 所示。

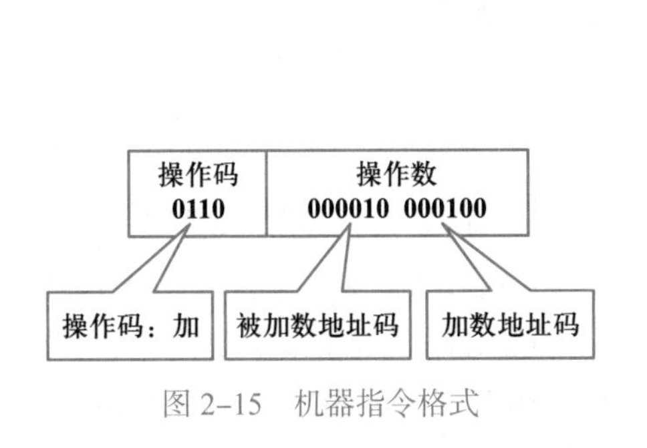

图 2-15　机器指令格式

图 2-16　指令执行过程

将一系列简单的指令组合起来就形成指令序列。计算机可以逐条执行这一系列指令，不同的指令序列代表着不同的计算任务，甚至是极其复杂的任务，比如人脸识别。这种指令序列其实就是程序，是人类要求计算机完成的一系列动作。我们所见到的计算机程序，通过编译系统或者解释系统的转换，最终都变成了一系列计算机可以识别和执行的指令序列。

2.3　操作系统

上一节介绍了计算机硬件系统由 CPU、存储器、输入输出设备等部分组成。对一台实体的计算机来说，其计算资源是有限的，如果要在某台计算机上同时运行多个应用，就会出现竞争资源的情况。那如何来调配这些资源？另外，如果直接用前面介绍的二进制组成的机器指令去使用计算机的硬件资源，比如到硬盘读取一个文件的简单操作，可能要几十条上百条指令才能实现，普通用户很难操作计算机，甚至根本不会操作。所以，现在的计算机设备都会安装操作系统，这样才能方便使用。图 2–17 表明了操作系统在计算机软硬件系统中的位置。

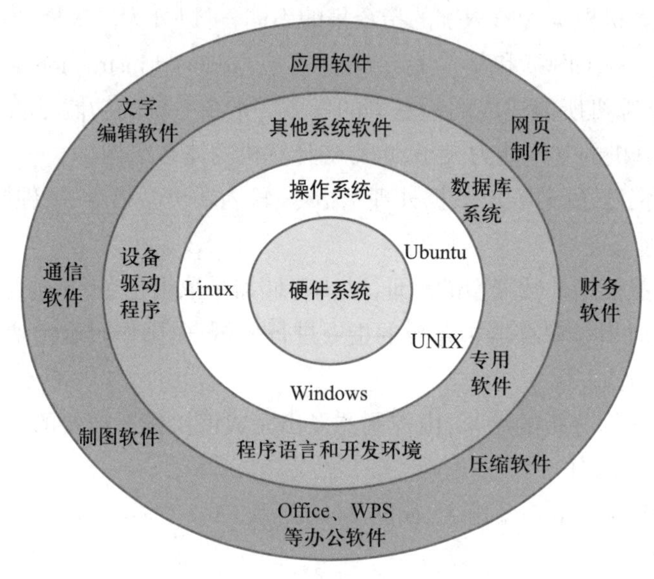

图 2–17 计算机系统层次结构

2.3.1 操作系统的功能

从图 2–17、图 2–18 中可以看到，操作系统是计算机硬件外的第一层软件，起着连通内外、承上启下的作用。从面向用户的角度，操作系统需要提供一个良好的工作环境、友好的接口以及有效的服务；从面向计算机硬件的角度，操作系统主要职责是管理、调度、协调 CPU、存储器、输入输出设备等计算机上的资源，需要在多个进程、多个用户之间更有效地分配计算机系统的硬件资源，使计算机发挥更大的效能。

操作系统的资源管理功能具体可分为四个部分，即处理机管理、存储管理、设备管理、文件管理，如图 2–19 所示。

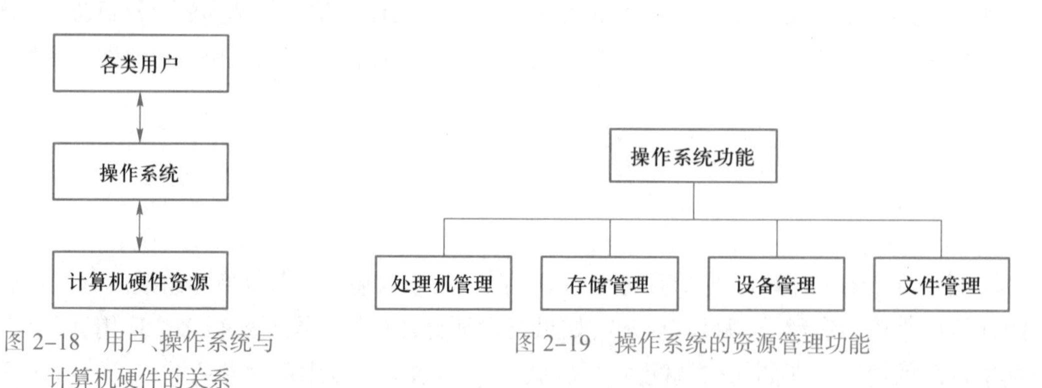

图 2–18 用户、操作系统与计算机硬件的关系

图 2–19 操作系统的资源管理功能

处理机管理：中央处理机（CPU）是整个计算机硬件的核心。在硬件系统中，它是最宝贵的资源。当有多个用户程序请求服务时，就会发生资源竞争，如何有效地进行处理机调度提高其效率，协调各程序之间的运行，合理地为所有用户服务，是处理机管理的任务。就好像银行只有一个服务窗口，但有多个顾客需要服务，银行就需要有一个合理的窗口服务调度方法。

存储管理：内存储器的单元数在计算机系统中是有限的，每个程序的运行都需要不同大小的内存单元。操作系统需要动态地接受用户程序的内存申请需求，同时很好地回收用户程序动态释放的内存。由于不同的用户程序不断申请和释放不同大小的内存空间，经过一定的时间就会产生许多小且不连续的空闲内存碎片，导致大容量的内存申请得不到满足。操作系统的内存碎片整理就是把这些零散的内存单元进行重新整合，避免碎片化。

设备管理：在用户程序中，通常要进行输入 / 输出操作，就是要访问各种各样的外部设备，比如打印机、鼠标、U 盘、显示器等。操作系统应能支持各种各样的设备，有效地管理各种外部设备，使其充分发挥效率，并且还要解决 I/O 设备透明访问、为用户提供简单而易于使用的接口。在具体功能实现中，操作系统还涉及大量的中断、现场保护、同步、调度、读写管理等复杂过程。在某些操作系统中，会将存储设备和输入 / 输出设备均看作文件来操作，这样便于管理和用户使用。

【思考】随着技术发展，不断有新的输入输出设备出现，但每当有新设备出现时，我们并不需要更新操作系统。操作系统是如何实现与新设备的连接的？

文件管理：主存储器的容量有限，因此大部分程序、数据，甚至操作系统本身的一大部分，都以文件形式存放在外存储器（如磁盘）中。可以想象，计算机外存中会有大量的文件需要管理。如何唯一地标识文件的信息，以便能进行合理的访问和控制；如何有条不紊地组织这些信息，使用户能方便且安全地使用它们，是文件管理要解决的任务。

想想我国是如何对 14 亿中国人进行管理的？将 14 亿人划到不同的省市，然后再划到不同的地市，就这样一层层地划到不同的街道或乡镇。这就是层次式的管理方法，文件在硬盘中也一样，按目录 / 子目录形式存放。操作系统通过索引文件来实现对文件的层次式管理，索引文件是非连续分配的一种文件存储方案，操作系统在操作每个文件时自动建立一个索引表，索引表中的表项指出存放文件的物理块号，再根据物理块号到硬盘中找到相应数据块。而在用户面前呈现的是如图 2–20 所示的分层树状目录结构，用户需要将自己的文件进行归类，分层进行存放，如图中“通知 .txt”文件的存放的绝对路径为：D:\ 计算学院 \ 人工智能专业 \2201\ 通知 .txt。取文件时，只要按对应的路径查找即可。

2.3.2　操作系统的特点

为了提高计算机系统资源的效率及方便用户的使用，现代操作系统广泛采用并行操作技术，使多种硬件设备能并行工作，具有以下主要特征。

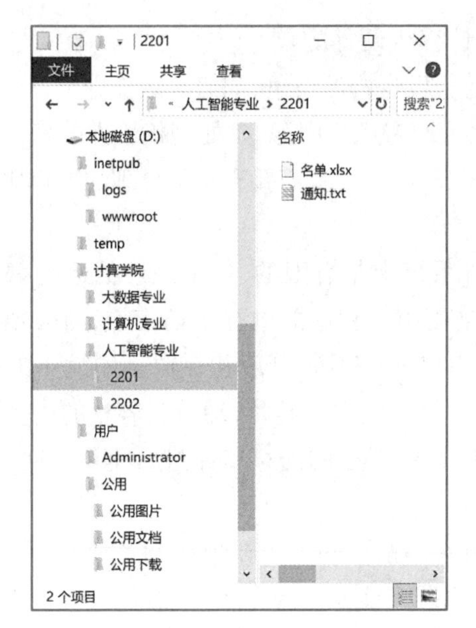

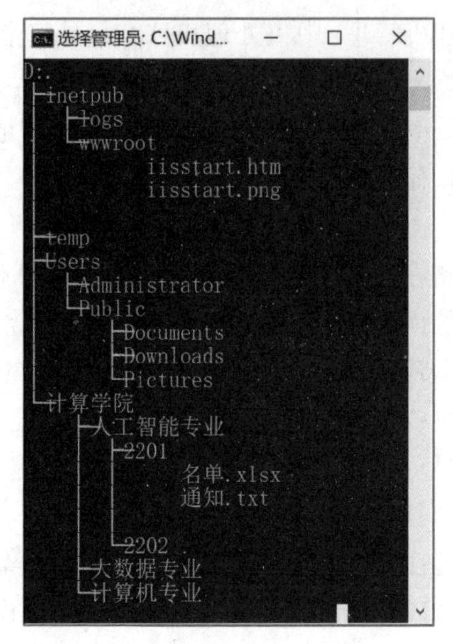

图 2-20 图形界面和文字界面的目录结构

1. 并发性

并发性是指两个或多个事件在同一时间间隔内发生。在多道程序环境下(即有多个程序同时存在于主存中),并发性是指在一段时间内,宏观上有多个程序在同时运行,但在单CPU 系统中,每一时刻却仅能有一道程序执行,故微观上这些程序只能是分时地交替执行。如果在计算机系统中有多个 CPU,则这些可以并发执行的程序便可被分配到多个 CPU 上,实现并行执行,即利用每个 CPU 来处理一个可并发执行的程序,这样,多个程序便可同时执行。两个或多个事件在同一时刻发生称为并行。在操作系统中存在着许多并发或并行的活动。如图 2-21 所示,系统中同时有四个程序在运行,它们以交叉方式在 CPU 上执行,也可能一个在执行计算,一个在进行数据输入,一个在进行数据输出,另一个在进行打印。由并发而产生的一些问题是,如何从一个活动转到另一个活动,如何保护一个活动不受另一个活动的影响,以及实现相互制约活动之间的同步。为使并发活动有条不紊地进行,操作系统就要对其进行有效的管理与控制。

2. 共享性

共享性是指系统中的资源可供内存中多个并发执行的程序共同使用。由于资源属性的不同,对资源共享的方式也不同,目前主要有以下两种资源共享方式:① 互斥共享方式,系统中的某些资源,如打印机,虽然可以提供给多个用户程序使用,但为使所打印或记录的结果不致造成混淆,应规定在一段时间内(一般等任务完整执行)只允许一个用户程序访问该资源,这种资源共享方式称为互斥式共享;② 同时访问方式,系统中还有另一类资源,允许在一段时间内由多个用户程序“同时”对它们进行访问。这里所谓的“同时”往往是宏观上的,而在微观上,这些用户程序可能是交替地对该资源进行访问,例如对磁盘设备的访问。

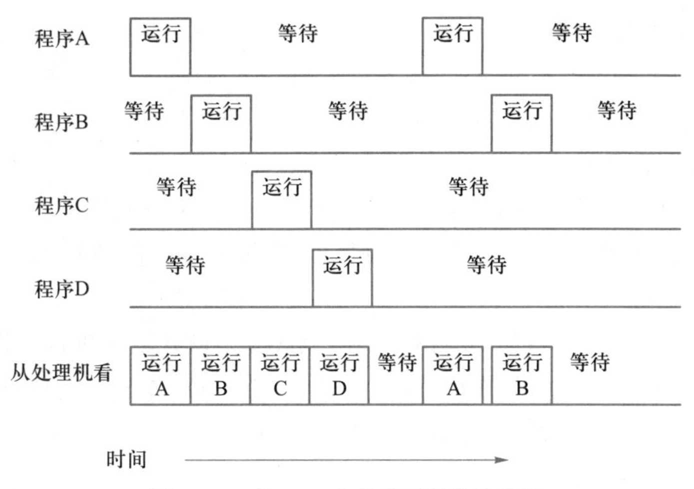

图 2-21　单 CPU 中多道程序设计示例

并发性和共享性是系统两个最基本的特征。它们又互为对方存在的条件，一方面，资源共享是以程序的并发执行为条件的，若系统不允许程序并发执行，自然不存在资源共享问题；另一方面，若系统不能对资源共享实施有效管理，协调好多个程序对共享资源的访问，也必然影响到程序并发执行的程度，甚至根本无法并发执行。

3. 随机性

随机性指操作系统的运行是在一个随机的环境中，一个设备可能在任何时间向处理机发出中断请求，系统无法知道运行着的程序会在什么时候做什么事情。

4. 虚拟性

虚拟性是指将一个物理实体映射为若干逻辑实体。前者是客观存在的，后者是虚构的。例如，在多道程序系统中，虽然只有一个 CPU，每次只能执行一道程序，但采用多道程序技术后，在一段时间间隔内，宏观上有多个程序在运行，在用户看来，就好像有多个 CPU 在各自运行自己的程序。这种情况就是将一个物理的 CPU 虚拟为多个逻辑上的 CPU，逻辑上的 CPU 称为虚拟处理机。类似地，还有虚拟存储器、虚拟 I/O 设备等。

2.3.3　常用操作系统

1. DOS 操作系统

磁盘操作系统（disk operation system，DOS）是一种单用户、单任务的计算机操作系统。DOS 采用字符界面，必须输入各种命令来操作计算机，这些命令都是英文单词或缩写，比较难记忆，不利于一般用户操作计算机。进入 20 世起 90 年代后，DOS 逐步被 Windows 系统所取代。

2. Windows 操作系统

Microsoft 公司成立于 1975 年，是世界上最大的软件公司之一，其产品覆盖操作系统、编译系统、数据库管理系统、办公自动化软件和互联网软件等各个领域。从 1983 年 11 月 Microsoft 公司宣布 Windows 1.0 诞生到今天的 Windows Server 2022，Windows 已经成为风靡全球的个人计算机操作系统。

3. UNIX 操作系统

UNIX 操作系统于 1969 年在贝尔实验室诞生，它是交互式分时操作系统。UNIX 取得成功的最重要原因是系统的开放性（公开源代码）、易理解、易扩充、易移植性。用户可以方便地向 UNIX 系统中逐步添加新功能和工具，这样可使 UNIX 越来越完善，提供更多服务，从而成为有效的程序开发支持平台。UNIX 是可以安装和运行在微型机、工作站以至大型机和巨型机上的操作系统。

美国苹果公司的 mac OS 操作系统就是基于 UNIX 内核开发的图形化操作系统，是苹果机专用系统，一般情况下无法在普通的 PC 上安装。从 2001 年 3 月发布的 mac OS X v10.0 版本到今天的最新版，一直以简单易用和稳定可靠著称。

4. Linux 操作系统

Linux 是由芬兰科学家 Linux Torvalds 于 1991 年编写完成的一个操作系统内核。当时，他还是芬兰赫尔辛基大学计算机系的学生，在学习操作系统课程时，自己动手编写了一个操作系统原型。Linux 把这个系统放在互联网上，允许自由下载，许多人对这个系统进行改进、扩充、完善，进而逐步发展成现在的 Linux 操作系统。Linux 是一个开放源代码、类似 UNIX 的操作系统。

5. 移动终端常用操作系统

移动终端是指可以在移动中使用的计算机设备，具有小型化、智能化和网络化的特点，广泛应用于人们生产生活各领域，如手机、平板电脑、POS 机、车载计算机等。移动终端常用的操作系统主要有 iOS、Android 和华为公司的 Harmony OS 等，图标如图 2-22 所示。

图 2-22 Android、iOS 和 Harmony OS 的图标

iOS 操作系统：在 mac OS X 桌面系统的基础上，苹果公司为其移动终端设备（iPhone，iPod touch，iPad 等）开发了 iOS 操作系统，于 2007 年 1 月发布，原名为 iPhone OS 系统，2010 年 6 月改名为 iOS。

安卓（Android）操作系统：美国谷歌公司基于 Linux 平台，并针对移动终端开发的开源操作系统，2008 年 9 月发布了最初的 Android 1.1 版本。由于是开源系统，所以拥有极大的开放性，允许任何移动终端厂商加入安卓系统的开发中来，应用安卓系统的主要设备厂商有三星、华为、中兴、小米等。

鸿蒙操作系统（HarmonyOS）：是华为公司在 2019 年 8 月 9 日正式发布的操作系统。鸿蒙是一款全新的面向全场景的分布式操作系统，将人、设备、场景有机地联系在一起，使用户在全场景生活中接触的多种智能终端之间实现急速发现、急速连接、硬件互助、资源共享，创造一个超级虚拟终端互联的世界，是一款优秀的国产操作系统。

操作系统作为系统中的基础软件，所有应用程序都是在操作系统的支持之下工作的。操作系统厂商很容易取得用户的各种敏感信息。由于操作系统关系到国家的信息安全，很多国家在政府部门的计算机中，会要求采用本国产的操作系统软件。目前我国开发了很多操作系统，如统信 UOS、深度 Linux、安超 OS、华为鸿蒙等。

2.3.4 【拓展阅读】操作系统的启动

计算机安装了操作系统之后用户就能对计算机进行操作了，但操作系统是安装在外存上的，计算机是如何来运行的？结合计算机的启动过程，我们来了解下操作系统的启动。

当打开电源后，计算机就开始启动。启动过程的细节与机器的体系结构与操作系统的类型有关，但对所有机器来说，启动的目的是一样的：将操作系统的副本读入内存，建立正常的运行环境。主要有这样几个步骤。

1. 硬件检测

当计算机启动时，CPU 进入运行模式，开始执行 ROM-BIOS 起始位置的代码。BIOS (basic input/output system) 是基本输入输出系统的缩写，指集成在主板上的一个 ROM 芯片，其中保存了微机系统最重要的基本输入输出程序、系统开机自检程序等。它负责开机时对系统各项硬件进行初始化设置和测试，以保证系统能够正常工作。BIOS 首先执行加电自检程序 POST (power on self test)，完成硬件启动，然后对系统中配置的硬件（内存、硬盘、显卡、键盘等）进行诊断检测，确定处于正常状态。

2. 加载引导程序

自检完成后，按照预先在系统 CMOS 中设置（实际是通过 BIOS 程序进行设置，并把配置好的参数存放到 CMOS 中。CMOS 为 RAM，它靠系统电源和后备电池来供电，系统掉电后其信息不会丢失）的启动顺序，搜索硬盘、U 盘，以及光盘等设备的驱动器，读入系统主引导记录 MBR (master boot recorder)，通常是磁盘上的第一个扇区。

3. 加载操作系统内核

在 MBR 的作用下，引导程序加载操作系统内核到内存，然后把控制权交给内核，由内核为计算机初始化设备驱动，并建立完整的进程、网络和用户环境。

总之，操作系统会在启动后接管计算机，为用户提供 GUI 和 CLI 界面，组织文件，管理并行任务，实现系统资源的高效利用。操作系统仍和计算机系统其他部分一样都在快速发展，特别是移动设备上的操作系统，它们会变得更高效方便，个体化和自我调节能力也会变得更强。

习题 2

1. "摩尔定律"指的是什么？

2. 如果一个 CPU 要同时执行多个任务，如何来实现？

3. 计算机系统中，CPU 的速度非常快，硬盘速度相对要慢得多，如何来协调他们之间的速度差距克服瓶颈？

4. 如果我们去配置一台计算机，CPU 和其他部件使用性能最先进的型号，但内存配置得比较小，作为一个计算机系统，你认为能发挥出最佳性能吗？为什么？

5. 写出下图中 iisstart.png 文件的绝对路径。

```
D:.
├─inetpub
│  ├─logs
│  └─wwwroot
│          iisstart.htm
│          iisstart.png
│
├─temp
├─Users
│  ├─Administrator
│  └─Public
│      ├─Documents
│      ├─Downloads
│      └─Pictures
└─计算学院
    ├─人工智能专业
    │  ├─2201
    │  │      名单.xlsx
    │  │      通知.txt
    │  │
    │  └─2202
    ├─大数据专业
    └─计算机专业
```

第 3 章

信息怎样传递

前一章介绍了单台计算机是如何来工作的,我们了解了信息在计算机内部的处理过程。但是现在计算机、手机、pad 等大量的电子设备都已接入互联网,并用来进行网上学习、工作、娱乐等等,连网已经成为这些设备的必备功能。其实我们已经逐渐在生活中建立起二个平行的世界,一个是现实生活,一个是在虚拟的网络世界,随着技术的发展,这个平行网络世界里的“元宇宙”还会加速发展。那么这个虚拟世界又是如何构建起来的?它的基础就是设备间信息的传递,这一章将来探究为信息传递服务的网络问题。

随着设备的连网,就会有许多新的问题需要解决,如图 3-1 所示,互联网中有各类用户要实现通信,其背后需要多种网络设备的支持,如交换机、路由器、无线接入点等。还需要建立数据交换的一系列规则、标准或约定,即网络协议,通过这些协议,就能把数据在各个设备之间有序地传递。

图 3-1　用户访问互联网中的服务器示意图

3.1　如 何 标 识

原来在单机方式时，设备之间不直接传递信息，也就不存在设备名称（即标识）的冲突，甚至不需要进行命名，但是在网络环境下，理论上互联网中所有的设备是互连互通的，这时每台设备需要在名称上能互相区别，并且名称必须是独一无二的，这样才有可能准确地定位到某台特定设备而不至于误认。

下面从 Windows 操作系统中的网络配置操作开始来了解相关技术，如图 3-2 所示，配置时需要设置的内容包括了 IP 地址、子网掩码、网关、DNS 服务器等内容。为什么要配置这些内容，分别起到什么作用？

3.1.1 IP 地址

IP 地址(internet protocol address)标识的是一台网络上设备的网络层地址。相对于数据链路层固定不变的物理地址(MAC 地址)，网络层地址是由网管人员分配并通过软件来设置的，因此人们也把它称为“逻辑地址”。

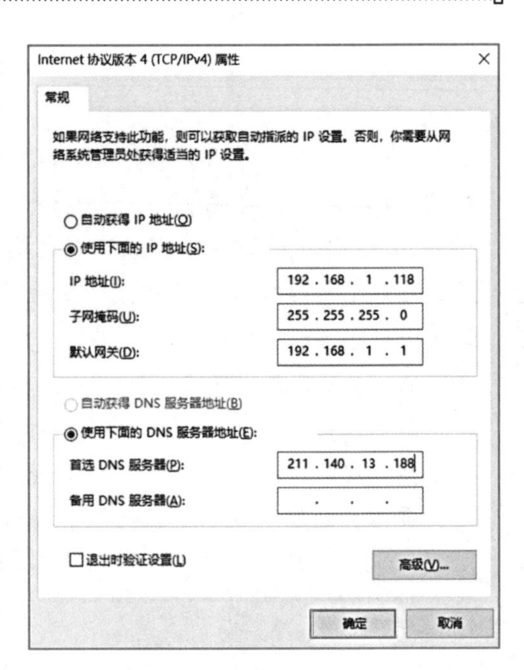

图 3-2 网络常规配置界面

IP 地址有多个版本，主要有 IPv4 和 IPv6。目前使用最广的还是 IPv4(本书中使用的“IP”名称没有特别指出即为 IPv4)。在 IPv4 中，IP 地址是一个 32 位的二进制数，通常被分割为 4 个“8 位二进制数”(也就是 4 个字节)，用“点分十进制”表示成(a.b.c.d)的形式，其中，a、b、c、d 都是 0~255 之间的十进制整数。例：IP 地址(100.4.5.6)，实际上是 32 位二进制数(01100100.00000100.00000101.00000110)。

1. 子网掩码

IP 地址的重要作用之一是用于寻址。为了便于在互联网上寻址和层次化构建网络，IP 地址由网络地址和主机地址两部分组成，即网络号和主机号。同一个物理网络上的所有主机都使用同一个网络号，网络上的每个主机有一个主机号与其对应。IP 地址寻址时，先按 IP 地址中的网络号码把网络找到(网络号有点类似电话号码的区号)，再按主机号码把主机找到。所以，IP 地址并不只是一个简单的计算机编号，而是指出了连接到某个网络上的某个计算机。IP 地址中网络号的长度是不一样的，不同的网络号长度对应着不同的网络规模，就像上海的电话区号是 021，而杭州是 0571，背后对应着不同的电话体量。Internet 委员会定义了 5 种 IP 地址类型以适合不同容量的网络，即 A~E 类，后续将在“IP 地址的分类”中进一步介绍。

那么，如何将 IP 地址中的网络部分和主机部分划分开来？这是由子网掩码来实现的。子网掩码的长度也是 32 位，它的 32 位二进制可以分为两部分，第一部分全部为“1”，而第二部分全部为“0”。子网掩码的作用是区分 IP 地址中的网络地址与主机地址。区分操作过程为，将 32 位的 IP 地址与子网掩码进行二进制的逻辑与操作，得到的便是网络地址。如

IP 地址为 150.4.5.6，子网掩码为 255.255.0.0，将二者都转为二进制，对应位进行与操作，得到 150.4.0.0 即为该 IP 地址的网络地址。

2. IP 地址的分类

由于各个网络中包含的计算机有可能不一样多，有的网络可能含有较多的计算机，也有的网络包含较少的计算机。于是人们按照网络规模的大小，将 IP 地址可分为 A、B、C、D、E 五类，如图 3-3 所示，为标准分类的 IP 地址。下面详细介绍各类地址。

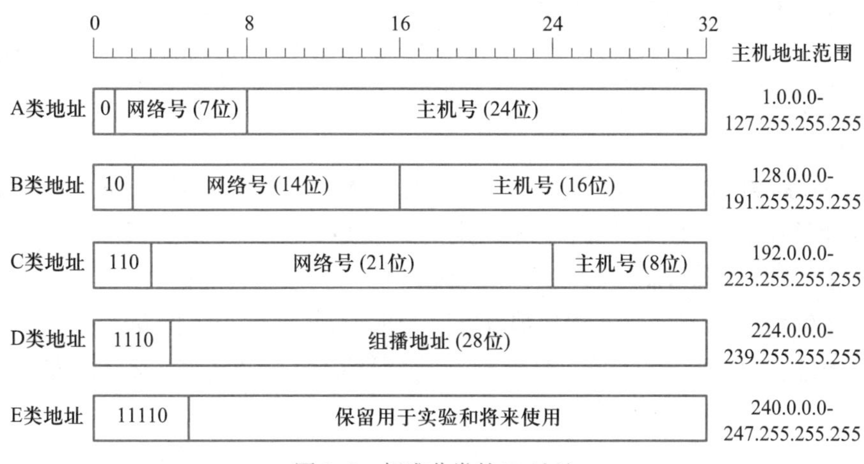

图 3-3　标准分类的 IP 地址

① A 类地址：由 7 位的网络号和 24 位的主机号组成，默认子网掩码 255.0.0.0，网络地址的最高位必须为“0”，这样第一个八位位组值的范围从 0–127（其中 0 和 127 有特殊用途，予以保留），实际可用的网络号 126 个（2^7–2），从 1.0.0.0 到 126.0.0.0。每个网络可容纳 16 777 214 个主机（2^{24}，但主机全 0 和全 1 的两个地址保留）。

A 类地址覆盖范围为：1.0.0.0~127.255.255.255

② B 类地址：由 14 位的网络号和 16 位的主机号组成，默认子网掩码 255.255.0.0，网络地址的最高位必须为“10”，这样第一个八位位组值的范围是 128–191。其中保留全“0”的网络号 128.0.0.0 和全“1”的网络号 191.255.0.0，实际可用的网络号 16 382 个（2^{14}–2），从 128.1.0.0 到 191.254.0.0。每个网络可容纳 65 534 个主机（2 的 16 次方，但主机全 0 和全 1 的两个地址保留）。

B 类地址覆盖范围为：128.0.0.0~191.255.255.255

③ C 类地址：由 3 个字节的网络号和 1 个字节的主机号组成，默认子网掩码 255.255.255.0，网络地址的最高位必须为“110”，这样第一个八位位组值的范围从 192–223。其中保留全“0”的网络号 192.0.0.0 和全“1”的网络号 223.255.255.0，实际可用的网络号 2 097 150 个（2^{21}–2），从 192.0.1.0 到 223.255.254.0。每个网络可容纳 254 个主机（2^8 个但排除全 0 和全 1 的两个地址）。

C 类地址覆盖范围为：192.0.0.0~223.255.255.255

④ D 类地址和 E 类地址按前面规律，网络地址的最高位分别为“1110”和“11110”，它

们不被分配给用户，作为广播和实验保留使用。

⑤ 在A、B、C类地址中，还有一部分私有地址（private address）属于非注册地址，专门在各企事业单位内部使用。例如某高校内部有计算机等终端设备上万台，但其申请到的IP地址只有几十个，这时在内部可以使用私有地址解决。以下列出留用的内部私有地址：

A类地址，10.0.0.0~10.255.255.255；

B类地址，172.16.0.0~172.31.255.255；

C类地址，192.168.0.0~192.168.255.255。

【思考】学校实验室的计算机上，在命令行窗口中执行"ipconfig/all"命令，查看计算机的IP地址、子网掩码信息，思考为什么要如此设置这些信息。

3. IPv6

随着Internet规模的快速增长，以及新的网络应用不断出现，现有的IPv4已经无法适应和满足互联网用户的需要，其中最主要的问题之一就是32位的IP地址不够用。

IPv6是用于替代现行版本IPv4的下一代IP协议。它极大地扩展了地址空间，长度达到128位，足够为世界上每一件物品都分配一个地址，甚至可以给世界上每一粒沙子都分配一个IP地址(有兴趣的读者可以估算一下)，并且增加了流的概念，安全性方面也有很大提高。

3.1.2 DNS域名系统

就像我们每个人既有身份证号又有姓名一样，Internet中不但为每台设备设置了IP地址，还会给设备设置一个域名。IP地址是每台主机的唯一标识，但IP地址表述不形象，没有规律，记忆不方便，人们更喜欢使用具有一定含义的字符串来标识Internet上的主机。为了向一般用户提供一种直观、明了的主机识别符，TCP/IP专门设计了一种字符型主机命名机制，这个字符型名字就是域名。

1. 域名系统与IP地址的关系

一般情况下，一个域名对应一个IP地址，这是域名与IP地址的一对一关系；但并不是每个IP地址都有域名与之对应，还有一个IP地址对应几个域名的情况。

2. 域名的构成

Internet域名采用层次型结构，反映一定的区域层次隶属关系，是比IP地址更高级、更直观的地址。域名由若干英文字母和数字组成，由"."分隔成几个层次，从右到左依次为顶级域、二级域、三级域等，如图3-4所示。例如在域名www.hep.com.cn中，顶级域为cn、二级域为com、最后一级域为www。

域名分为国际域名和国内域名两类。国际域名也称为机构性域名，它的顶级域表示主机所在机构或组织的类型，例如，com表示商业组织，edu表示教育机构，org表示非营利性组织机构等。国际域名由国际互联网信息中心（internet network information center，InterNIC）统一管理。Internet顶级域名分配如表3-1所示。国内域名也称为地理性域名，它的顶级域表示主机所在区域的国家或地区代码，如表3-2所示。例如，中国的地理代码为cn，在中国境内的主机可以注册顶级域为 cn 的域名。中国的二级域又可分为类别域名和行政域名两类。中国国内域名由中国互联网信息中心(CNNIC)管理。

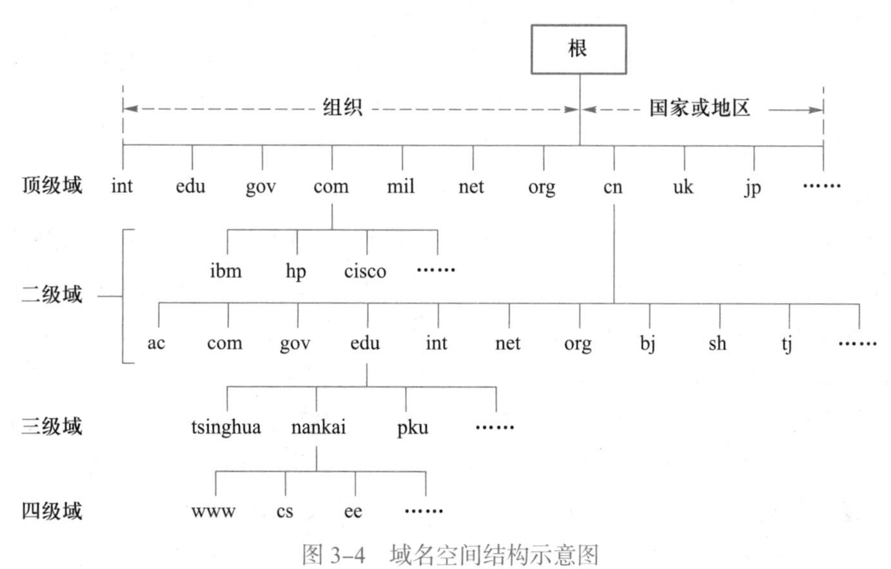

图 3–4　域名空间结构示意图

表 3–1　Internet 顶级域名分配表

域名	含义	全称
com	商业组织	commercial organization
edu	教育机构	educational institution
gov	政府机构	government
Int	国际性组织	international organization
mil	军事部门	military
net	网络技术组织	networking organization
org	非营利组织	non-profit organization
国家域名	各个国家和地区	

表 3–2　部分国家和地区代码

域名	国家或地区	域名	国家或地区
at	奥地利	fr	法国
au	澳大利亚	gr	希腊
ca	加拿大	jp	日本
cn	中国	nz	新西兰
de	德国	ch	瑞士
es	西班牙	uk	英国
hk	中国香港	us	美国

3. 域名系统和域名服务器

域名系统，即把域名映射成IP地址的软件称为域名系统（domain name system，DNS）。域名系统采用客户机/服务器工作模式。

域名服务器（domain name server）保存有域名与IP地址对应关系的数据库并装有域名系统，实现域名服务的是分布在世界各地的域名服务器体系，是一组用来保存域名树结构和对应信息的服务器程序。

4. 域名解析

在Internet中每台网络设备（包括主机、网站服务器等）都是通过IP地址来进行互相区别的，所以终端设备通过域名去访问某网站时，首先是要查询出该网站的域名对应的IP地址。将域名转换为对应的IP地址的过程称为"域名解析（domain name resolution）"。域名解析有递归解析与反复解析两种方法。如图3–5所示，给出了递归解析过程中客户与服务器的交互过程。在递归解析过程中，如果本地域名服务器没有需要解析的信息，那么本地域名服务器将向上一级域名服务器请求，如果上一级域名服务器也不能解析，那么再向另一个可能的域名服务器发请求，如此推进直至找到能够解析的服务器，并把结果按原路层层返回，最终将结果返回给客户。例如，一位用户希望访问域名为www.hep.edu.cn的网站，将按照如图3–5所示的流程进行递归解析。

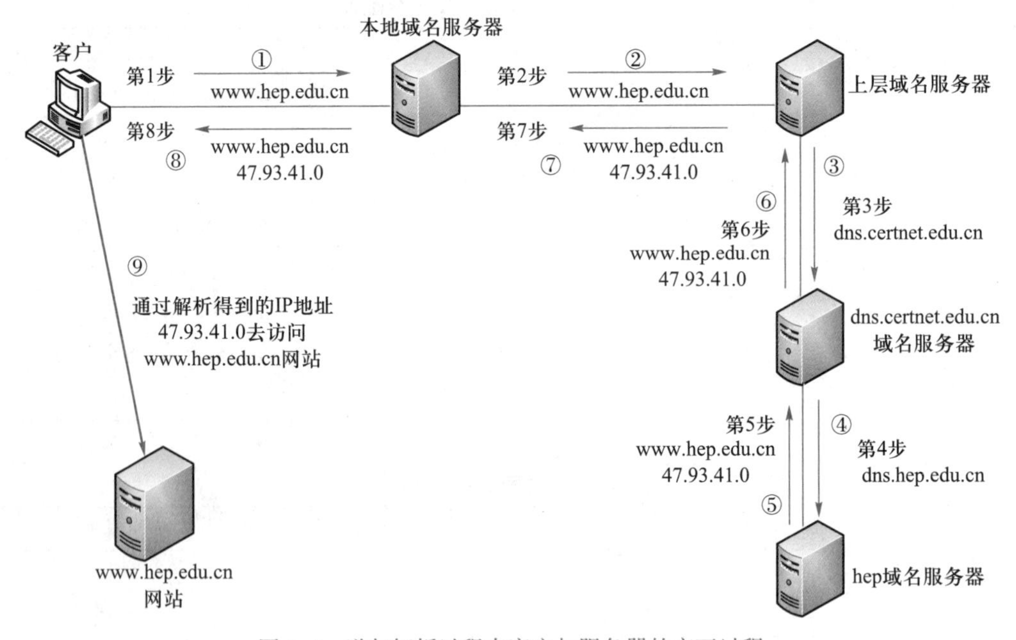

图3–5 递归解析过程中客户与服务器的交互过程

① 客户解析程序首先向本地域名服务器发出查询请求。如果本地域名服务器有所要解析的域名信息，那么本地域名服务器将直接返回结果。

② 如果本地域名服务器查不到，则向它的上层域名服务器提出请求。

③ 如果上层域名服务器也没有需要的信息，那么它向一个可能解析域名的服务器，

例如 dns.cernet.edu.cn 提出解析请求，这次 dns.cernet.edu.cn 返回的是 dns.hep.edu.cn 的 IP 地址。

④ 继续向 dns.hep.edu.cn 提出解析请求，dns.hep.edu.cn 返回的是 www.hep.edu.cn 的 IP 地址（47.93.41.0）。

⑤⑥⑦⑧ 再把这个结果一层层返回到本地域名服务器，并最终将解析结果返回客户，递归解析结束。

⑨ 客户可以通过解析得到的 IP 地址 47.93.41.0 去访问 www.hep.edu.cn 网站。

反复解析也称迭代解析，解析过程如图 3–6 所示。① 是指客户解析程序首先向本地域名服务器发出查询请求，本地域名服务器如果不能够返回最终的解析结果，那么它接管该请求解析的责任；②③④⑤⑥⑦ 依次向其他域名服务器请求解析，直至找到能够解析的服务器完成解析；⑧ 本地域名服务器再把最终结果返回给客户；⑨ 客户可以通过解析得到的 IP 地址 47.93.41.0 去访问 www.hep.edu.cn 网站

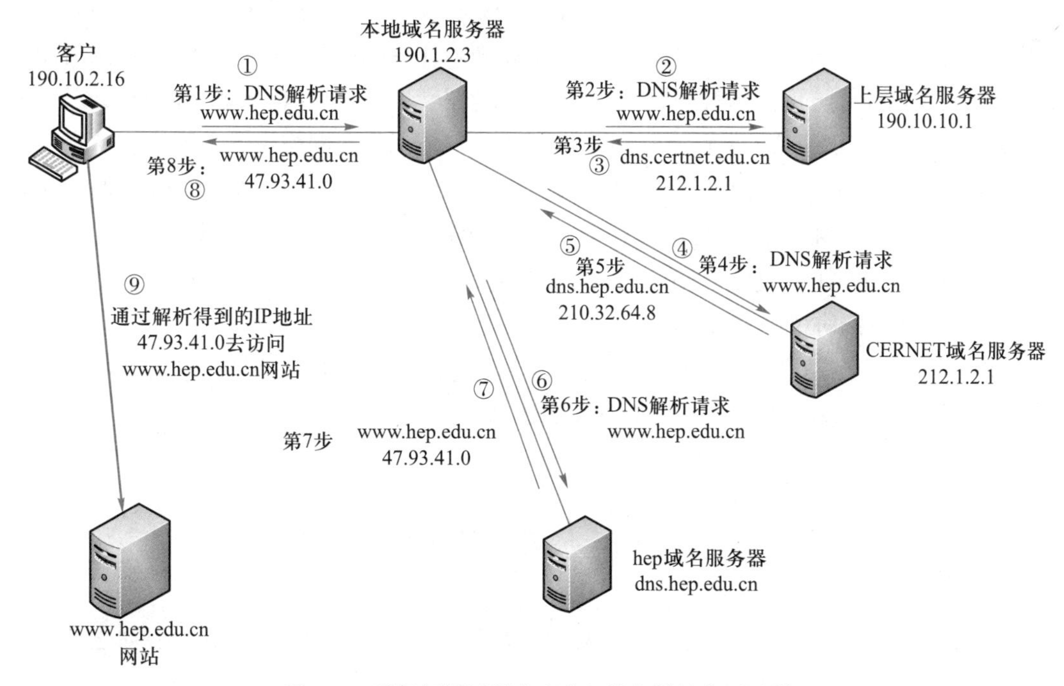

图 3–6　反复解析过程中客户与服务器的交互过程

5. 域名注册

最为通用的域名 .com 和 .net 的管理机构是 ICANN（the internet corporation for assigned names and numbers），但 ICANN 并不负责域名注册，ICANN 只是管理其授权的域名注册商。受限域名（如 edu、gov 和 cn 等）由特殊注册机构管理，例如 cn 域名的管理机构是 CNNIC（China internet network information center），由 CNNIC 授权给注册商来管理。域名注册遵循先申请先注册原则，每个域名都是独一无二的。注册域名时，由用户向注册商按要求进行申请即可。

3.1.3 MAC 地址

MAC 地址(medium access control address)也叫物理地址、硬件地址或链路地址,由网络设备制造商生产时写在硬件内部。MAC 地址与网络无关,也即无论将带有这个地址的设备(如网卡、集线器、路由器、手机等)接入到网络的何处,都有相同的 MAC 地址,它由厂商写在硬件里。MAC 地址由 6 字节(48 比特)组成。这个 48 比特都有其规定的意义,前 24 位是由生产网卡的厂商向 IEEE 申请购买的厂商地址,后 24 位由厂商自行分配,这样的分配使得世界上任意一个拥有 48 位 MAC 地址的网络设备都有唯一的标识。

MAC 地址通常表示为 12 个十六进制数(每个十六进制数相当于 4 比特),每 2 个 16 进制数之间用冒号隔开,如:08 :00 :20 :0A:8C:6D 就是一个 MAC 地址,其中前 6 位 16 进制数 08 :00 :20 代表网络硬件制造商的编号,它由 IEEE 分配,而后 6 位 16 进制数 0A:8C:6D 代表该制造商所制造的某个网络产品(如网卡)的系列号。

为什么要用到 MAC 地址？这是由组网方式决定的,如今流行的接入 Internet 的方式是把主机通过局域网组织在一起,然后再通过交换机和 Internet 相连接。这样一来就出现了如何区分具体用户,防止盗用等问题。由于 IP 只是逻辑上标识,任何人都可随意修改,因此严格来说不能用来识别用户;而 MAC 地址则不然,它是固化在网络设备里面的。从理论上讲,除非盗来硬件(网卡),否则较难进行冒名顶替(现在也有一些办法修改 MAC,但相对来说比较麻烦)。基于 MAC 地址的这种特点,局域网采用 MAC 地址来标识具体用户。在网络上传输信息的过程中,IP 地址与 MAC 地址要经过多次转换,IP 地址与 MAC 地址的映射要通过 ARP 地址解析协议来完成。

【思考】为什么网络上主机既有域名,又有 IP 地址,还有 MAC 地址？它们在网络层次结构中对应的层次是不同的,互相之间又是怎么解析转换的?

3.2 信息的传递

前面我们通过 IP 地址、子网掩码、DNS、MAC 等解决了网络中标识的问题,那么数据究竟是如何在主机间进行传递的?

3.2.1 分层

计算机网络是由多台主机组成,主机之间需要不断地交换数据。要做到有条不紊地交换数据,必须使它们采用相同的信息交换规则。我们把在计算机网络中用于规定信息的格式以及如何发送和接收信息的一套规则称为网络协议(network protocol)。

为了减少网络协议设计的复杂性,网络设计者并不是设计一个单一的、全面性的协议来为所有形式的通信规定完整的细节,而是采用分层的方法,即把通信问题划分为许多个小问题,然后为每个小问题设计一个单独的协议。这样做使得每个协议的设计、分析、编码和测试都比较容易。分层可以带来以下好处。

① 各层之间是独立的。某一层并不需要知道它的下一层是如何实现的，而仅仅需要知道该层通过层间的接口(即界面)所提供的服务。由于每一层只实现一种相对独立的功能，因而可将一个难以处理的复杂问题分解为若干较容易处理的更小一些的问题。这样，整个问题的复杂程度就下降了。

② 灵活性好。当任何一层发生变化时(例如由于技术的变化)，只要层间接口关系保持不变，则该层以外各层均不受影响。此外，还可对某一层提供的服务进行修改。当不再需要某层提供的服务时，甚至可以将该层取消。

③ 结构上可分割开。各层都可以采用最合适的技术来实现。

④ 易于实现和维护。这种结构使得实现和调试一个庞大且复杂的系统变得易于处理，因为整个的系统已被分解为若干相对独立的子系统。

⑤ 能促进标准化工作。因为每一层的功能及其所提供的服务都已有了精确的说明。

图 3-7 是三种计算机网络体系结构的分层示意图。图 3-7(a)是 ISO 提出的开放系统互连参考模型，即著名的 OSI/RM(open system interconnection reference model)。它将计算机网络体系结构的通信协议划分为七层，OSI 参考模型研究的初衷是希望为网络体系结构与协议发展提供一种国际标准。图 3-7(b)是 TCP/IP(Transmission Control Protocol/Internet Protocol)参考模型，相比 OSI/RM，去掉了 OSI 参考模型中的会话层和表示层(这两层的功能被合并到应用层实现)，同时将 OSI 参考模型中的数据链路层和物理层合并为网络接口层。由于 TCP/IP 研发的初期，OSI 还没有提出，目前 TCP/IP 应用广泛并已经成为公认的 Internet 工业标准。图 3-7(c)是五层协议的体系结构，五层协议的体系结构综合了前两种体系结构的优点，既简洁又能将概念阐述清楚。

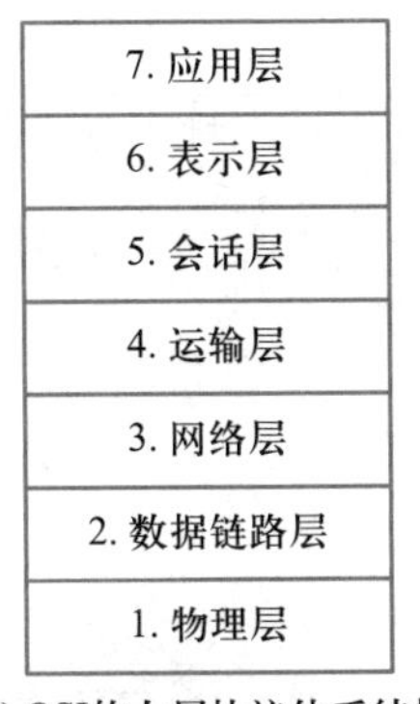

(a) OSI的七层协议体系结构

(b) TCP/IP的四层协议体系结构

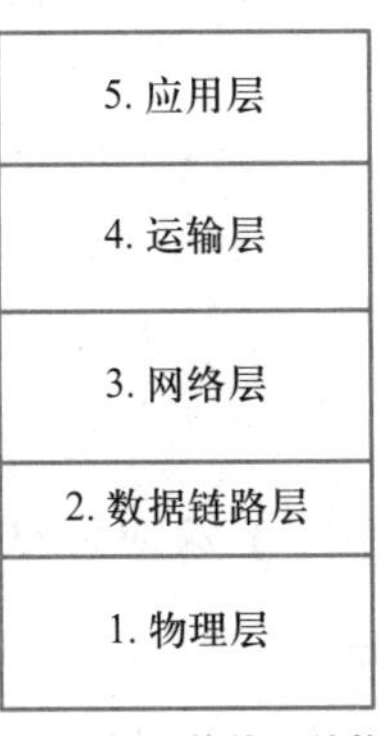

(c) 五层协议的体系结构

图 3-7　三种计算机网络体系结构的分层示意图

3.2.2　两台计算机点对点通信

先来看最简单的通信情况，如图 3-8 所示，将两台计算机直接用网线连接，计算机 A 和计算机 B 就可以进行互相发送文件、信息交流等操作。

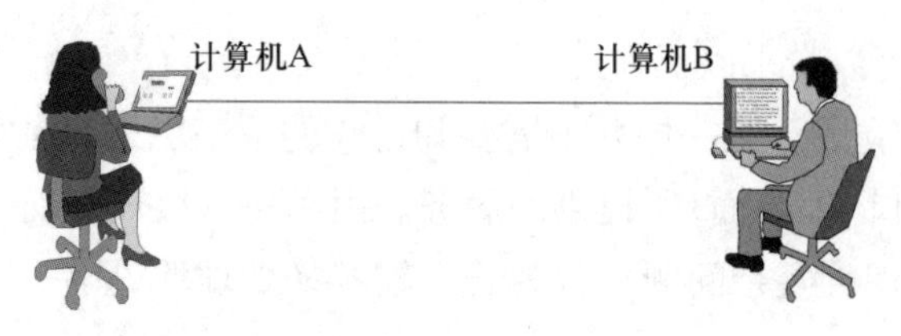

图 3-8 两台计算机点对点通信

根据前面介绍的分层方法，两台计算机通信过程如图 3-9 所示，假如计算机 A 要发送一个信息给计算机 B，计算机 A 会将要发送的信息（message）进行层层处理，每一层都会根据自己所在层的协议对上面传下来的内容进行封装处理。首先，应用层的数据往下传，到传输层对数据进行处理后称为段（segment），到网络层对段进行处理后称为数据报（datagram），到数据链路层对数据报进行处理后称为帧（frame），到物理层后对帧数据按比特流（bit stream）进行发送。当计算机 B 接收到计算机 A 发来的比特流后，就会一层一层往上传递数据，同时将协议一层一层进行解析，每一层都会得到自己本层想要的数据，看起来好像是计算机 A 和计算机 B 的相应层相互在通信。

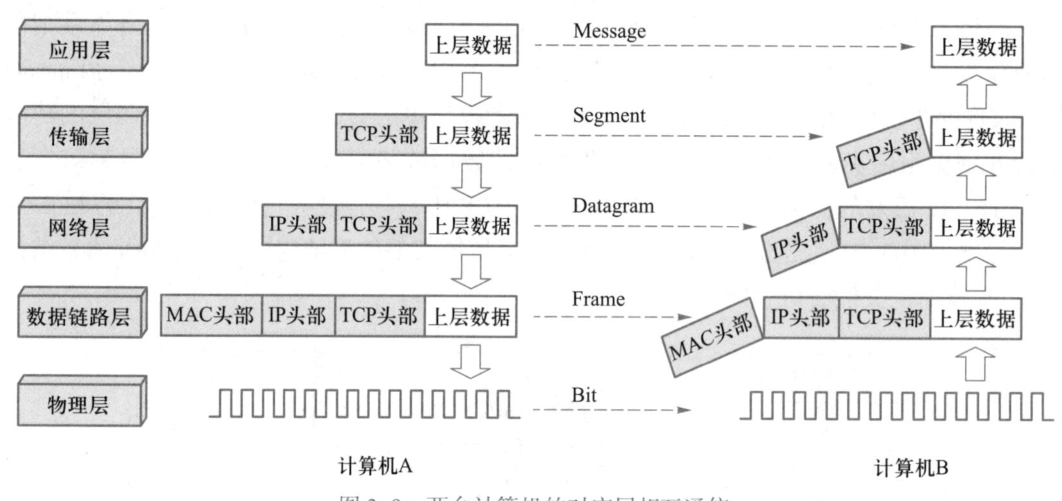

图 3-9 两台计算机的对应层相互通信

3.2.3 不同子网中计算机通信

1. 网关

就像人从一个房间走到另一个房间，要经过一扇扇门一样。从一个网络向另一个网络发送信息，也必须经过一道道“关口”，这道关口就是网关（gateway）。顾名思义，网关就是一个网络连接到另一个网络的“关口”，也就是网络关卡。

网关是一台承担翻译重任的计算机系统或设备，又称网间连接器、协议转换器，使用在不同的通信协议、数据格式或语言，甚至体系结构完全不同的两种系统之间，是一个翻译器。其作用是将两个网络连通，这两个网络可以是相同协议也可以是不同协议的。

在 TCP/IP 网络中，网关是具有路由功能的一台多接口设备。每个接口都拥有一个 IP 地址，并且每个接口的 IP 地址必定是其所连网络的一个 IP 地址，如图 3-10 所示，PC1 设置的 IP 地址为 192.168.1.118，子网掩码为 255.255.255.0，默认网关地址为路由器 Router0 的 fa0 端口的地址 192.168.1.1，PC1 和网关地址同属网络 192.168.1.0。

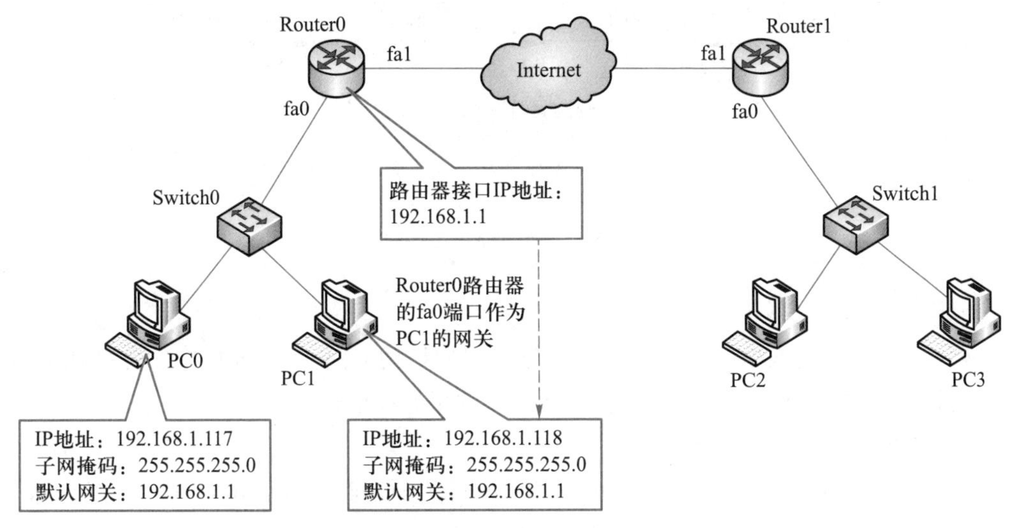

图 3-10 网络中网关设置示意图

2. 不同子网中两台计算机通信

如图 3-11 所示，当不同子网中两台计算机通信时，除了在计算机 A 和计算机 B 上要进行层层的封装与解析之外，中间也会经过交换机、路由器等多种网络设备。

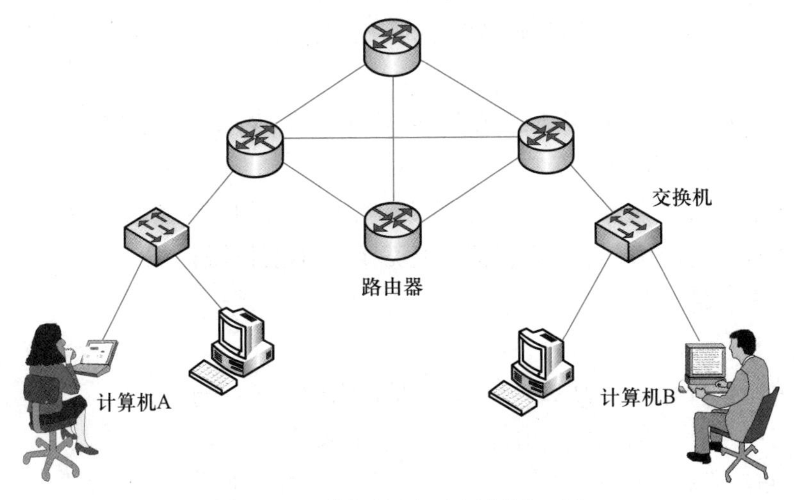

图 3-11 不同子网中两台计算机通信

这里交换机负责连接子网内的计算机，主要工作在物理层和数据链路层；路由器负责连接不同的子网，起着网关的作用，并且按照预置的算法计算出从计算机 A 到计算机 B 的路径，主要工作在物理层、数据链路层和网络层。工作过程如图 3-12 所示。

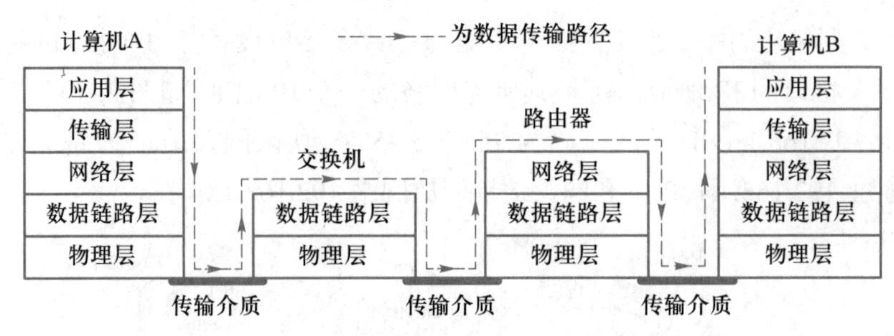

图 3-12 不同子网两台计算机通信数据传输示意图

3.3 连网方式

网络传输介质是网络中发送方与接收方之间的物理通路，也是通信中实际传送信息的载体。常用的传输介质有：双绞线、光纤、无线与卫星通信信道等。

1. 双绞线

作为一种传输介质它是由二根包着绝缘材料的细铜线按一定的比率相互缠绕而成。图 3-13 所示为双绞线结构图，由四对相互缠绕的线对构成，共八根线。相互缠绕改变了电缆原有的电气特性。这样不但可以减少自身的串扰，也可以最大程度上防止其他电缆上的信号对这对线缆上的干扰。

图 3-13 双绞线结构

双绞线按其绞线对数可分为：2 对，4 对，25 对。如 2 对的话用于电话，4 对的用于网络传输，25 对的用于电信通讯大对数线缆。

按是否有屏蔽层可分为：屏蔽双绞线（shield twisted pair，STP）与非屏蔽双绞线（unshield twisted pair，UTP）两大类。

按频率和信噪比可分为：三类线、四类线、五类线、超五类线、六类线、超六类线、七类线。现在很多地方已经用上了六类线甚至七类线。用在计算机网络通信方面至少是三类。

2. 光纤

通信用光纤的外径一般为 125~140 μm，是比人的头发丝稍粗的玻璃丝。一般所说的光纤是由纤芯和包层组成，纤芯完成信号的传输，包层与纤芯的折射率不同，将光信号封闭在纤芯中传输并起到保护纤芯的作用。工程中一般将多条光纤固定在一起构成光缆，如图 3-14 所示。

图 3-14 光纤结构图

3. 无线网络

我们常用的无线网络包括 WiFi（wireless fidelity）、蓝牙（bluetooth）和手机网等。

WiFi 是一种无线局域网(wireless local area network,WLAN),主要是使用一系列 802.11 标准,通过接入点(access point,AP)将各个终端通过无线的方式连接起来,再通过连接线将 AP 连接到局域网。

蓝牙用于小范围的通信,一般有效范围在 10 m 左右,如果用蓝牙 4.0,范围可以扩展到 100 m,主要用在手机与耳机、智能家居设备间通信等。

手机网正在大范围应用的是第 4 代移动通信网络即 4G,下行速率能达到 100~150 Mbps(兆比特每秒),上传的速度也能达到 20~40 Mbps。而即将普及应用的 5G,速度更是 4G 的百倍以上,延迟也更短,实时性更好,有更广阔的应用前景,目前,中国在 5G 技术及其应用上已经处于全球前列。

3.4　互联网(internet)应用

Internet 在不同发展时期中出现过许多应用服务,这些服务有远程登录(telnet)、万维网(WWW)、电子邮件(E-mail)、文件传输(FTP)、网上聊天、电子商务等。下面简要介绍 WWW 和 E-mail 服务。

1. WWW 服务

WWW(world wide web)的字面解释意思是"布满世界的蜘蛛网",一般把它称为"万维网",简称 Web。以超文本(hypertext)技术为基础,以面向文件的浏览方式提供文本、图形、声音和动画等,用超链接将各种信息联系起来,构成一个庞大的信息网。

(1) WWW 服务的工作模式

WWW 服务的工作原理是用户在客户机通过浏览器向 Web 服务器发出请求,Web 服务器根据客户机的请求内容,将保存在服务器中的某个页面发回给客户机,浏览器接收到页面后对其进行解释,最终将图像、文字、声音等呈现给用户,如图 3-15 示。

图 3-15　WWW 服务的基本工作过程

(2) WWW 文档的编写语言—HTML

WWW 文档基本是用 HTML 来编写的,用来描述 WWW 上发布的信息。HTML(hypertext markup language,超文本标记语言)是一种用来制作超文本文档的简单标记语言,常与 CSS、JavaScript 等编程语言一起用于网页前端以及移动应用界面的设计。HTML 文档能独立于各种操作系统平台,将所需要表达的信息按某种规则写成 HTML 文件,通过浏览器来识别,并将其渲染成可视化网页。HTML 描述了一个网站的结构语义及呈现方式,通过标签(tag),将影像、声音、图片、文字、动画、视频等内容显示出来,是一种标记语言而非编程语言。HTML

元素是构建网站的基石，它可以从一个文件跳转到另一个文件，与世界各地主机的文件连接。

例如，有如下HTML文档：

```
<html>
<head>
<title> 这是一个关于 html 语言的例子 </title>
</head>
<body> 这是一个简单的例子 </body>
</html>
```

<html>、<title> 等内容叫作 html 语言的标记。从上例可以看出，整个超文本文档是包含在 <html> 与 </html> 标记对中的，而整个文档又分为头部部分和主体部分，分别包含在标记对 <head></head> 与 <body></body> 中。

HTML 中还有许多其他的标记（对），HTML 正是用这些标记（对）来定义文字图像的显示和链接等多种格式。

【思考】大家可以将上面的 html 文档例子在记事本软件中进行编辑，并另存为 html 类型文件，再重新打开该文件观察效果。

(3) 超文本传输协议—HTTP

超文本传输协议（hyper text transfer protocol，HTTP）是互联网上应用最为广泛的一种网络协议，所有的 WWW 文件都必须遵守这个标准。设计 HTTP 最初的目的是提供一种发布和接收 HTML 页面的方法。HTTP 协议采用了请求 / 响应模型，客户端向服务器发送一个请求，请求头中包含了请求的方法、URL、协议版本等。服务器以一个状态行作为响应，响应的内容包括消息协议的版本、成功或者错误编码信息等。

(4) 统一资源定位符—URL

统一资源定位符（uniform resource locator，URL）是对可以从互联网上得到的资源的位置和访问方法的一种简洁的表示，是互联网上标准资源的地址。互联网上的每个文件都有一个唯一的 URL，它包含了文件的位置信息，如图 3-16 所示。

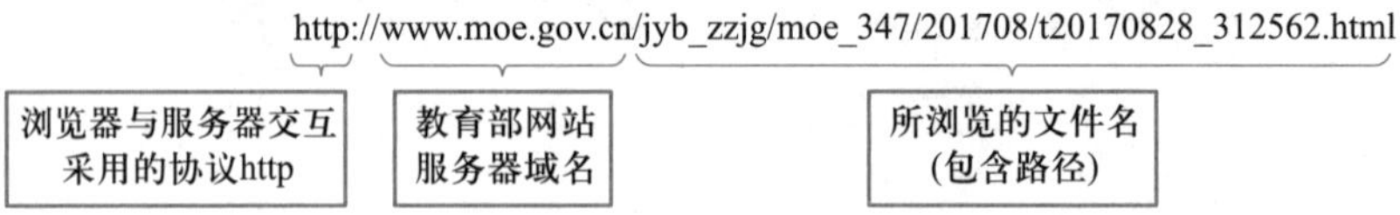

http://www.moe.gov.cn/jyb_zzjg/moe_347/201708/t20170828_312562.html

浏览器与服务器交互采用的协议http | 教育部网站服务器域名 | 所浏览的文件名（包含路径）

图 3-16 URL 构成示例图

(5) Web2.0 简介

Web2.0 开启了相对于 Web1.0 的新时代，指的是一个由用户主导生成内容的互联网产品模式，为了区别于传统的由网站雇员主导生成内容的模式，而被定义为第二代互联网。Web2.0 更加注重交互性，用户参与网站内容的制造。与 Web1.0 网站单向信息发布的模式不同，Web2.0 网站的内容通常是用户发布的，这使得用户既是网站内容的浏览者也是网站内容的制造者。这也就意味着 Web2.0 网站为用户提供了更多参与的机会。例如，博客网站和维基（Wiki）就是典型的用户创造内容的产品，而 tag 技术（用户设置标签）将传统网站中的信息分类工作直接交给用户来完成，可以说是实现了人的互联。

2. E-mail

电子邮件服务是 Internet 的基本服务之一，也是 Internet 上使用最广泛的服务之一。用户可以用非常低廉的价格、非常快速的方式，与世界上任何一个角落的网络用户联系，电子邮件的存在极大地方便了人与人之间的沟通与交流。

当用户需要发送电子邮件时，首先利用客户端按规定格式编辑一封邮件，指明收件人的电子邮件地址，然后利用简单邮件传送协议（simple mail transfer protocol，SMTP）将邮件送往发送端的邮件服务器。

发送端的邮件服务器接收到用户送来的邮件后，找到收件人地址中的邮件服务器主机名，通过 SMTP 将邮件送到接收端的邮件服务器，接收端的邮件服务器根据收件人地址中的账号将邮件投递到对应的邮箱中。

利用 POP3（post office protocol 3）或 IMAP（internet mail access protocol），接收端的用户可以在任何时间从自己的邮箱中读取邮件，工作原理示意如图 3–17 所示。

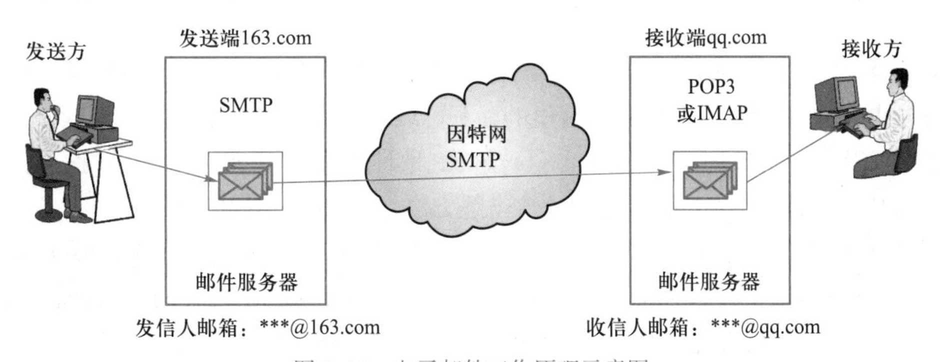

图 3–17 电子邮件工作原理示意图

3.5 网络安全与道德法规

随着计算机网络的发展，各行各业对计算机网络的依赖程度也越来越高，这种高度依赖也对网络的安全性提出了更高的要求。一旦网络受到攻击，轻则不能正常工作，重则危及国家安全，所以必须十分重视网络安全问题。

1. 什么是网络安全

网络安全，是指通过采取必要措施，防范对网络的攻击、侵入、干扰、破坏和非法使用以及意外事故，使网络处于稳定可靠运行的状态，以及保障网络数据的完整性、保密性、可用性的能力。网络安全是一门涉及计算机科学、网络技术、通信技术、信息安全技术、应用数学、数论、信息论等多种学科的综合性学科。

2. 网络安全服务的基本功能

(1) 可用性：尽管存在各种可能的突发事件(如停电、自然灾害、事故或攻击等)，计算机网络仍然可以处于正常运转状态，用户可以使用各种网络服务。

(2) 机密性：保证网络中的数据不被非法截获或被非授权用户访问，保护敏感数据和涉及个人隐私信息。

(3) 完整性：保证数据在网络中完整地传输、存储，确保数据没有被修改、插入或删除。

(4) 不可否认性：确认通信参与者的身份真实性，防止参与者对已发送或已接收的信息进行否认。

(5) 可控性：能够控制与限制网络用户对主机系统、网络服务与网络信息资源的访问和使用，防止非授权用户读取、写入、删除数据。

3. 网络攻击的分类

网络攻击可以分为主动攻击与被动攻击。被动攻击主要是以收集信息为目的，信息的合法用户不会觉察到这种活动，例如嗅探、漏洞扫描、信息收集等。主动攻击不但要进入对方系统搜集信息，同时要进行破坏活动，如拒绝服务攻击、信息篡改、欺骗攻击、恶意程序攻击等。无论是主动攻击还是被动攻击，都是非法的行为。下面列出了几种常见的网络攻击。

(1) 漏洞攻击。网络攻击者通过网络踩点、漏洞扫描等多种形式发现漏洞，利用网络系统的漏洞非法访问网络、窃取信息。这里的漏洞可以是技术漏洞也可以是管理漏洞。

(2) 欺骗攻击。网络攻击者通过口令破解、IP 地址欺骗、ARP 欺骗、Web 欺骗、电子邮件欺骗、IP 源路由欺骗、重发攻击与中间人攻击等方法，达到非法访问的目的。

(3) 拒绝服务(denial of service，DoS)攻击与分布式拒绝服务(distributed denial of service，DDoS)攻击。DoS 攻击有很多类型，它们基本的攻击行为是：利用合理的请求，通过发送一定数量、一定序列的报文，使网络服务器中充斥了大量要求回复的信息，消耗网络带宽或系统资源，导致服务器不能够正常工作，甚至瘫痪。分布式拒绝服务攻击就是通过控制大量分散的终端，集体对服务器进行 DoS 攻击的方法。例如，黑客控制大量计算机，同时用 Ping 指令发送大量的数据包给某台服务器，导致服务器不能够正常工作。

4. 网络安全技术

网络安全技术包括：防火墙技术、加密技术、数字签名技术、审计监控技术、病毒防治技术等。网络安全工作的目的就是为了在安全法律、法规、政策的支持与指导下，通过采用合适的安全技术与安全管理措施，完成以下任务。

(1) 使用访问控制机制，阻止非授权用户进入网络，即“进不来”，从而保证网络系统的可用性。

(2) 使用授权机制，实现对用户的权限控制，即不该拿走的“拿不走”；同时结合内容审计机制，实现对网络资源及信息的可控性。

(3) 使用加密机制，确保信息不泄露给未授权的实体或进程，即“看不懂”，从而实现信息的保密性。

(4) 使用数据完整性鉴别机制，保证只有得到允许的人才能修改数据，而其他人“改不了”，从而确保信息的完整性。

(5) 使用审计、监控、防抵赖等安全机制，使得攻击者、抵赖者“赖不了”，并进一步对网络出现的问题提供调查依据和手段，实现信息安全的不可否认性。

5. 网络隐私

网络隐私权是指自然人在网上享有的与公共利益无关的个人活动领域和个人秘密信息依法受到保护，不被他人非法侵扰、知悉、收集、利用和公开的一种人格权；也包括第三人不得随意转载、下载、传播其知晓的他人隐私，恶意诽谤他人等。

在计算机网络环境中，存在大量的数据流通，个人数据信息极易被收集、使用和攻击。计算机与网络领域中最突出的个人隐私数据问题，主要涉及这些方面：个人数据被过度收集；个人数据被商家和网站进行二次开发利用，分析出深层的个人数据信息；个人数据被攻击和个人数据被交易。针对这些问题，网络隐私保护可以从以下几方面入手。

① 不轻易在网站上提交自己的信息，除了银行网站、著名的电子商务网站、政务网站等公信力较高网站，在其他网站上提交自己真实信息要特别谨慎。

② 一定要使用相对复杂的密码，例如密码较长并由大小写字母、数字及符号组成，这样不容易被人猜到或破解。

③ 个人计算机要有足够高的安全设置，打上最新的操作系统补丁、启用防火墙、安装杀毒软件、不访问钓鱼网站等，确保个人计算机不被黑客入侵，如果发现有被入侵的异常情况，应该在第一时间断开网线，然后再进行检测和修复。

④ 网上发布信息和文章时，也要注意隐私保护等。

6. 网络道德与法规

随着网络技术的快速发展，人们在网络上进行工作、娱乐、学习、交流等活动。网络为人们提供资源共享、交流合作的平台，每一个人既是参与者，又可能是组织者。人们在享受更多自由的同时，也必须遵守网络道德规范与法律规定，坚守网络道德与法律底线。

(1) 网络道德

与植根于物理空间的现实道德相比较，由于虚拟空间的开放性、自主性与多元性，网络道德有其新特点、新要求，以下是一些基本的网络道德规范。

① 保持网络诚信，不要发布虚假消息、传播不法言论、虚假广告，抵制网络诈骗。

② 拒绝网络暴力，不得借助网络虚拟空间，用言论、文字、图片、视频等形式发表具有“诽谤性、诬蔑性、侵犯名誉、损害权益和煽动性”特点的内容。

③ 用好网络技术，不得利用网络技术恣意妄为，进行缺乏社会责任感或破坏网络秩序的行为。

④ 抵制网络庸俗和沉溺游戏，抵制各种虚假信息、不雅文化内容，避免沉迷网络游戏。

(2) 全国青少年网络文明公约

丰富多彩的网络世界，为我们益智广识提供了前所未有的便利条件。不过面对良莠不齐的网上信息，作为青年学生如何辨别和自律显得尤其重要。共青团中央、教育部、文化和旅游部、国务院新闻办、全国青联、全国学联、全国少工委、中国青少年网络协会向全社会发布了《全国青少年网络文明公约》。公约内容如下：

要善于网上学习，不浏览不良信息；

要诚实友好交流，不侮辱欺诈他人；

要增强自护意识，不随意约会网友；

要维护网络安全，不破坏网络秩序；

要有益身心健康，不沉溺虚拟时空。

(3) 法律法规

与互联网的发展相适应，世界上各国都颁布完善了相应的法律法规。我国分别在 2017 年 6 月 1 日起施行《中华人民共和国网络安全法》，2020 年 3 月 1 日起施行《网络信息内容生态治理规定》，2021 年 11 月 1 日起实施《中华人民共和国个人信息保护法》。另外，我国颁布的相关法律和法规还有《中华人民共和国计算机信息网络国际联网管理暂行规定》《中华人民共和国计算机信息系统安全保护条例》《商用密码管理条例》《互联网信息服务管理办法》等。这些法律法规在保障网络安全，维护网络空间主权和国家安全、社会公共利益，保护公民、法人和其他组织的合法权益，促进经济社会信息化健康发展方面起到了积极作用。

网络犯罪与普通犯罪一样，都是触犯法律的行为。网络犯罪也分为故意犯罪和过失犯罪，都会受到法律的追究。因此，计算机使用者需要学习法律、法规文件，明确哪些是违法行为，哪些是不道德行为，知法、懂法、守法，增强自身保护意识、防范意识，抵制计算机网络犯罪。

新兴事物的发展总有其两面性，我们要加强学习，提高计算机技术知识与应用能力；完善与计算机技术相关的法律法规，堵住法律漏洞。同时，要引导人们树立正确的信息技术使用观念，合理使用相关技术，不要沉迷于网络，作为大学生要特别注意不要沉溺于网络游戏。社会各界需要共同努力，来弱化网络的负面影响，而其正面的积极效应发扬光大。

3.6 物 联 网

物联网（internet of things，IOT）是物物相连的互联网，是互联网的延伸。它利用局部网络或互联网等通信技术及传感器、控制器，将机器、人员和物体等通过新的方式连在一起，使人与物、物与物相连，实现信息化和远程管理控制。例如，我们熟悉的共享单车，就是通过物联网技术，将自行车联网、数据上传云端服务器，并通过手机 App 开展应用，如图 3-18 所示。其主要工作过程如下：① 打开手机 App 扫码；② 读取单车信息；③ 手机将用户 ID、车辆 ID、解锁请求等上传云端服务器；④ 云端服务器通过网络向单车发出开锁指令，如果和单车连网出现故障，则向手机发出解锁授权，由手机通过蓝牙来开锁；⑤ 开锁成功后，单车会实时将自己的状态、位置等信息上传云端；⑥ 订单完成后，云端和手机进行计费操作等。

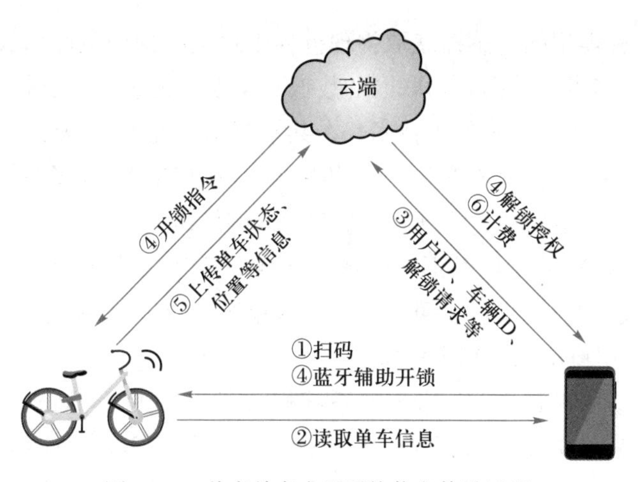

图 3-18　共享单车应用系统信息传递过程

1. 物联网及共享单车应用系统架构

物联网由软件、硬件两大部分组成。软件部分即为物联网的应用层，包括应用、支撑两部分。硬件部分分为网络层和感知层，分别对应传输部分、感知部分。物联网作为一种形式多样的聚合性复杂系统，涉及了信息技术自上而下的每一层面，其体系结构分为感知层、网络层、应用层三个层面，如图 3-19 所示。

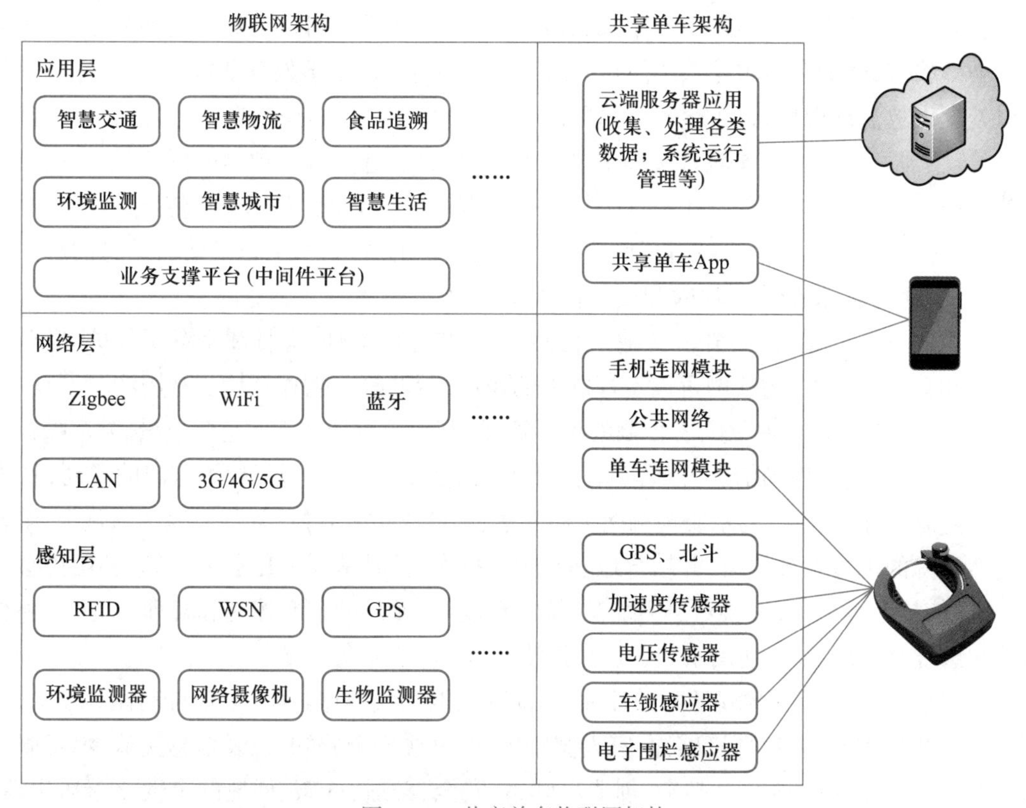

图 3-19　共享单车物联网架构

感知层通过各种类型的传感器获取物理世界中发生的物理事件和数据信息，例如各种物理量、标识和视频多媒体数据。物联网的数据采集涉及传感器，包括射频识别（RFID）、多媒体信息采集、二维码和实时定位等技术。在共享单车系统中，主要是单车上的智能锁，包括全球定位系统（GPS）、加速度传感器、电压传感器、车锁感应器、电子围栏感应器等。

网络层将来自感知层的各类信息通过基础承载网络传输到应用层，包括移动通信网、互联网、卫星网、广电网、行业专网及形成的融合网络等，特别是国内5G网的快速发展，为一些有高速和实时要求的应用提供了可能。在共享单车系统中，智能车锁和手机上都有联网模块，可以将各类数据传输到云端服务器。

应用层主要将物联网技术与行业专业系统相结合，实现广泛的物物互联的应用解决方案，包括智能环保、智能交通、智能农业、智能家居、智能物流等行业应用。在共享单车系统中，通过云端服务器上的应用软件与手机App协同完成了共享单车的功能。

2. 物联网应用

物联网通过各种信息传感设备，实时采集任何需要监控、连接、互动的物体或过程的各种需要的信息，可以提供非常多样的应用与服务。例如，智慧交通、智慧物流、健康医疗、智慧家庭、智慧能源、环境监测、犯罪防治，以及智慧生活等各个领域。下面列举若干应用。

智能交通：将物联网技术应用于各种交通场所和交通工具中，可以节约能源、提高效率、减少交通事故的损失。道路交通状况的实时监控可以减少拥堵，提高社会车辆运行效率；道路自动收费系统可以提升车辆通行效率；智能停车系统可以节约时间和能源，从而降低污染排放；实时的车辆跟踪系统能够帮助救助部门迅速准确地发现并抵达交通事故现场，及时处理事故清理现场，在黄金时间内救助伤员，将交通事故的损失降到最低；通过监控摄像头、传感器、通信系统、导航系统等手段掌握交通状况，进行流量预测分析，完善交通引导与信息提示，减少交通拥堵等事件的发生，并快速响应突发状况；利用车辆传感器、移动通信技术、导航系统、集群通信系统等增强对城市公交车辆的身份识别，以及运营信息的感知能力，降低运营成本、降低安全风险和提高管理效率。

环境监测：通过智能感知并传输信息，在大气和土壤治理、森林和水资源保护、应对气候变化和自然灾害中，物联网可以发挥巨大的作用，帮助改善生存环境。利用物联网技术，形成对污染排放源的监测、预警、控制的闭环管理；利用传感器加强对空气质量、城市噪音监测，在公共场所进行现场信息公示，并利用移动通信系统加强与监督检查部门的联动；加强对水库河流、居民楼供水的水质检测网络体系建设，形成实时监控；加强对森林绿化带、湿地等自然资源的传感系统建设，并结合地理空间数据库，及时掌控绿化资源情况；利用传感器技术，通信技术等手段，完善对热力能源、楼宇温度等系统的监测、控制和管理；通过完善智能感知系统，合理调配和使用水利、电力、天然气、燃煤、石油等资源。

智慧家庭：综合运用物联网、云计算、移动互联网和大数据技术，结合自动控制技术，将家庭设备智能控制、家庭环境感知、家人健康感知、家居安全感知，以及信息交流、消费服务等在家居生活中有效地结合起来，创造出健康、安全、舒适、低碳、便捷的个性化家居生活。智慧家庭正在从影视科幻场景成为现实，如回家后热水已经烧好，回家之前空调或暖气已经开好，饭已经自动煮好，可以随时了解冰箱里面的菜品储备情况，下雨也会自动关窗户，还能随时监控家庭内部细节的情况，读取家庭数据中心的各种数据，人们的生活质量将会再上一个台阶。

智慧物流：将条形码、射频识别、全球定位系统等物联网技术应用于物流业运输、仓储、配送、包装、装卸等基本活动环节，可以提供非常有效率的物流管理功能，也可以提高管理效能及降低营运成本。

智慧城市：将城市中的建筑物及设施都连接上网，结合都市交通管理系统、电力系统、自来水管理系统中城市运行的各项关键信息，实现城市智慧式管理和运行，进而为城市中的人创造更美好的生活，促进城市的和谐、可持续成长。

健康码：2019 年底开始的新型冠状病毒肺炎 (COVID-19) 疫情给全世界人民带来了很大损失，相比于国外，我国在疫情的防控上做得比较好，与信息技术的大量应用不无关系，其中之一就是全国各地使用健康码进行疫情防控。健康码的生成包含了大量个人基础信息，同时结合了来自公安、移动运营商、卫健委、高铁站、机场、高速公路道口等渠道的信息，掌握用户行动轨迹，再通过分析处理生成不同状态的健康码。健康码充分利用了现代社会人和手机的紧密关系，结合手机已经是人的一个附加“器官”的特点，调用手机上的传感器如摄像头、定位系统等产生的数据，并结合其他数据来分析出用户生活轨迹，为疫情的防控提供了很大的帮助，也是物联网中数字孪生应用的一个很好的实例。

习题 3

1. 标识一个终端有 IP 地址、MAC 地址、域名等方法，它们之间有何区别？
2. B 类 IP 地址的网络号由多少位二进制数组成？一个 B 类的网络最多可以有多少台主机？
3. IPv4 的地址空间只有 2^{32} 个，已经远远不能适应现代社会的需求，有哪些办法可以解决？
4. 通过资料查阅，谈谈 Web3.0。
5. 结合物联网技术和共享单车例子，大家谈谈自动驾驶是如何实现的？

第二篇 程序设计基础——Python 程序设计入门

学习完第一篇计算系统基础后，大家对计算机的组成及工作原理有了基本的了解。计算机通过执行预先存储的程序，然后在程序的控制之下按部就班地工作：依次取指令、指令译码、执行指令，周而复始。应用计算机进行问题求解，往往需要用户设计问题求解的步骤，并通过编写程序控制计算机按照所设计的步骤运行。因此，学习程序设计既是学习如何应用计算机进行问题求解的必由之路，也有助于进一步理解计算机的工作方式。

本书不是专门培养程序设计能力的教材，但为了帮助读者能深入理解计算机问题求解的基本方法，体验算法运行带来的效果，本书将给出一些问题求解例子的 Python 程序实现，供读者分析和运行，使我们在谈论问题求解的思想方法时不仅仅是纸上谈兵，而是用程序方法把思想变成现实。为此，本篇主要介绍 Python 程序设计语言的基本内容，以使读者能基本理解本教材后续例子中的程序，并能够进行简单的改写，或者能编写简单的程序。

本篇重点围绕 Python 语言的应用，分为三章内容。

第 4 章介绍程序设计语言从机器语言、汇编语言，再到高级语言的简要发展历史，以及结构化程序设计和面向对象程序设计的基本思想。随后通过简单的例子使读者对 Python 程序设计有初步的了解。

第 5 章讲解程序设计的流程控制，包括 Python 语言的选择结构和循环结构，理解结构化程序设计的基本方法。同时，介绍运用函数的方法把复杂的代码进行简单切割和封装，使程序更清晰。

第 6 章讲解 Python 组合数据类型，包括元组、列表、字典、集合等数据结构的概念和使用。这些高级数据结构使 Python 从易学到好用。最后，介绍软件开发的发展历史，开源软件运动的由来以及开源资源。

第 4 章

Python 程序设计启航

图灵机给我们一个启示，一个复杂的计算过程可以分解为一系列基本动作。对计算机来说，这个基本动作就是指令，指令的组合就是程序。冯·诺依曼计算机把指令和数据统一按二进制编码存储在存储器中，CPU 从程序中逐条取出指令，分析指令，然后执行指令。计算机系统按照“程序”描述的过程，控制“基本动作”的执行以实现复杂的功能。程序设计语言就是用来描述计算机处理的过程，是程序设计人员与计算机“交流”的语言。计算机程序语言的发展和计算机的发展一样经历了不断演进的过程：由 0/1 指令构成的机器语言程序，到用指令助记符写的汇编语言程序，再到现在大家熟悉的高级语言程序。

4.1 程序设计语言与程序设计方法

在计算机程序语言的发展过程中，先后涌现出各种各样通用的或专用的语言，每种语言都各具特色和优点。程序就是按照某种语言的语法要求，描述所要解决问题的处理步骤。这个问题处理步骤就是算法，所以程序是算法的代码实现。要写出功能强大又优美的程序必须有优秀的算法来支持。

4.1.1 程序设计语言发展历史

1. 机器语言

1946 年诞生的 ENIAC 是公认的世界第一台电子计算机，但是第一台按冯·诺依曼原理研制成功的通用电子计算机是 1951 年美国兰德公司的 UNIVAC 1。从那时起，人们就开始用机器语言设计程序，即编制一条条指令。指令包括了操作码和地址码(或操作数)。例如，假设有指令 10001010 00000101，开头 6 位 100010 表示加法，接着 2 位 10 表示操作数直接参与运算，后面 8 位是操作数的值 00000101(5)，该指令的意思是把 5 和运算器中的数相加。

使用机器语言编写程序十分痛苦，特别是在程序出错需要修改时。而且，由于每台计算机的指令系统往往各不相同，所以在一台计算机上执行的程序，要想在另一台计算机上执行，必须另编程序，这造成了重复工作。但机器语言是计算机能直接理解的语言，其程序在所有语言中运算效率最高。机器语言是第一代计算机语言。

2. 汇编语言

由于任何人都难以记住并自如地编写只有 0 和 1 数字串构成的程序指令，于是人们想出个办法：用八或十六进制数写程序，输入到计算机后再转换为二进制。但即便如此，单调的数字还是极易出错，程序员不堪其苦，随后想出了用助记符的方法，即用一些简洁的英文字母、符号串来替代一个特定指令的二进制串，比如，用“ADD”代表加法，“MOV”代表数据传递，指令 10001010 00000101 用助记符表示为 ADD A,5。这样一来，人们很容易读懂并理解程序在干什么，纠错及维护都变得方便了，这种程序设计语言就称为汇编语言，即第二代计算机语言。然而计算机是不认识这些符号的，这就需要一个专门的程序，负责将这些符号翻译成二进制的机器语言，这种翻译程序被称为汇编程序。

汇编语言同样十分依赖于机器硬件，移植性不好，但效率仍十分高。针对计算机特定硬件而编制的汇编语言程序，能准确发挥计算机硬件的功能和特长，程序精炼且质量高，所以至今仍是一种常用的强有力的软件开发工具。

例如，计算“3+5”的机器语言和汇编语言程序如表 4–1 所示。

表 4–1 “3+5”的机器语言和汇编语言程序

	机器语言	汇编语言	说明
指令 1	10000110 00000011	MOV A,3	取出数 3 送到运算器
指令 2	10001010 00000101	ADD A,5	取出数 5 与运算器中的数相加
指令 3	10010111 00000110	MOV(6),A	将运算器中的数存储到 6 号存储单元
指令 4	11110100	HLT	停机

3. 高级语言

从最初与计算机交流的痛苦经历中，计算机科学家意识到，应该设计一种这样的程序语言：它接近于数学语言或人的自然语言，同时又不依赖于计算机硬件，编出的程序能在所有机器上通用。经过努力，1954 年，第一个完全脱离机器硬件的高级语言——FORTRAN 问世了。该语言自 1956 年开始正式使用，到目前已有 60 多年的历史，但仍历久不衰，它始终是数值计算领域所使用的主流语言。

60 多年来，共出现了几百种高级语言，有重要意义的就有几十种。其中影响较大、使用较普遍的有 FORTRAN、ALGOL、COBOL、BASIC、Lisp、Prolog、Pascal、C、C++、Delphi、Java、Python 等。这些高级语言的核心是隐藏了底层有关硬件和操作系统的细节，可以更容易地描述计算问题。例如，计算 3+5 的程序，高级语言的语句是：result=3+5，这个代码只与编程语言有关，与计算机结构无关，也就是同一种编程语言在不同计算机上的表达方式是一致的。

高级语言有多种分类方法，如按照设计风格可分为命令式语言、结构化语言、面向对象语言、函数式语言、脚本语言等；按照程序执行方式可分为解释型语言、编译型语言、编译+解释型语言。我们先看看什么是编译和解释。

4. 编译和解释

编译型语言如 C、C++，在源程序执行之前，需要先将程序源代码“翻译”成汇编语言，然后进一步根据硬件环境生成符合运行需要的机器语言的目标文件，类似外语中的全文翻译模式。计算机可以直接运行机器语言程序，接受用户输入，给出程序运行结果，速度很快。

使用编译方式执行程序比较方便、效率较高，但只要源程序需要修改，则必须先修改源代码，再重新编译生成新的目标文件才能执行。若只有目标文件而没有源代码，就没法修改。大多数商用的软件产品都是编译后发行给用户，不仅便于直接运行，同时又使他人难以盗用其中的原始代码。

解释型语言如 JavaScript、Python，与编译型语言不同，它不需要将源程序通篇翻译成目标文件，而是在执行程序时才一条一条地解释成可执行的机器指令，并执行该指令，即解释一行执行一行，这很像外语翻译中的同声传译模式。执行解释的计算机程序称为解释器（interpreter）。这种模式下每一次运行程序都需要解释器和源代码，它的优点是在程序开发期间就能进行代码的运行和修改。

编译和解释都是程序执行的一种方式，没有好坏和高低之分，只是应用场景不同。例如写系统底层的基础服务程序或开发大型应用程序就用编译型语言，而搭建一个生成网页的 Web 程序或需要在浏览器中运行的程序，那么就用解释型语言。解释型语言的代码由于没有编译时间，能够被实时生成和执行，非常适合网络中需要快速响应和频繁互动的场景。

解释型语言通常都有简单、易学、易用的特性。Python 属于解释性语言，同时也是一种功能强大而完善的通用型语言，几乎可以胜任任何程序设计工作。

有了程序设计语言，也就有了描述问题求解步骤的手段。许多问题往往比较复杂，在计算机中如何表示这些问题，将是第三篇“信息表示与数据组织”所关注的内容。问题求解用什么方法或思路实现就是算法的问题。例如，求圆周率的算法有泰勒级数法，蒙特卡洛法，积分法等。算法是解决问题的策略，是程序的灵魂，有关算法的介绍将在第四篇“算法与问题求解策略”中展开。

程序是算法在计算机上的特定实现。算法侧重于描述解决问题的方法和步骤，程序侧重于机器上的实现。一个有效的程序首先要有一个有效的算法，算法设计是程序设计的核心。但是把算法思想用程序语言描述出来，中间还有一个如何构造程序的问题，即程序设计方法学，其目标是设计出可靠、易读而且代价合理的程序。目前，最常用的是结构化程序设计和面向对象程序设计两种方法。

4.1.2 程序设计方法

自 20 世纪 60 年代中后期开始，软件越来越多，规模越来越大，而软件的生产人员基本各自为战，缺乏科学的系统规划、测试、评估标准，结果大批耗费巨资建立起来的软件系统，由于含有程序错误而无法使用，甚至带来巨大损失。软件给人的感觉越来越不可靠，以致几乎没有不出错的软件。这一切，极大地震动了计算机界，被称为“软件危机”。人们认识到，大型程序的编制不同于写小程序，它应该是一项新的技术，应该像处理工程一样处理软件研制的全过程，程序的设计应易于保证正确性，也便于验证正确性。基于这样的认识，1969 年，科学家提出了结构化程序设计方法，1970 年，第一个结构化程序设计语言——Pascal 语言出现。

结构化程序设计采用自顶向下、逐步求精的设计方法。首先，将软件系统划分为若干功能模块，各模块按要求单独编程，再把各模块连接、组合成相应的软件系统。各模块内通过“顺序、选择、循环”三种控制结构编写程序，每个控制结构保证只有一个入口、一个出口。结构化程序设计方法逻辑清晰、容易理解、容易修改和验证，使程序的出错率和维护费用大大降低。

结构化程序设计出来的程序其执行方式是流水线式的，在一个模块被执行完成前，不能干别的事，也无法动态地改变程序的执行方向。这和人们日常处理事件的方式不一致。对人而言，希望发生一件事就处理一件事，哪个事件先发生就先处理哪个事件。也就是说，软件的设计不能面向过程，而应是面向对象，由事件来触发程序的执行。因此，20 世纪 80 年代初，在软件设计思想上，又产生了一次革命，其成果是诞生了面向对象的程序设计方法。它以对象为中心，程序由一系列对象组成，具有相同或相似性质的对象抽象为类。类包括数据和对数据的操作，对象是类的实例化，对象间通过消息传递来模拟现实世界中不同实体间的联系。

以电梯调度为例，假设客户在 20 层，想去 10 层，目前电梯在 1 层。面向过程的操作思路是：首先了解清楚电梯的位置，然后按“上升”按钮希望电梯升到 20 层，然后按“下降”按钮让电梯降到 10 层。而面向对象的操作思路是：不用管电梯目前在哪层楼，你只要告诉电梯你的目标层楼就可以了，这样操作步骤是：只按“下降”按钮，告诉电梯我要下去（到 10 层）。我们现实中乘坐电梯的体验就是面向对象的实现思想。在人类的观念中，客观世界就是由一个个对象组成的，眼前的书本、手机、计算机无一不是对象，每个对象都具有属性和方法（比如，电梯的“上升”和“下降”），对象就是一个封装的实体。

面向过程强调结构化的分解，突出过程如何做，强调代码的功能如何完成。面向对象突出真实世界和抽象对象做什么，将大量的工作由相应的对象来完成，程序员只需说明对象完成的任务。面向对象程序设计思想能够更好地支持代码复用和设计复用，降低软件开发的难度。

面向过程和面向对象都是程序设计的方式，各有优劣，并非完全对立，面向对象程序设计需要面向过程程序设计为基础。在实际开发中，需要根据情况加以选择，面向对象更适合于需求不断变化的应用软件，而面向过程更适合需求稳定但要求质量和效率的底层软件。

Python 语言提供了面向过程和面向对象两种程序设计机制。

4.2 Python 初认识

Python 是 Guido van Rossum(吉多·范·罗苏姆)在 1989 年设计的一个程序设计语言,他给 Python 的定位是:优雅、明确、简单。所以对初学者来说,Python 很容易入门,而且功能强大,支持后续的深入学习和应用。

Python 开发效率高,它提供了高级数据结构,还有大量的标准库及第三方库,意味着许多功能不必从零编写,而是直接使用现有的库,避免重复造轮子。这使得完成同一个任务时,Python 的代码量大概只有 C 语言的十分之一。

Python 的应用非常广泛,现在许多大型网站就是用 Python 开发的,例如国外的 YouTube、Instagram,国内的豆瓣等。IT 界的很多大公司,包括谷歌、雅虎、新浪、网易、百度都大量使用 Python 开发自动化脚本、爬虫、图形用户界面、网络游戏后台等。尤其重要的是,Python 在大数据和人工智能领域大显身手。近年来,Python 语言在 TIOBE 程序设计语言排行榜上名次持续上升,已连续多年进入前三名。

4.2.1 Python 安装

Python 是跨平台的,它可以运行在 Windows、macOS 和各种 Linux/UNIX 系统上。在 Windows 上写的 Python 程序,移植到 Linux 上完全能够顺畅运行。学习 Python 编程,首先就得把软件安装到电脑里,安装后就会有解释器专门负责运行 Python 程序。

1. 安装 Python

登录 Python 官网,选择相应的安装包下载。以 Windows 系统为例,根据 Windows 版本(64 位 /32 位)下载对应的安装程序,然后运行下载好的 exe 安装包,如图 4-1 所示。

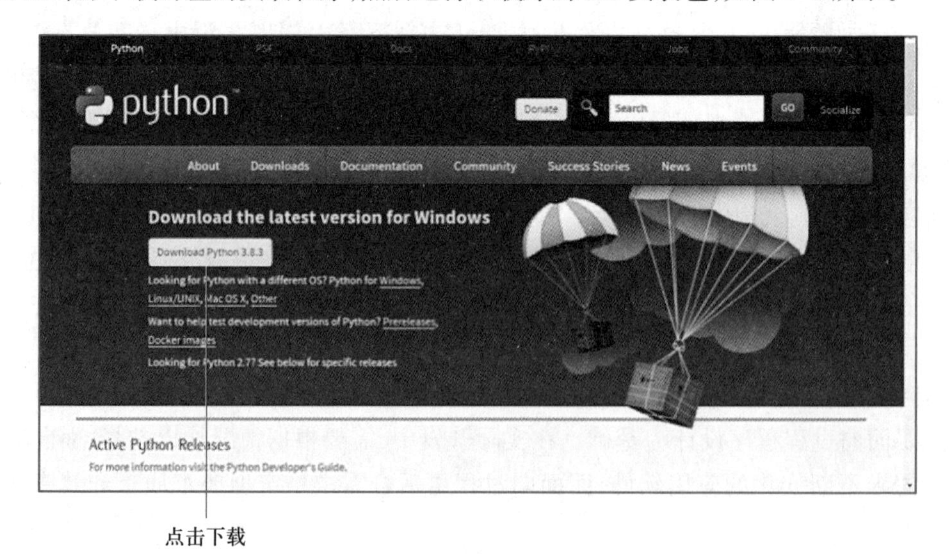

图 4-1 Python 官网

安装过程中需要勾选复选框(add Python 3.8 to PATH),用于添加 Python 的安装路径,即配置环境变量。环境变量用于统一记录应用程序所在的目录,方便轻松地调用可执行文件。如图 4-2 所示。

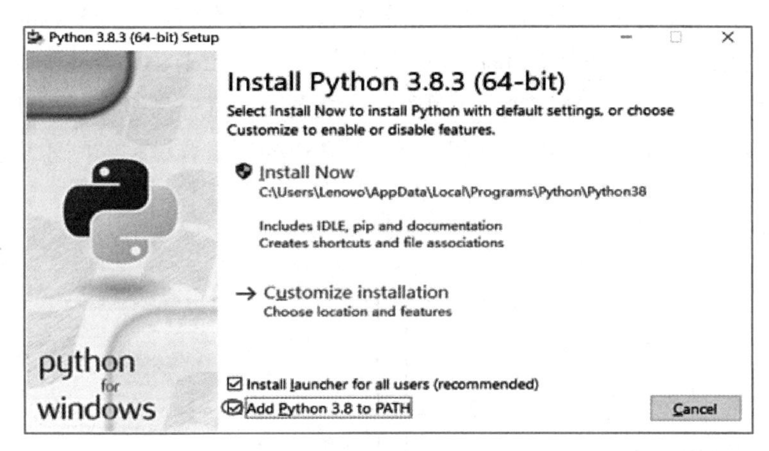

图 4-2　添加 Python 的安装路径

2. 运行 Python

安装成功后,运行 IDEL(Python3.8 64bit),进入 Python 自带的集成开发环境,它提供了两种操作方式:命令行交互和文件执行。在“>>>”提示符下直接写 Python 语句,就是命令行交互模式,适合写简单 Python 语句。若要写完整的 Python 程序且保存文件,则选择菜单 File → New File 选项,进入 Python 编辑环境,编辑完程序,选择 Run → Run Module 选项,运行该程序,这就是文件执行方式。如图 4-3 所示。

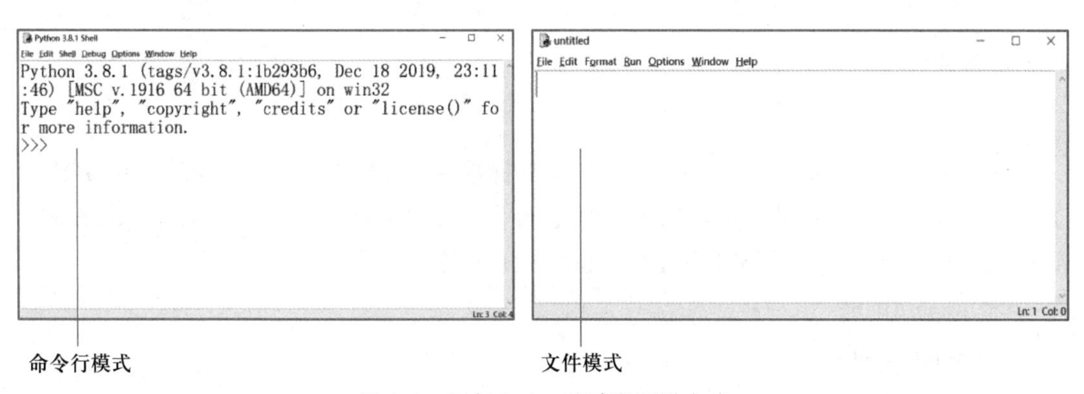

图 4-3　运行 Python 程序的两种方式

3. 安装第三方库

python 语言的优点之一是它具有庞大的第三方库,这是世界各地程序员通过开源社区贡献的函数库,目前已有十几万个。利用第三方库可以方便、快速地开发出自己的程序。例如支持数据分析的 Pandas 库,支持机器学习的 Scikit-learn 库等等。一般来说,第三方库都会在 Python 官方网站注册,安装第三方库,只要在命令提示符下运行命令:pip install 库名。

例如安装第三方库 jieba，这是 Python 的中文分词库，命令如下：

```
C:\Users\Lenovo> pip install jieba
```

等待下载并安装完成后，就可以使用 jieba 库了。

若系统提示不认识 pip 命令，意味着在安装 Python 时没有勾选复选框（add Python 3.8 to PATH）。补救办法如下：先找到 Python 的安装目录，然后按 Ctrl+C 组合键复制路径，接着单击“我的电脑”→点击鼠标右键选择“属性”→高级系统设置→高级标签→环境变量，在系统变量里找到 Path，双击 Path，单击“新建”按钮，按 Ctrl+V 组合键粘贴刚才复制的路径，完成设置。如图 4-4 所示。

新建环境变量

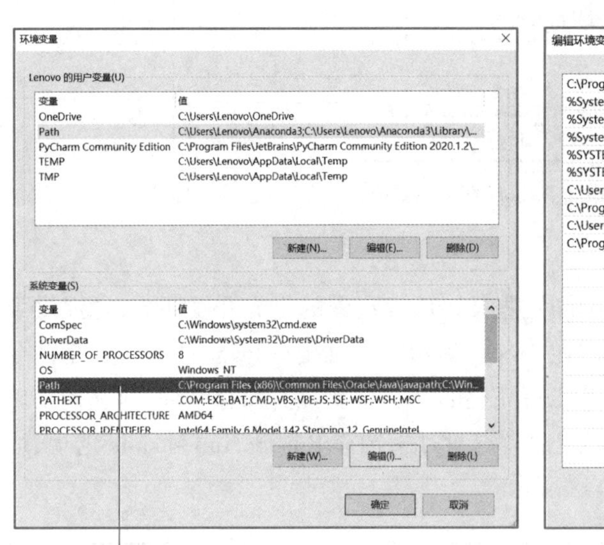

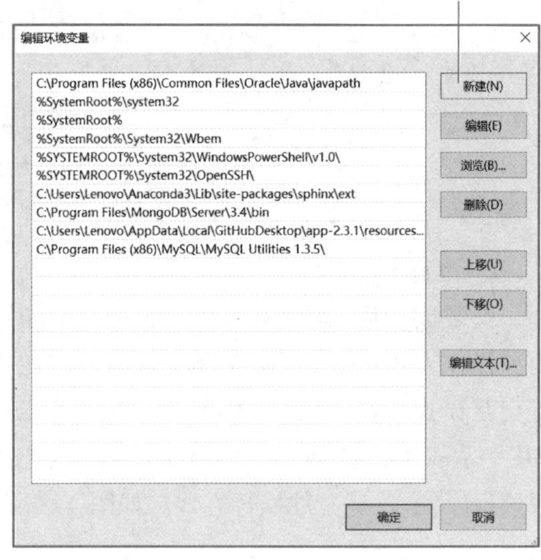

系统变量Path

图 4-4 手工设置环境变量

Python 中除了大量的第三方库，还有不少标准库，如数学函数库 math，随机函数库 random 等等。这些标准库在安装 Python 时，已经同步安装在计算机中了。但是无论第三方库还是标准库在使用前都需要导入，方法是 import 库名，如：

```
>>> import jieba
>>> import math
```

4.2.2 Python 程序实例

1. 第一个 Python 程序

【例 4-1】让我们开始实践第一个 Python 程序，在屏幕上输出一行："Hello world!"。

运行 IDLE，进入 Python 自带的集成开发环境，在 ">>>" 提示符下直接输入命令：print("Hello world!")，回车，如图 4-5 所示。在命令行交互模式下，输入一句，执行一句，有问有答，适合编写简单程序。

```
Python 3.8.1 Shell
File Edit Shell Debug Options Window Help
Python 3.8.1 (tags/v3.8.1:1b293b6, Dec 18 2019, 23:11:4
6) [MSC v.1916 64 bit (AMD64)] on win32
Type "help", "copyright", "credits" or "license()" for
more information.
>>> print("Hello world!")
Hello world!
>>> |
```

图 4–5　第一个 Python 程序

若程序代码有好多行，而且想把代码保存起来，那么进入文件编辑模式，如图 4–6 所示。选择 File → New File 选项，输入代码，选择 File → Save 选项，保存文件，取名 hello. py。

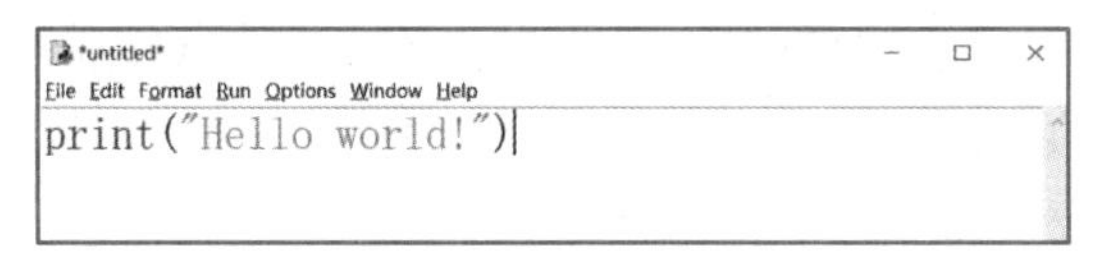

图 4–6　文件编辑模式

然后选择 Run → Run Module 选项，即可看到运行结果，如图 4–7 所示。

```
Python 3.8.1 Shell
File Edit Shell Debug Options Window Help
Python 3.8.1 (tags/v3.8.1:1b293b6, Dec 18 2019, 23:11:
46) [MSC v.1916 64 bit (AMD64)] on win32
Type "help", "copyright", "credits" or "license()" for
more information.
>>>
=== RESTART: C:/Users/Lenovo/AppData/Local/Programs/Py
thon/Python38/hello.py ===
Hello world!
>>>
```

图 4–7　“Hello world!” 程序运行结果

2. 第二个 Python 程序

【例 4–2】从键盘输入百分制的学生成绩，规定 85 分及以上为优秀，60~84 分为合格，小于 60 分为不合格，根据所输入的成绩显示相应级别。

进入文件编辑模式，输入代码如下。

```
score = int (input (" 输入你的成绩 "))      # 从键盘输入数据，并把类型转换为整型
if score >= 85:                             # 用 ":" 结束
    print (" 优秀 ")                        # 缩进
elif score >= 60:                           # 用 ":" 结束
    print (" 合格 ")                        # 缩进
else:                                       # 用 ":" 结束
    print (" 不合格 ")                      # 缩进
```

运行上述程序，观察运行结果。

从上述代码可以大致认识到以下 Python 程序的书写规范。

(1) 强制缩进。用缩进来规定语句的逻辑,同一层次的语句必须有相同的缩进,缩进通常用 4 个空格。

(2) 注释。用 # 开头表示单行注释,若多行注释可用三个双引号或三个单引号括起来,如 ''' 注释内容 '''。养成在程序中加注释的好习惯。

(3) 语法结构。程序中 if…elif…else 是一种多分支的选择结构,即三者中选一种,书写时必须按语法规范写,关键字对齐在同一列上,每行后面有冒号。

(4) 变量和常量。程序中的数值 85,60 是整型常量;" 优秀 "、" 合格 "、" 不合格 " 也是常量,是字符串常量。这些常量落笔写下一锤定音,程序运行过程中不再变化。而 score 是变量,在程序运行过程中会随着输入的不同而不同。

(5) input 和 print 是输入和输出函数,是用户和计算机信息传递的方式。

认识了 Python 程序的基本面貌,也就有了第一印象,下面从简单程序的编写开始学习 Python。

4.3 Python 程序设计启航

4.3.1 用 Python 做简单计算——变量和数据类型

【例 4-3】小王到奶茶店打工,时薪 45 元,每天工作 8 小时,每天可以获得多少工资?

```
>>>8*45
360
```

若每天的工作时间是弹性变动的,怎么调整呢?

引入变量 x,表示今天小王的工作时间。

```
>>>x=5
>>>x*45
225
```

此地,45 是常量,x 是变量。

1. 常量

所谓常量就是不能变的量,比如 5,3.14,"hello" 等。

2. 变量

顾名思义,变量就是在程序运行过程中它的值是可以变化的。小王的工作时长可能会变化,用变量 x 表示就可以使程序具有灵活性。

变量有名字,即变量名,如 x。变量名必须符合标识符的命名规则:以字母或下划线开头,后跟字母、数字、下划线。例如,x 是合法的变量名,而 3x 就是错误的命名。变量取名通常要见名知意,如用 hour 命名工作时长比用 x 要明白许多。另外,Python 中规定英文字母区分大小写,即变量 hour 和 Hour 是两个不同的变量。

Python 有 33 个保留字,也叫关键字,Python 语言已经赋予了它们特定用途和含义,如表 4–2 所示,例如用来表示程序流程控制或者变量作用域等,因此不能再用作变量名。

表 4–2　Python 保留字一览表

and	as	assert	break	class	continue
def	del	elif	else	except	finally
for	from	False	global	if	import
in	is	lambda	nonlocal	not	None
or	pass	raise	return	try	True
while	with	yield			

3. 赋值

x=5 是一个赋值语句,赋值运算符 “=”,用来将右边表达式的值赋给左边的变量。Python 支持连续赋值,如 a = b = c = 3,也支持复合赋值,如:x += y,等价于 x = x + y。

理解赋值在计算机内存中的实现非常重要。当我们写下:a ="ABC" 时,Python 解释器做了两件事情:首先在内存中创建了一个 "ABC" 的字符串;然后在内存中创建了一个名为 a 的变量,变量 a 中存放了字符串 "ABC" 的地址,即变量 a 指向了 "ABC"。

也可以把变量 a 赋值给另一个变量 b 写作 b = a。这个操作是让变量 b 指向变量 a 所指向的数据,看下面的代码:

```
>>>a ="ABC"
>>>b = a
>>>a ="XYZ"
>>>print (b)
```

最后一行打印变量 b 的内容是 "ABC" 还是 "XYZ" 呢? 如果从数学意义上理解,就会错误地得出 b 和 a 相同,是 "XYZ",但实际上 b 的值仍是 "ABC"。让我们一行一行地执行代码,搞清楚到底发生了什么事:

执行 a ="ABC",解释器创建了字符串 "ABC" 和变量 a,并把 a 指向 "ABC":

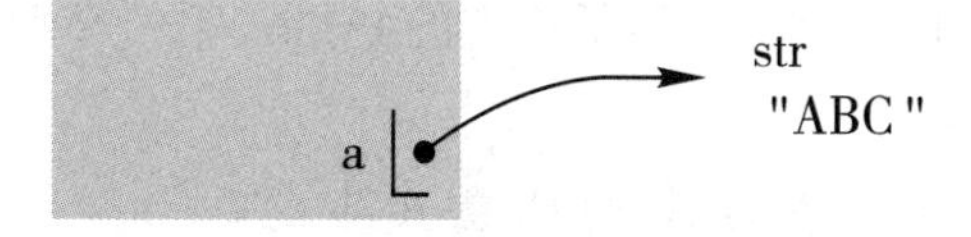

执行 b = a,解释器创建了变量 b,并把 b 指向 a 所指向的字符串 "ABC":

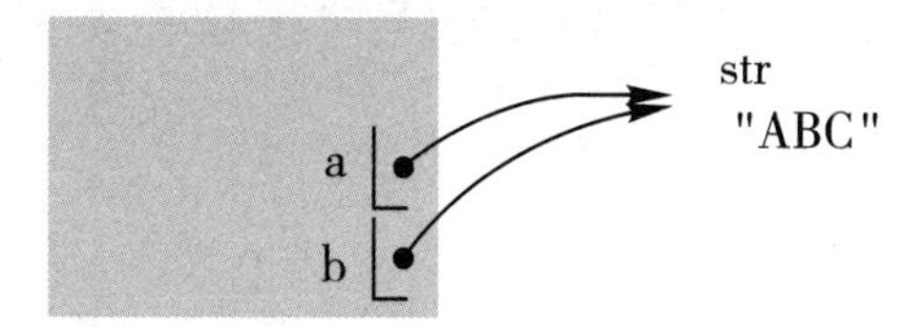

执行 a ="XYZ",解释器创建了字符串 "XYZ",并把 a 的指向改为 "XYZ",但 b 并没有更改:

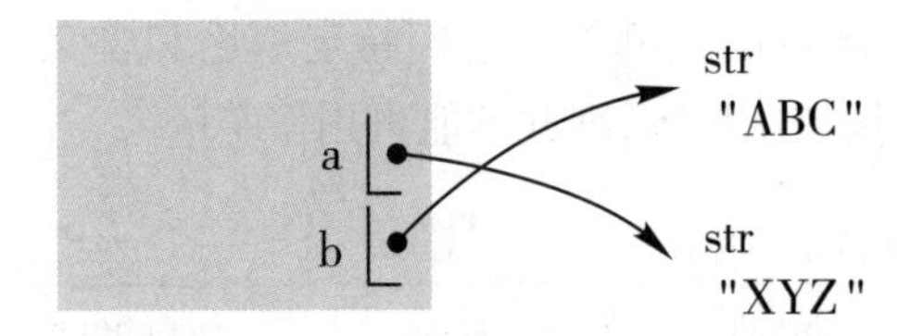

所以,最后变量 b 的结果自然是 "ABC" 了。

【例 4-4】小王的时薪还是 45 元,这个月他工作了 25.5 小时,计算这个月的收入?

```
>>>hourly_salary=45
>>>hour=25. 5
>>>hourly_salary*hour
1147. 5
```

25.5 是带小数点的数,在 Python 中称为浮点数,这和 45 这样的整数在性质上是有明确区别的。

4. 整数

Python 可以精确处理任意大小的整数,没有范围的限制。整数在程序中的表示方法和数学中的写法一模一样,例如:1,100,-8 080,0。

5. 浮点数

浮点数也就是小数,对于范围很大或精度很高的浮点数,用科学记数法表示,如 0.000012 可以写成 1.2e-5,表示 1.2×10^{-5}。浮点数有精度和范围的限制,例如:

```
>>>0. 1+0. 2
0. 30000000000000004
```

Python 只能精确表达 15 位有效数字,最后面的小数 4 是不精确的,这和计算机中把十进制小数转二进制时不能精确转换有关。

```
>>>1. 2e500
inf
```

inf 表示无穷大,即已经超出了浮点数的表达范围。

6. 字符串

计算机程序不仅可以处理数值,还可以处理字符串,我们所认识的 Python 第一个程序就是输出字符串 "Hello world!"。

字符串是以单引号 '、双引号 " 或三引号 ''' 括起来的任意文本,如 'abc',包含了 'a','b','c',3 个字符。如果 ' 本身也是一个字符,就用双引号 "" 括起来,比如 "I'm OK!"。如果字符串内部既包含单引号 ' 又包含双引号 ",那就用三引号 ''' 括起来,如 '''I'm "OK"!'''。

Python 提供了丰富的数据类型,后面将进一步介绍。

4.3.2 更加通用的计算——输入和输出

为了让程序更加通用,使其不仅可以计算小王的工资,还可计算更多同事的工资,程序必须能按输入的工作时间计算工资。

【例 4-5】从键盘输入小王本月的工作时间，计算工资后输出结果。

```
>>>hour=int (input ())
>>>hour_salary=45
>>>monthly_salary=hour_salary*hour
>>>print (" 本月工资为 :", monthly_salary)
```

程序中 input 和 print 函数分别用于输入和输出数据。

1. input 输入

input 函数接收用户从键盘输入的值。当运行语句 hour=input( )后，Python 等待用户的输入，假设输入 50，看看变量 hour 的内容是什么。

```
>>>hour
'50'
```

注意：hour 的值是 '50'，是字符串，需要把它转换为数字 50 后参与运算，int( )函数用于把字符串类型转换为整型，所以正确的操作应是：

```
>>>hour=int (input ())
```

但是，这样的输入不太友好，因为用户不清楚要干什么。假如给出相应的提示"本月工作时间："，就会友好许多。如：

```
>>>hour=int (input (" 本月工作时间 :"))
本月工作时间 : 50
```

2. print 输出

用 print 函数可以在屏幕上输出指定的内容：

```
>>>print (" 本月工资为 :", monthly_salary)
本月工资为 : 2 250
```

print 函数可以输出若干项，输出项之间用逗号分隔。若想打印更丰富的输出格式，如：本月工资为：2 250 元人民币，那么可以引入格式控制函数 format。

```
>>>print (" 本月工资为 :{} 元人民币 ". format (monthly_salary))
```

这里的 {} 是一个输出槽，程序运行时会把 format 里的变量 monthly_salary 的值填进去。format 有非常丰富的格式控制，具体的使用方法请读者用下面的语句查看在线帮助：

```
>>>help ('FORMATTING')
```

4.3.3 好风凭借力——常用内置函数

Python 解释器内置了很多函数，有数学函数，类型转换函数等。在启动时 Python 已经把这些函数加载到了内存，可以直接使用。为了保持 Python 的简洁，还有更多的函数没有载入内存，这些函数分门别类地打包为标准库，如数学函数库 math，字符串函数库 string，随机函数库 random 等，只需简单地导入就可以使用了，导入方法：import 库名。

【例 4-6】设平面上两点的坐标是($x1$，$y1$)和($x2$，$y2$)，求两点间的距离。

两点间的距离公式为：$d=\sqrt{(x1-x2)^2+(y1-y2)^2}$

程序代码：

```
import math  # 导入 math 库
x1, y1=eval (input (" 输入第一个点的坐标，中间用逗号分隔 :"))
x2, y2=eval (input (" 输入第二个点的坐标，中间用逗号分隔 :"))
dist=math. sqrt (pow (x1-x2, 2) +pow (y1-y2, 2))
print (" 两点间的距离是 :{:. 2f}". format (dist))
```

运行程序：

```
输入第一个点的坐标，中间用逗号分隔：1, 8
输入第二个点的坐标，中间用逗号分隔：3, 10
两点间的距离是：2. 83
```

程序中用到了内置函数：幂运算（pow）、求表达式值（eval），内置函数可以直接使用。对于数学函数库 math 中的开方（sqrt）函数，需要先导入 math 库，使用的时候用 math. sqrt（ ）。程序在打印结果时用了 "{:.2f}". format（dist），表示输出 dist 浮点数时保留两位小数。

这些函数的使用方法举例如下。

```
>>>pow (2, 3)          # 计算 2³, 结果为 8
>>>eval ('1, 8')       # 返回字符串表达式的值，结果为元组 (1, 8)
>>>import math         # 导入标准库 math
>>>math. sqrt (4)      # 调用 math 库的 sqrt 函数，求 4 的开方，结果为 2. 0
>>> print ("{:. 2f}". format (2. 82843))      #2. 82843 保留两位小数，结果为 2. 83
```

表 4-3 是几个常用的内置函数的使用举例。

表 4-3 常用内置函数

函数	说明	示例	结果
abs（a）	求 a 的绝对值	abs（-1）	1
divmod（a，b）:	获取商和余数	divmod（5，2）	（2，1）
pow（a，b）	获取乘方	pow（2，3）	8
round（a，b）	将数字四舍五入到给定的小数精度	round（3.1415926，2）	3.14
int（str）	转换为整型	int（'1'）	1
float（int/str）	将整型或字符串型转换为浮点型	float（'1'）	1.0
str（int）	将整型转换为字符串型	str（1）	'1'
chr（int）	转换数字为相应 ASCII 码字符	chr（65）	'A'
ord（str）	转换 ASCII 字符为相应的数字	ord（'A'）	65
eval（ ）	执行一个字符串表达式，并返回表达式的值	eval（'1+1'）	2
type（ ）	返回一个对象的类型	type（'a'）	<class'str'>

续表

函数	说明	示例	结果
id( )	返回一个对象的内存地址	id('a')	2388604042736
dir( )	查看对象的属性和方法	dir(str)	显示字符串对象的所有属性和方法
help( )	调用系统内置的帮助系统	help(str. zfill)	显示字符串对象 zfill 函数的含义和用法

math 库中包含更多的函数,有数值函数、幂对数函数、三角函数、高等特殊函数共 44 个。这么多内置函数还有标准库函数记不住怎么办? 没关系,dir 函数可以查看,如查看字符串对象的所有属性和方法,就是 dir(str) 或 dir(" "),如图 4-8 所示,查看 math 库的函数,用 dir(math)。

```
>>> dir("")
['__add__', '__class__', '__contains__', '__delattr__', '__dir__', '__doc__', '_
_eq__', '__format__', '__ge__', '__getattribute__', '__getitem__', '__getnewargs
__', '__gt__', '__hash__', '__init__', '__init_subclass__', '__iter__', '__le__'
, '__len__', '__lt__', '__mod__', '__mul__', '__ne__', '__new__', '__reduce__',
'__reduce_ex__', '__repr__', '__rmod__', '__rmul__', '__setattr__', '__sizeof__'
, '__str__', '__subclasshook__', 'capitalize', 'casefold', 'center', 'count', 'e
ncode', 'endswith', 'expandtabs', 'find', 'format', 'format_map', 'index', 'isal
num', 'isalpha', 'isascii', 'isdecimal', 'isdigit', 'isidentifier', 'islower', '
isnumeric', 'isprintable', 'isspace', 'istitle', 'isupper', 'join', 'ljust', 'lo
wer', 'lstrip', 'maketrans', 'partition', 'replace', 'rfind', 'rindex', 'rjust',
 'rpartition', 'rsplit', 'rstrip', 'split', 'splitlines', 'startswith', 'strip',
 'swapcase', 'title', 'translate', 'upper', 'zfill']
```

图 4-8　dir 函数的使用

想进一步显示某个方法的含义和用法,就用 help 函数,如想查看方法 zfill,就是 help (str. zfill) 或者 help(" ". zfill),如图 4-9 所示。

```
>>> help("".zfill)
Help on built-in function zfill:

zfill(width, /) method of builtins.str instance
    Pad a numeric string with zeros on the left, to fill a field of th
e given width.

    The string is never truncated.
```

图 4-9　help( ) 函数的使用

熟练使用 dir 函数和 help 函数,可以加强 Python 函数的理解与使用,对 Python 学习有非常大的用处。

4.3.4　让计算复杂一点——运算符和表达式

Python 提供了 4 种基本运算:算术运算、字符串运算、关系运行、逻辑运算。每种运算都定义了丰富的运算符,由运算符构成各种表达式。

【例 4-7】这个月小王拿到了 6 587 元工资,从最大票面百元开始,他应该拿到多少张百元、十元和一元的面钞呢?

```
>>> monthly_salary=6 587
>>>hundred=monthly_salary//100
```

```
>>> ten= (monthly_salary-hundred*100)//10
>>>one=monthly_salary % 10
>>> print (" 百元 {} 张 , 十元 {} 张 , 一元 {} 张 ". format (hundred, ten, one))
百元 65 张 , 十元 8 张 , 一元 7 张
```

上述代码中用到了算术运算符://、%、-、*。

1. 算术运算

Python 提供了 9 个基本的数值运算符。如表 4-4 所示。

表 4-4 基本的数值运算符

运算符	说明	示例	结果
+	加	12.45 + 15	27.45
-	减	4.56 - 0.26	4.3
*	乘	5*3.6	18.0
/	除法(和数学中的规则一样)	7/2	3.5
//	整除(只保留商的整数部分)	7//2	3
%	取余,即返回除法的余数	7%2	1
**	幂运算 / 次方运算,即返回 x 的 y 次方	2**4	16,即 2^4

注意除法、整除和取余运算的区别。其次,** 的运算优先级最高,*、/、//、% 其次,+、- 最低。同一优先级从左至右依次运算。

2. 字符串运算符

字符串是多个字符的有序排列,常用下标访问其中的字符或子字符串,下标可以正序、可以逆序,也可以混合使用,但是不能越界,如图 4-10 所示。访问子字符串也称为切片,切片区间遵循左闭右开原则。

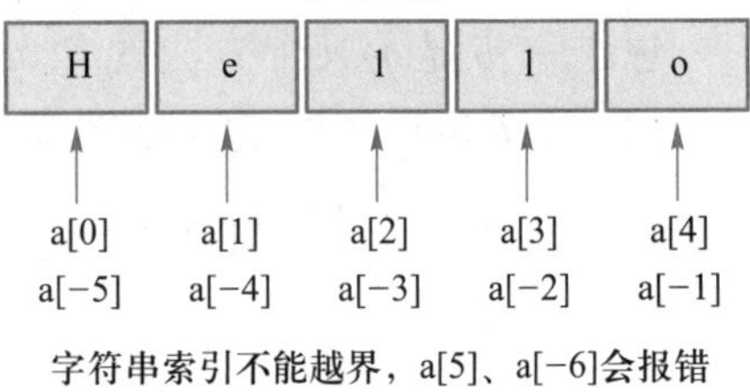

图 4-10 字符串索引

【例 4-8】字符串基本操作

```
>>>a="Hello"
>>>a*2              # HelloHello, 字符串复制
>>>a [1: 3]         # el, 字符串切片 , 遵循左闭右开原则
>>>a [: 3]          # Hel, 默认起点索引
>>>a [1:]           # ello, 默认终点索引
>>>a [-4: 3]        # el, 混合使用索引
>>>a [::-1]         # olleH, 步长为 -1
>>>a [0: 10: 2]     # Hlo 切片时不会越界
>>>a [5]            # 越界错误
IndexError: string index out of range
```

上述例子都在演示字符串的切片操作，基本规则如下：str [N:M:K]，表示区间为左闭右开[N:M)，步长为 K。当 K 为正数时，N 默认表示索引 0，M 默认表示最后一个字符；反之，当 K 为负数时，N 默认表示最后一个字符，M 默认表示索引 0。

Python 提供了 5 个基本的字符串运算符，如表 4-5 所示。

表 4-5　基本的字符串运算符

运算符	说明	示例	结果
+	字符串连接	'hello'+'world'	'helloworld'
*	复制字符串	'hello'*3	'hellohellohello'
in	判断子串	'he' in 'hello'	True
str [i]	取第 i 个字符	'hello' [0]	'h'
str [N:M:K]	取子串	'hello' [1 :3]	'el'

【例 4-9】把 26 个小写英文字符依序往后移动 *n* 个位置，如原始字符串是："abcdefghijklmnopqrstuvwxyz"，

设 *n* 为 3，那么变换后的字符串是：'defghijklmnopqrstuvwxyzabc'。

代码如下：

```
>>>strabc='abcdefghijklmnopqrstuvwxyz'
>>> n=int (input (" 输入移动位数 :"))
>>>print (strabc [n:] +strabc [: n])
'defghijklmnopqrstuvwxyzabc'
```

用简单的切片实现字符串的依序移动。

【思考】切片的使用广泛而灵活，练习取左子串、右子串、中间子串、逆串的写法。

学完 Python 基础语法就可以写简单程序了。计算机程序最核心的两个方面是：① 对操作的描述，即操作步骤，也就是算法。② 对数据的描述，包括数据的类型和组织方式，即数据结构。程序的目的是加工数据，而如何加工数据是算法的问题。

习题 4

1. 简述常用的程序设计语言有哪些？各有什么特点。
2. 简述 Python 语言的发展和应用领域。
3. Python 软件下载网址是什么？怎么验证 Python 软件已安装成功了？
4. 求下列表达式的值：

(1) 7//2

(2) 7 % 2

(3) 2**4

(4) 'hello'*3

(5) 'he' in 'hello'

(6) 'hello' [1:3]

5. 编写程序：打印输出“hello world”。请用命令行模式和文件模式分别实现这个程序。

6. 编写程序：把字符串“hello world”依序往后移动 n 个位置形成新字符串，n 从键盘输入。例如当 n=6 时，新字符串是：“worldhello ”。

7. 模仿 4.2.2 小节第 2 个 Python 程序，编写新程序：从键盘输入百分制学生成绩，输出相应的等级。规定 85 分及以上输出“优秀”，60~84 分为“合格”，小于 60 分为“不合格”。

第 5 章

程序流程控制

5.1　让程序拥有智慧

随着计算机应用的深入,程序已经渗入到日常生活和工作的方方面面,看起来程序似乎无所不能。但是要把繁杂的事物处理流程在程序中表达得井井有条,没有点智慧怎么行呢? 程序的流程控制从顺序、选择、循环三种基本结构出发,经过嵌套、组合等一系列操作,最终使程序可以解决各种复杂问题。

5.1.1　按部就班地做——顺序结构

【例 5-1】华氏温度转换为摄氏温度。转换方法如下:

摄氏温度 =(华氏温度 -32) × 5/9

编写程序,提示用户输入一个华氏温度,转化后输出相应的摄氏温度。

```
f=int (input (" 请输入华氏温度 :"))
c= (f-32)*5/9
print (" 华氏温度 {}, 等于摄氏温度 {}". format (f, c))
```

本程序三行代码,分别是输入数据,处理数据,输出结果,体现了程序的基本编写方法 IPO(input,process,output,输入,处理,输出)。三行代码按顺序从上到下依次执行,这就是顺序结构,如图 5-1 所示。

5.1.2　不同情况选择不同路径——选择结构

计算机之所以能做很多自动化的任务,很大部分原因在于它可以做条件判断,根据条件是否满足来决定下一步的执行流程。

【例 5-2】输入客户的姓名和性别,根据性别给出不同的欢迎词。

```
name=input (' 请输入你的姓名 ')
gender=input (' 请输入你的性别 ')
```

```
if gender==' 男 ':
    print (' 欢迎你 ,{} 小哥哥 !'. format (name))
else:
    print (' 欢迎你 ,{} 小姐姐 !'. format (name))
```

这是一个二分支的选择结构,如图 5-2 所示,程序结构清楚,可读性非常好,体现了 Python 的语言特征。

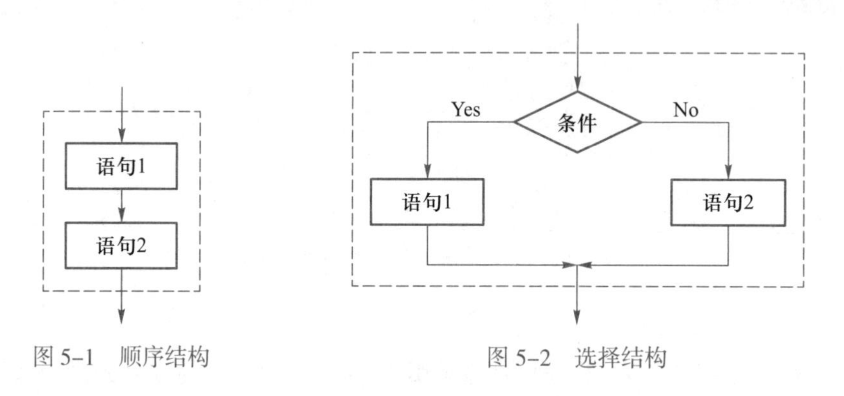

图 5-1 顺序结构　　图 5-2 选择结构

1. 关系运算符

上述程序中 gender==' 男 ' 中的“==”是关系运算符,用于比较两边是否相等,结果为逻辑值 True 或 False。相似的关系运算符有 6 个,如表 5-1 所示。

表 5-1 关系运算符

关系运算符	说明	示例	结果
>	大于	'a'>'b'	False
<	小于	1 < 3	True
==	等于	0.1 + 0.2 == 0.3	False(浮点数不能精确表达)
>=	大于或等于(等价于数学中的≥)	3 >= 3	True
<=	小于或等于(等价于数学中的≤)	False <= True	True(注:False 为 0,True 为 1)
!=	不等于(等价于数学中的≠)	'a'!='A'	True

【例 5-3】输入一个年份,判断是否为闰年。闰年条件:年份能被 4 整除但不能被 100 整除,或者年份能被 400 整除。

```
year = int (input ())
if (year % 4 == 0 and year % 100!= 0) or year % 400 == 0:
    print ("yes")
else:
    print ("no")
```

闰年条件“能被 4 整除但不能被 100 整除,或者能被 400 整除”,在程序中直接用 and

和 or 构成的逻辑表达式实现判断。

2. 逻辑运算符

最基本的逻辑运算有 3 个，如表 5-2 所示。

表 5-2　逻辑运算符

逻辑运算符	含义	示例	结果
and	逻辑与运算	True and False	False
or	逻辑或运算	True or False	True
not	逻辑非运算	not False	True

and 运算只有当运算对象两者都是真，结果才是真。or 运算只有两者都是假，结果才是假。not 运算即取反。not 运算优先级最高，其次是 and，最后是 or。为了使逻辑更清晰，建议在程序中加括号( )表达运算顺序。

关系表达式或逻辑表达式的结果都是逻辑值，用于在选择结构中做条件判断。选择结构通常有三种使用形式：单分支、双分支、多分支。

3. 单分支选择结构

单分支选择结构是最简单的一种分支结构，表达当条件成立时，执行代码块，条件不成立时，什么都不做。

【例 5-4】判断两个数的大小，显示较大的一个数字。

```
a = int (input ('请输入第一个数字:'))
b = int (input ('请输入第二个数字:'))
max=a
if max<b:
    max=b
print ('比较大的一个数字是:', max)
```

程序中先假设 a 为较大的数，然后用单分支选择语句加以验证，若不符合假设，则修正结果。

4. 双分支选择结构

给 if 添加一个 else 子句，构成二分支的选择结构，即如果条件为 False，则执行 else 后的语句块，如图 5-2 所示。重写例 4-4。

```
a = int (input ('请输入第一个数字:'))
b = int (input ('请输入第二个数字:'))
if a > b:
    max=a
else:
    max=b
print ('比较大的一个数字是:', max)
```

注意书写时的冒号和缩进,Python 是强制缩进格式,用缩进表达程序的层次结构和包含关系。

python 对二分支选择结构还有一种简洁的写法,如下所示。

```
<表达式 1>  if  <条件>  else  <表达式 2>
```

输出两个数中的较大数可改写为:

```
print (a if a >b else b)
```

5. 多分支结构

表达多种可能性,根据条件选择不同的路径。用 if - elif—else 结构做多分支的判断。

【例 5-5】商场购物:5 000 元及以上打 8 折、3 000 到 4 999 元为 8.5 折、1 000 到 2 999 元为 9 折,小于 1 000 元不打折。

```
money = int (input (" 输入购物金额 :"))
if money >= 5 000:
    print (' 实付金额为 :', money*0. 8)
elif money >= 3 000:
    print (' 实付金额为 :', money*0. 85)
elif money >= 1 000:
    print (' 实付金额为 :', money*0. 9)
else:
    print (' 实付金额为 :', money)
```

多个 elif 构成多分支的选择结构,其语法格式如下:

```
if  <条件判断 1>:
        <语句块 1>
elif  <条件判断 2>:
        <语句块 2>
elif  <条件判断 3>:
        <语句块 3>
……
else:
        <语句块 n>
```

用流程图表示,如图 5–3 所示。

注意观察 if 语句的流程图,程序从上往下判断。如果某个条件判断为 True,则执行该判断对应的语句,然后直接结束这个 if 结构,即忽略剩下的所有 elif 和 else。所以,下面的程序无法得到正确的结果。

```
money = int (input (" 输入购物金额 :"))
if money >= 1 000:
    print (' 实付金额为 :', money*0. 9)
```

```
elif money >= 3 000:
    print (' 实付金额为 :', money*0. 85)
elif money >= 5 000:
    print (' 实付金额为 :', money*0. 8)
else:
    print (' 实付金额为 :', money)
```

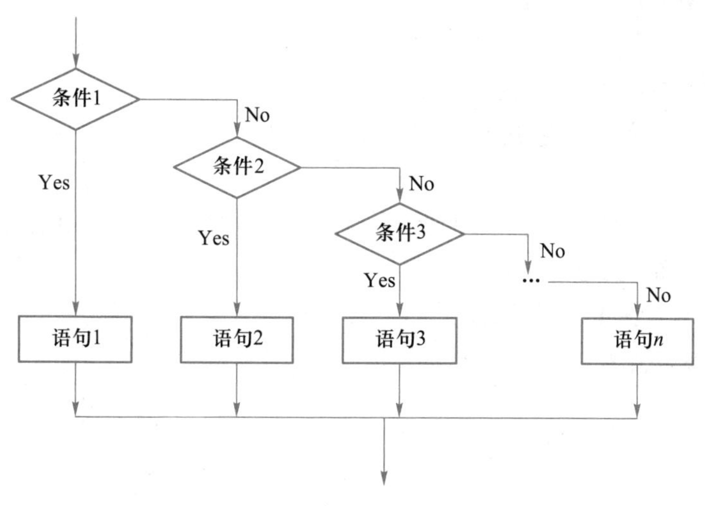

图 5-3　多分支选择结构

【思考】请读者运行上述程序，并分析错误。

if 条件判断还可以简写为：

```
if x:
    print ('True')
```

只要对象 x 非零非空，就判断为 True，否则为 False。例如 x 是非零数值、非空字符串，就是 True。

5.1.3　重复的事情轻松搞定——循环结构

【例 5-6】河北高速交警新闻通报：2019 年 12 月 13 日，在宣化南收费站道口，两位驾驶人驾驶的两辆大车因争道抢行发生剐擦事故，事故造成轻微损失，但双方当事人却各自觉得有理争执不下。民警进行了调解，但随后的处罚却让当事人终生难忘，原来民警责令每人书写“文明礼让，依次通行”标语各 100 遍！

```
print (" 文明礼让，依次通行 ")
print (" 文明礼让，依次通行 ")
print (" 文明礼让，依次通行 ")
……
```

难道这条语句写 100 遍？大可不必！计算机最擅长这样的重复性操作，用简单的循环语句轻松搞定，如下所示。

```
for i in range (1, 101):
    print (" 第 ", i," 遍 :"," 文明礼让 , 依次通行 ")
```

运行结果：

```
第 1 遍 : 文明礼让 , 依次通行
第 2 遍 : 文明礼让 , 依次通行
第 3 遍 : 文明礼让 , 依次通行
……
第 100 遍 : 文明礼让 , 依次通行
```

range(1,101)生成一个左闭右开区间[1,101)，步长为1的整数序列，即产生1到100的自然数序列。

for i in range(1,101):i称为循环变量，从1,2,…依次取值直到100。循环执行100遍，每次循环只做一件事，就是用print语句罚写那句话。

循环是让计算机做重复任务的最有效方法。

1. for…in 遍历循环

语法格式：

```
for <循环变量> in <遍历结构>:
    <语句块>
```

意思是把遍历结构内的每个元素逐一代入循环变量，然后执行语句块，即循环体。

【例 5-7】一只青蛙一张嘴，两只眼睛四条腿，扑通跳下水。两只青蛙两张嘴四只眼睛八条腿，扑通扑通跳下水……用循环的方法把前5只青蛙的歌词打印出来。

```
for i in range (1, 6):
    print ("{} 只青蛙 ,{} 张嘴 ,{} 只眼睛 ,{} 条腿 ". format (i, i, 2*i, 4*i), end=",")
    print (" 扑通 "*i+" 跳下水！ ")
```

运行结果：

```
1 只青蛙 , 1 张嘴 , 2 只眼睛 , 4 条腿 , 扑通跳下水！
2 只青蛙 , 2 张嘴 , 4 只眼睛 , 8 条腿 , 扑通扑通跳下水！
3 只青蛙 , 3 张嘴 , 6 只眼睛 , 12 条腿 , 扑通扑通扑通跳下水！
4 只青蛙 , 4 张嘴 , 8 只眼睛 , 16 条腿 , 扑通扑通扑通扑通跳下水！
5 只青蛙 , 5 张嘴 , 10 只眼睛 , 20 条腿 , 扑通扑通扑通扑通扑通跳下水！
```

程序中，print语句默认最后输出回车，若加上参数 end="," 就可以用逗号作为结束符。" 扑通 "*i+" 跳下水 !" 用来把字符串 " 扑通 " 重复i遍，再连接字符串 " 跳下水 !"，这里加号是字符串的连接运算。

如果增加游戏难度，要求只打印所有奇数只青蛙怎么办？

修改循环语句 for i in range(1,6,2)：在 range 中加上步长2，打印结果只有1,3,5只青蛙的歌词了。

【思考】1 只青蛙的时候原歌词是“扑通一声跳下水”该如何处理?

【例 5-8】求 1+2+3+4+…+99+100 的累加和。

这一问题数学家高斯十岁时,就发现数列两端二数之和总是 101,从而提出 101×100÷2=5 050 的答案。这是一种典型的数学思维,用归纳和推理的方法,提出一个数学公式:1 到 n 的累加和:$\frac{n\times(n+1)}{2}$,高度简约和抽象,公式复杂但计算简单,可以人工直接演算结果。但是计算机解决此类问题用了另一种思维方式,它把从 1 加到 100 的计算过程模拟出来:

```
第 1 步:把 1 累加到变量 sum 中;
第 2 步:把 2 累加到变量 sum 中;
第 3 步:把 3 累加到变量 sum 中;
…
第 100 步:把 100 累加到变量 sum 中;
```

显然是重复做累加操作,这是个循环问题。

累加操作即:sum=sum+i,读取变量 sum 和变量 i 的值,相加后再写回到变量 sum 中,就把加数项 i 累加到变量 sum 中去了。

程序代码如下:

```
sum=0
for i in range (1, 101):
    sum=sum+i
    print (" 第 {} 次循环后 , i={}, sum={}". format (i, i, sum))
print ("1+2+3+…+100=", sum)
```

运行结果:

```
第 1 次循环后 , i=1, sum=1
第 2 次循环后 , i=2, sum=3
第 3 次循环后 , i=3, sum=6
…
第 100 次循环后 , i=100, sum=5 050
1+2+3+…+100= 5 050
```

注意,累加和变量 sum 在循环开始前需赋初值。循环体有两条语句,都缩进在 for i in range(1,101): 的声明里面,冒号就表示缩进语句开始。最后一行 print 语句和 for 对齐在同一列上,说明是和 for 并列同一层次的,在执行完 for 循环后才做,只做一次。

【思考】求 1 到 100 之间奇数的和怎么做? 求 1*2*…*100 怎么做?

【例 5-9】求多项式的和:1-1/3+1/5-1/7+…+1/99,结果保留 6 位小数。

观察这个题目,他和前述 1 到 100 累加问题的区别在于两个方面:(1) 加数项的分母是 1 到 100 之间的奇数;(2) 每个加数项的符号正负轮流切换。

程序代码如下：

```
sign=1                  # 符号
sum =0                  # 累加和
for i in range (1, 100, 2):
    item=sign/i         # 产生一个加数项
    sum=sum+item        # 加数项累加
    sign=-sign          # 符号反转
print ('{:. 6f}'. format (sum))
```

这一类题目统称多项式累加问题，在知道循环次数或知道循环的初值终值时，直接用 for i in range 循环锁定。循环体内关键是累加操作：sum=sum+item，把加数项 item 累加到变量 sum 中，此题中加数项 item 的规律很容易找，即 1/i，但要加上一个符号 sign，符号的规律是对前一项符号反转，因此 sign=-sign。

【例 5-10】在计算 1 到 100 累加过程中，请问到第几项时累加和超过 100？

for 循环适合预先知道循环次数或者预先知道循环的初值和终值的情况，此题恰恰求解循环到第几次时累加和超过 100，循环条件是累加和 <=100，用 Python 提供的 while 循环求解。

```
sum = 0
n = 1
while sum<=100:
    sum = sum+n
    print (" 第 {} 项 , 累加和 sum 是 {}". format (n, sum))
    n = n+1
print (" 到第 {} 项 , 累加和超过 100". format (n-1))
```

运行结果：

```
第 1 项 , 累加和 sum 是 1
第 2 项 , 累加和 sum 是 3
…
第 14 项 , 累加和 sum 是 105
到第 14 项 , 累加和超过 100
```

while sum<=100：意思是只要条件（sum<=100）满足就进入循环，反之退出循环。

2. while 循环

语法格式如下：

```
while < 条件 >:
    < 语句块 >
```

当条件为真，执行语句块，然后继续判断条件……直到条件不满足时退出 while 循环，如图 5-4 所示。

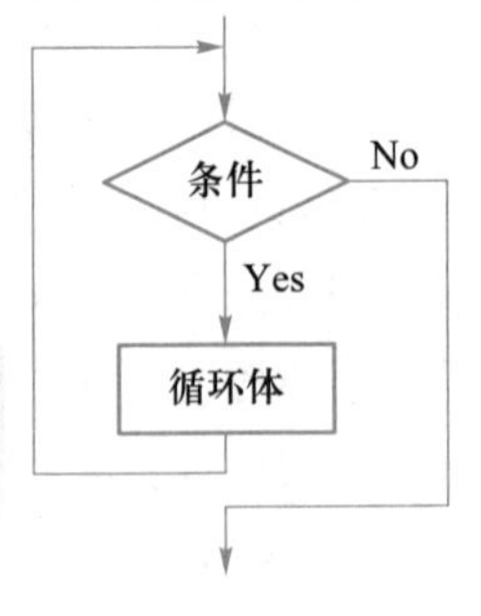

图 5-4 while 循环

【例 5-11】根据下面的泰勒级数公式,求圆周率,直到最后一项的绝对值小于 0.000 1。

$$\frac{\pi}{4}=1-\frac{1}{3}+\frac{1}{5}-\frac{1}{7}+\cdots$$

【分析】此题和例 5-9 的多项式求和完全一样,关键是循环多少次事先不知道,只能在循环过程中,边做边判断,若当前这个加数项满足条件(绝对值大于 0.000 1)则继续循环,否则退出循环。

```
i=1
s=0
sign=1
item=1
while abs (item) >=0. 000 1:
    s+=item
    i+=2
    sign=-sign
    item=sign/i
print ('{:. 6f}'. format (s*4))
```

运行结果:

```
3. 141393
```

在循环中,为了在需要时提前退出循环或跳过本次循环,引入 break 和 continue 语句。

3. break 和 continue

(1) break

提前退出循环或者说结束循环。例如下面代码用于打印 1 至 100 的数字:

```
n = 1
while n <= 100:
    print (n)
    n=n+1
print ('END')
```

如果现在只想打印前 10 个数字,那么就用 break 语句提前结束循环:

```
n=1
while n<=100:
    if n>10:                # 当 n=11 时，条件满足，执行 break 语句
        break           #break 语句退出循环
    print (n)
    n=n+1
print ('END')
```

执行上面的代码，程序打印出 1 至 10 后，紧接着打印 END，程序结束。可见 break 的作用是提前结束循环。

（2）continue

在循环过程中，执行至 continue 语句时，跳过当前的这次循环，直接进入下一次循环。例如下面打印 1 至 100 之间奇数的代码：

```
n=0
while n<100:
    n=n+1
    if n % 2 == 0:    # 如果 n 是偶数，执行 continue 语句
        continue    # continue 语句会直接进入下一轮循环，下面的 print () 语句不会执行
    print (n)
```

执行上面的代码，打印的是 1,3,5，…,99。所以 continue 的作用是提前结束本轮循环，开始下一轮循环。

break 语句是直接退出循环，continue 语句是提前结束本轮循环，两者有显著的区别。这两个语句通常都必须配合 if 语句使用。

当然，上面的两个例子比较简单，都可以通过改写循环条件去掉 break 和 continue 语句。但下面的例子用 continue 就大大简化了程序的编写。

【例 5-12】100 以内的数字接龙：从 1 开始报数，必须跳过 3 的倍数以及以 3 结尾的数。

```
for i in range (1, 100):
    if i % 3==0 or i % 10==3:
        continue
    print (i)
```

i % 3==0 or i % 10==3 用逻辑运算 or 连接，即 3 的倍数（i%3==0）或者以 3 结尾的数（i % 10==3）都必须跳过 print 语句，即不能报数。

有些时候，如果代码出现错误，程序会陷入“死循环”，也就是永远循环下去。如下面的代码：

```
sum = 0
n = 1
while n > 0:
    sum = sum + n
    n = n+2
print (sum)
```

因为循环条件 $n>0$ 永远成立，程序陷入了“死循环”，这时可以用 Ctrl+C 强制退出。我们要避免写这样的错误程序。

5.1.4　三军会师，战无不胜——混合结构

程序的 3 种基本流程控制结构中，顺序结构最简单，只要按部就班地做就可以。选择结构是分情况执行不同的操作，各操作之间是互斥的关系。循环结构是根据条件反复地做某一操作，强调重复性。各种各样的程序，或简单或复杂，归根到底都是由这 3 种基本结构组成，称为结构化程序设计方法。

【例 5-13】从键盘输入一个数，判断该数是否为素数。素数（prime number）又称质数，定义如下：若一个大于 1 的自然数，除了 1 和它自身外，不能再被其他自然数整除，那么这个数就是质数，否则称为合数。

【分析】从素数的定义出发，需要判断该数的因子是否只有 1 和它自身。如 5 只能被 1 和 5 整除，因此 5 就是素数。而 8 除了 1 和 8 外，还可以被 2、4 乘除，因此 8 不是素数。规定 1 不是素数。

```
flag=1
n=int (input (" 输入数 :"))
for i in range (2, n):
    if n % i==0:
        flag=0
        break
if flag:
    print (" 是素数 ")
else:
    print (" 不是素数 ")
```

用 flag 作标记，区分素数和合数，这是程序设计中的常用方法。设初值 flag=1，即假设它是素数，后面遍历测试时若发现它不是素数，则修改 flag=0。

遍历 i（2 至 n–1 之间），当数 n 被 i 整除了，就没有必要继续测试下去了，把 flag 标记为 0，然后用 break 退出循环，直接下结论，数 n 不是素数。反之，若遍历完所有的数 i，都不能被整除，那么该数为素数，此时循环正常退出，flag 标记保留初值 1。

若输入数据是 2，那么 range（2，2）将返回空序列，此时 for i in range（2，2）循环将一次都不执行，正常退出，所以 2 是素数。

【例 5-14】猜数游戏。程序中预设一个 1 至 100 之间的整数，让用户猜数，如果猜的数大于预设的数，显示“遗憾，太大了”；小于预设的数，显示“遗憾，太小了”，如此循环，直至猜中该数，显示“猜测 k 次，你猜中了！”，其中 k 是用户猜的次数。

【分析】显然这是循环问题，但事先不知道要循环多少次，恰恰是需要程序计算循环的次数，也就是猜了多少次才猜中预设的数，因此要用 while 循环。

```
import random                            # 导入随机函数库
random_number = random. randint (1, 100)   # 产生 1~100 之间的随机整数
```

```
guess_number = int (input (" 请输入猜测的数 :"))                    # 猜第一次
k = 1                                                                # 计数变量
while (guess_number! = random_number):
    if guess_number > random_number:
        print (" 遗憾 , 太大了 ")
    elif guess_number < random_number:
        print (" 遗憾 , 太小了 ")
    guess_number = int (input (" 请重新输入猜测的数 :"))             # 下一次猜数
    k =k + 1
print (" 猜测 {} 次 , 你猜中了！ ". format (k))
```

程序整体结构是 while 循环嵌套多分支的选择结构。

【思考】语句 guess_number = int(input(“请输入猜测的数:”)),在进入循环前写了一次,为什么在循环内还要重复写一遍?

结构化编程就是把选择结构、循环结构以并列或嵌套的形式编织,加上输入输出以顺序结构的形式构成 IPO 三个部分,也就构成了程序。

当编写的程序越来越复杂,代码越来越长时,程序往往会变得不易阅读和修改。解决的办法是采用模块化程序设计,即将一个大程序按照功能划分为若干小程序模块,每个小程序模块完成一个确定的功能,并在这些模块之间建立必要的联系,通过模块的互相协作完成整个功能。模块化设计可以降低程序复杂度,使程序设计、调试和维护简单化。

模块化的实现方法是函数,每个函数完成一个特定的功能,通过函数的调用实现模块的组装。函数是代码的一种封装。

5.2 代码的封装

我们都有这样的体验:一个班级通常人数比较多,为了管理方便,通常把它分成几个小组,老师收作业时,只要清点小组就可以了。那么代码越写越长时,也同样可以分块管理,若干行代码构成一块,每块代码取个名字,完成一个独立的功能,程序运行时只要调用代码块就行。这个代码块就是一种封装,是一个独立的功能模块,称作函数。函数提高了程序的条理性,不仅如此,函数还可以重复调用,简化代码的编写。

5.2.1 模块化程序设计——函数

函数就是一段具有特定功能的、可重复调用的语句组,以固定的格式封装,并配以独立标识的一个模块。Python 本身内置了很多常用的函数,供用户直接调用。

【例 5-15】计算排列组合问题:求从 m 个不同元素中,取出 n 个元素的所有组合的个数。

$$C_m^n = \frac{m!}{n!(m-n)!}$$

根据公式需要调用阶乘函数三次。首先,Python 中有没有现成的阶乘函数呢？查找数学计算的标准函数库 math:

```
>>>import math
>>>dir (math)
```

发现有内置函数 factorial,查询该函数的使用说明:

```
>>>help (math. factorial)
factorial (x,/)
Find x!.
Raisea ValueError if x is negative or non-integral.
```

显示函数 factorial( )只有一个参数 x,返回 x!,即确实是求阶乘函数,而且提示若 x 为负数或非整数将弹出错误。因此,本题直接调用 math 库的内置函数 factorial 来解决问题:

```
import math
m = int (input ("m="))
n = int (input ("n="))
cmn = math. factorial (m)/(math. factorial (n)*math. factorial (m-n))
print (" 组合数为 :", cmn)
```

Python 有丰富的标准库和大量的第三方库,库就是可以直接调用的函数的集合。

5.2.2　系统函数之外的函数——自定义函数

函数 factorial 是在 math 库中已经定义好的,用户只要能找到它,用它预定的格式准确调用就行。但是具体问题千差万别,并非都能找到相应的标准函数,因此程序设计语言提供了用户自定义函数的方法,Python 自定义函数的语法格式如下:

```
def <函数名>(<参数列表>):
    <函数体>
    return <返回值列表>
```

函数名可以是任何有效的 Python 标识符,参数列表用于接收传过来的实际值,称为“形参”,类似于占位符,函数体是每次被调用时执行的代码,当需要返回值时,用 return 返回。

根据 math 库的内置函数 factorial,我们尝试定义自己的阶乘函数 my_factorial。

【**例 5-16**】定义阶乘函数 my_factorial。

```
def my_factorial (n):
    f=1
    for i in range (1, n+1):
        f*= i
    return f
```

定义了 my_factorial 函数后，调用它就像调用标准函数一样：

```
m = int (input ("m="))
n = int (input ("n="))
cmn = my_factorial (m)/(my_factorial (n)*my_factorial (m-n))
print (" 组合数为 :", cmn)
```

调用函数也就是执行函数，格式为：函数名（[实参值]）

假设调用语句：my_factorial（3），此时，实参 3 传递给形参 n，同时程序流程控制转向函数体，直到遇到 return 语句，返回函数值并把控制返回到调用处。如图 5-5 所示。

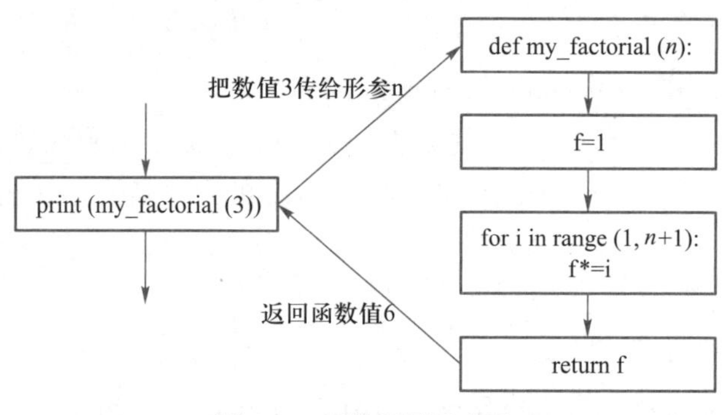

图 5-5 函数调用示意图

定义函数的时候，把参数的名字和位置确定下来，函数的接口定义就完成了。对于函数的调用者来说，只需要知道如何正确地传递参数，以及函数将返回什么样的值就够了，函数内部的复杂逻辑被封装起来了，调用者不需要了解细节，所以说函数是代码的封装。

Python 中参数传递有非常多的变化形式，更多相关内容，请读者参考其他资料。

5.2.3 典型函数举例——验证哥德巴赫猜想

哥德巴赫猜想是世界近代三大数学难题之一，起源于哥德巴赫 1742 年给欧拉的一封信。信中哥德巴赫提出了以下猜想：任一大于 2 的整数都可写成三个质数之和（当时数学界使用“1 也是素数”这个约定，现在已经废弃）。但是哥德巴赫自己无法证明它，于是就写信请教赫赫有名的大数学家欧拉帮忙证明，而欧拉在回信中提出另一个等价的版本，即任一大于 2 的偶数都可写成两个质数之和。现在常见的哥德巴赫猜想陈述为欧拉的版本，称为强哥德巴赫猜想或关于偶数的哥德巴赫猜想。

【例 5-17】编程：验证哥德巴赫猜想对小于或等于 100 的正偶数成立。即验证 100 以内的不小于 4 的正偶数都能够分解为两个素数之和。

【分析】

（1）先定义一个函数 prime（x），当 x 为素数时返回 1，否则返回 0；

（2）对［4，100］内的每个偶数 i 进行哥德巴赫猜想的尝试：

从 k=2 开始逐一尝试，直到 k=i/2

把 i 拆分为 k 和 i–k，当 k 和 i–k 均为素数时满足条件，即猜想对偶数 i 验证成立；

程序代码如下：

```
def prime (x):
    for i in range (2, x):
        if x % i ==0:
            return 0          # 不是素数，返回 0
  return 1                    # 是素数，返回 1

for i in range (4, 101, 2):
    for k in range (2, i//2+1):
        if prime (k) and prime (i–k):
            print ("{}={}+{}". format (i, k, i–k))
```

运行结果：

```
4 = 2 + 2
6 = 3 + 3
…
100 = 41 + 59
100 = 47 + 53
```

【思考】尝试不用自定义函数解决本问题，体会函数编程带来的简洁和清晰。

5.2.4　函数自己调用自己——递归函数

如果一个函数在定义时调用函数自身，这个函数就是递归函数。

前面我们自定义阶乘函数 my_factorial(n)，是从阶乘的定义出发，即 $n!=1*2*3*\cdots*n$，程序只需要用一层循环就解决问题，思想方法是从 1*2 → 2!,2!*3 → 3!,⋯，即从已知的值出发，不断更新得到新值的过程，这个解题思路叫迭代。其实，阶乘的问题也可从另一个角度，如：$n!=n*(n-1)!$，$(n-1)!=(n-1)*(n-2)!$，⋯，$2!=2*1!$，$1!=1$，此即递归的思想方法，写成函数形式：

my_factorial(n) = n*my_factorial($n-1$)

【例 5-18】用递归的方法实现阶乘。

阶乘的递归数学表达如下所示：

$$n!=\begin{cases}1, & n=1\\ n*(n-1)!, & n>1\end{cases}$$

假设 n=4，执行过程如图 5-6 所示。

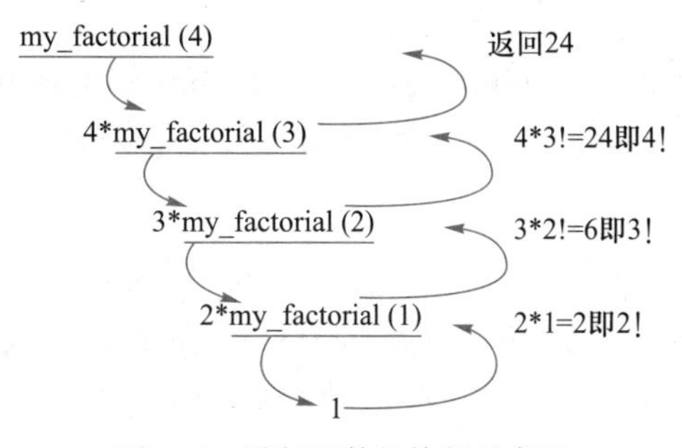

图 5-6　递归函数的执行示意图

my_factorial(n)的递归写法如下：

```
def my_factorial (n):
    if n == 1:
        return 1
```

```
    return n*my_factorial (n-1)
```

上面就是一个递归函数的定义，调用此函数验证一下：

```
>>>fact (1)
1
>>>fact (5)
120
```

递归函数的优点是定义简单，逻辑清晰，但执行效率低，资源要求高。

【思考】日常生活中还有其他递归的例子吗？

流程控制解决了计算机程序对算法操作步骤的描述，函数通过代码的封装使程序条理清晰，易于编写和调试，这两个步骤完成了程序的第一个功能，即对操作的描述。计算机程序另一个核心问题是对数据的描述。Python 提供了组合数据类型，用来表达一组有关系的数，包括序列、字典、集合，这是在基本数据类型基础上的更高层次的抽象。这些组合数据类型提供了丰富的方法，使 Python 代码更高效和简洁。

习题 5

1. 程序填空：因为小明写错别字，老师要求小明把每个字抄写 10 遍。请把下面的程序补充完整。

```
words=" 晢邀迭砌蓦 "      # 需要重复抄写的字
for word in words:
    ______________
```

2. 程序填空：货币转换，假设人民币和美元的汇率是 6.32，用前缀 RMB 表示人民币，USD 表示美元。如输入 RMB100，那么转换结果为 USD 15.82。补充下面程序，使程序完整。

```
TempStr=input ('')
if TempStr [: 3] =='RMB':
    USD=eval (TempStr [3:])/6. 32
    print ('USD{:. 2f}'. format (USD))
elif TempStr [: 3] =='USD':
    RMB=______________________
    print ('RMB{:. 2f}'. format (RMB))
```

3. 编写程序：100 以内的数字接龙，从 1 开始报数，必须跳过 6 的倍数以及以 6 结尾的数。

4. 编写程序：用递归法实现正整数 1 至 100 的累加。

5. 编写函数 dist(x,y,z)：计算三维空间某点(x,y,z)距离原点的欧式距离。欧式距离公式为：sqrt(x**2+y**2+z**2)。

第 6 章

Python 组合数据类型

Python 的组合数据类型是由基本数据类型组合而成。当我们需要处理的问题较复杂，数据量较大时，仅用基本数据类型就无法满足要求，这时使用组合数据类型方便对一组数据进行批量处理，并且通过统一且简单的表示使数据操作更有序和容易。组合数据类型可分为序列类型、映射类型和集合类型，其中序列是有序类型，而映射和集合属于无序类型。

6.1 唱票及统计票数——认识组合数据类型

【例 6-1】对于唱票大家一定不陌生，进入大学，第一件事就是选举班长。通常的流程是：1. 投票：同学们把自己选择的班长候选人的姓名写在纸上，上交选票；2. 唱票：开票员大声念出选票上的名字，计票员计票；3. 计票员统计各候选人的票数，班主任宣布票数最高的人当选班长。编写程序模拟唱票及统计的过程。

【分析】模拟上述过程，我们先把所有选票保存起来，为此采用一种叫列表（list）的数据类型，表达一批数据，如：['刘明','李力','张红','刘明','张红','张红']。从这批数据中淘出候选人名单，也就是从选票中去除重复的人名。然后对这批数据中的每个元素，统计出现的次数，如 {'刘明':2,'李力':1,'张红':3}，用大括号“{}”括起来，称为字典（dict），这里的数据是成对的，用于表达对应关系，如'刘明'同学得票 2 票，用'刘明':2 表示。下面我们分步骤实现这个程序。

第 1 步：唱票，输入候选人名字

```
cand_list= []
while True:
    name=input ("候选人姓名:")
    if name=="":
        break
```

```
        cand_list. append (name)
    print (" 所有选票 :", cand_list)
```

运行上述代码，依次输入姓名，最后直接回车表示结束。

```
候选人姓名 : 刘明
候选人姓名 : 李力
候选人姓名 : 张红
候选人姓名 : 刘明
候选人姓名 : 张红
候选人姓名 : 张红
候选人姓名 :
所有选票 :[' 刘明 ',' 李力 ',' 张红 ',' 刘明 ',' 张红 ',' 张红 ']
```

选票信息存储在列表 cand_list 中，形式为:[' 刘明 ',' 李力 ',' 张红 ',' 刘明 ',' 张红 ', ' 张红 ']

第 2 步：候选人名单

```
cand_set=set (cand_list)
print (" 候选人名单 :", cand_set)
```

运行结果：

```
候选人名单 :{' 张红 ',' 李力 ',' 刘明 '}
```

候选人名单保存在称为集合（set）的数据对象 cand_set 中，它能把 cand_list 中的重复数据去除。

第 3 步：统计得票

```
cand_dict={}
for name in cand_list:
    if name not in cand_dict:
        cand_dict [name] =1
    else:
        cand_dict [name] +=1
print (" 各候选人得票数 :", cand_dict)
```

运行结果：

```
各候选人得票数 :{' 刘明 ': 2,' 李力 ': 1,' 张红 ': 3}
```

这个结果表达了每位候选人的得票数，用字典 cand_dict 保存。

第 4 步：得票排序

```
cand_items=list (cand_dict. items ())
cand_items. sort (key=lambda x: x [1], reverse=True)
print (" 各候选人得票数 :", cand_items)
```

运行结果：

```
各候选人得票数 :[(' 张红 ', 3),(' 刘明 ', 2),(' 李力 ', 1)]
```

已经把每位候选人的得票数从高到低排序，外层的[ ]表示列表对象，而里面的(' 张红 ', 3)用圆括号( )表达的是元组(tuple)对象。

第 5 步：输出最高得票人姓名

```
print (" 当选人 :{}, 得票数 :{}". format (cand_items [0][0], cand_items [0][1]))
```

运行结果：

```
当选人 : 张红 , 得票数 : 3
```

上述例子中存在四种组合数据类型：列表、集合、字典、元组。它们不仅可以表达一批数，而且能表达更复杂的语义，实现更高级的功能。代码中包含了比较多的语法细节，将在后面的学习中慢慢展开。

6.2　数据挨个排队——序列

【例 6-2】根据花名册，老师逐个点名。

```
names = ['Michael','Bob','Tracy']
for i in range (3):
    print (names [i])
```

按序号逐个点名，用 for i in range(3): 计数循环。对于这个特殊的 names 对象，还可以用更简单的遍历循环：

```
for name in names:
    print (name)
```

程序中 names 是['Michael','Bob','Tracy']，这是一个列表，是序列类型的一种，就是把一批数据挨个排好队，集中管理。for name in names：就是遍历列表对象 names 的每个元素。

列表是序列类型的一种表现形式，从列表可以看出序列的基本含义：序列是一块存放了多个值的连续内存空间，这些值按一定顺序排列，通过每个值所在位置的编号(称为索引)访问它们。为了更形象地认识序列，可以将它看作是一家旅店，店中的每个房间就如同序列存储数据的一个个内存空间，每个房间所特有的房间号就相当于索引。也就是说，通过房间号(索引)可以找到这家旅店(序列)中的每个房间(内存空间)。

在 Python 中，序列类型是一种抽象基类，它是字符串、列表、元组这三种类型的统称，例如：

某同学的姓名："张三丰"。这里用引号作为限界符，以字符为元素，组成了字符串。

某篮球队现有 5 位队员：[" 张三丰 "," 郭靖 "," 黄蓉 "," 杨康 "," 周伯通 "]。这里用方括号作为限界符，以队员姓名为元素，组成了列表。列表的元素是动态可变的，好比球队纳新，老队员退役。

某同学本学期的 5 门课的成绩:(90,88,85,92,97)。这里用圆括号作为限界符,以每门功课成绩为元素,组成了元组。元组的元素是不可变的。就如一经选课结束,课程就不能改变。

三种序列对象对应不同的应用场景,不同的序列对象有不同的限界符。它们看似形式不同,但有共性,这些共性表现在它们都支持以下几种通用的操作。

1. 序列索引

序列中,每个元素都有属于自己的编号(索引)。从起始元素开始,索引值从 0 开始递增,假设有如下序列 seq,如图 6-1 所示。元素 *n* 的访问方法为:seq [*n*–1]。访问元素时下标不能越界,若访问 seq [*n*]就出错了。

元素1	元素2	元素3	元素4	元素…	元素*n*	
0	1	2	3	…	*n*−1	←—— 索引(下标)

图 6-1 序列索引值示意图

除此之外,Python 还支持逆向索引。当索引值是负数时,从右向左递减计数,最右元素的索引值为 –1,如图 6-2 所示。因此,元素 *n* 的访问也可以是:seq [–1]。

元素1	元素2	元素3	元素…	元素*n*−1	元素*n*	
−*n*	−(*n*−1)	−(*n*−2)	…	−2	−1	←—— 索引(下标)

图 6-2 逆向索引

2. 序列切片

切片操作是访问序列元素的另一种方法,用于截取一定范围内的元素,通过切片操作,可以生成一个新的序列。

语法格式:

sname [start:end:step]　　(默认缺省:start=0,end=len(sname),step=1)

例如:"hello" [:3]、"hello" [1:–1]、[1,2,3,'a','b'] [:1]、(1,2,3,'a','b') [–2:]

运行结果分别是:'hel'、'ell'、[1]、('a','b')。

3. 序列相加

类型相同的两个序列使用 "+" 运算进行连接。例如:

"hello"+"world" 的结果是:"helloworld"。这是字符串连接。

[1,2,3]+ ['a','b','c'] 的结果是:[1,2,3,'a','b','c']。这是列表的连接。

(1,2,3)+('a','b','c') 的结果是:(1,2,3,'a','b','c')。这是元组的连接。

4. 序列相乘

使用数字 *n* 乘以一个序列生成新的序列,其内容为原来序列重复 *n* 次。例如:str = "hello";str*3 的结果为:'hellohellohello'。[1,2,3]*2 的结果为:[1,2,3,1,2,3]。

5. 成员判断

使用 in 关键字检查某元素是否为序列的成员,其语法格式为:

value in sequence

其中，value 是要检查的元素，sequence 是指定的序列。例如：

'c' in "hello" 返回 False，1 in (1,2,3) 返回 True。

6. 序列的内置函数

Python 提供的序列内置函数，用于实现与序列相关的一些常用操作，如表 6–1 所示。

表 6–1　序列内置函数

函数名称	说明	示例	结果
len( )	计算序列的长度，即返回序列中包含多少个元素	len([1,2,3])	3
max( )	找出序列中的最大元素	max([1,2,3,4])	4
min( )	找出序列中的最小元素	min([1,2,3,4])	1
list( )	将序列转换为列表	list("hi")	['h', 'i']
str( )	将序列转换为字符串	str([1,2,3])	'[1,2,3]'
sum( )	计算元素和	sum([1,2,3])	6
sorted( )	对元素进行排序	sorted([5,2,3])	[2,3,5]
reversed( )	反向序列中的元素	list(reversed([5,2,3]))	[3,2,5]

以上是序列类型的通用操作，也就是字符串、列表、元组这 3 种类型都具有的属性和方法。当然，它们还各具特性，下面分别介绍这 3 种类型的个性化的方法。

6.2.1　列表 list

将所有元素都放在一对中括号[ ]里面，相邻元素之间用逗号分隔，如：学校开设的课程，所有同学的英语课成绩，都可以用 list 表示：

```
>>>courses= ['Math','Python','English']
>>>scores= [90, 89, 75]
```

列表的操作包括创建列表、增加列表元素、访问列表元素、修改列表元素、删除列表元素、列表元素排序等。

1. 创建空列表

创建空列表有两种方式，使用[ ]或者用 list 函数。如：listname= [ ]，或者 listname=list( )。

2. 增加列表元素

用函数 append，insert 实现增加列表元素，如：

```
>>>listname = [ ]
>>>listname. append ("Stephen")
>>>listname. insert (0,"Mike")
```

列表 listname 的结果是['Mike', 'Stephen']，append 是追加，新元素加在列表最后。insert 是插入，插在指定的位置。

3. 访问列表元素

用索引(index)访问列表，得到的是一个元素，用切片访问列表中的一组元素，得到的是一个子列表。如：

```
>>>listname [1]
"Stephen"
>>>listname [0: 2]
 ['Mike','Stephen']
```

4. 修改列表元素的值

对列表元素重新赋值即是修改该元素的值。如：

```
>>>listname [0] ="Bob"                          # 修改某个元素
>>>listname [0: 2] = ['Bob','Stephen']          # 修改某片段元素
```

列表 listname 的结果是['Bob','Stephen']

5. 删除列表元素

用函数 pop，remove 实现列表元素的删除，如：

```
>>>listname. pop ( )          # 删除列表末尾的元素
>>>listname. pop (0)          # 删除索引号为 0 的元素
>>>listname. remove ('Lily')      # 删除第一个值为 'Lily' 的元素
```

注意，pop 是删除指定位置的元素，而 remove 是删除指定值的元素。

6. 列表排序

列表排序可以用函数实现，也可以用对象的方法实现。如：

```
>>>listname [0: 2] = ['Lily','Catherine']
>>>listname. sort ( )
>>>print (listname)
```

显示['Catherine','Lily']，说明方法 sort 改变了 listname 对象本身的顺序，此处是按姓名首字母的 ASCII 升序排列。

```
>>>ls=sorted (listname)
>>> print (ls, listname)
```

显示：['Catherine','Lily'] ['Lily','Catherine']

说明函数 sorted 返回排序后的新列表，但不改变 listname 对象本身。

【例 6-3】抽奖小程序：事先把名单罗列在列表中，随机抽取一等奖两名，打印获奖名单。

【分析】从列表中随机抽取一个元素，用 random 库的 choice 方法。但是抽取某个同学之后，他就不能再有抽奖的资格，因此，需要把他从列表中删除，用 remove 方法。

```
import random
names= ['张三','李四','王五','赵六']
for i in range (2):
    who=random. choice (names)
    print ("恭喜,{} 同学获得一等奖 !". format (who))
    names. remove (who)
```

运行程序：

```
恭喜，张三同学获得一等奖！
恭喜，李四同学获得一等奖！
```

random 库的 choice 方法用于从列表、元组或字符串中返回一个随机项。

【例 6-4】从键盘录入学生名单，若发现重复则提醒“姓名已经存在，请重新输入。”，当录入空字符时表示输入完毕，随即按汉字的 unicode 编码顺序打印名单。

```
names = [ ]
while True:
    name = input (" 请输入学生姓名 :")
    if name:                                #若 name 不为空
        if name not in names:               #若 name 不在名单中
            names. append (name)
        else:
            print (" 姓名已经存在，请重新输入。")
    else:
        print (" 学生名单如下 :")
        for name in sorted (names):
            print (name)
        break
```

运行程序：

```
请输入学生姓名：张三
请输入学生姓名：李四
请输入学生姓名：张三
姓名已经存在，请重新输入。
请输入学生姓名：王五
请输入学生姓名：
学生名单如下：
张三
李四
王五
```

【思考】若希望按汉字拼音顺序打印学生名单该怎么做？

6.2.2　元组 tuple

tuple 用一对圆括号包含所有的元素，如：

```
>>>classmates= ('Jack','Bob','Rose')
```

它和 list 非常类似，但是 tuple 一旦定义完就不能修改，这是元组最大的特点。

classmates [0]="Mike" 这样的操作是错误的，元组也没有 append、insert、remove、sort 等方法。元组只能访问不能修改，好像是凝固的列表。因为 tuple 不可改变，所以使用时更安全。

有关元组的常用操作有创建元组、访问元组的元素、元组和列表的转换。

1. 创建空元组

创建空元组有两种方法，使用( )或者用 tuple 函数。例如：

```
>>>tp = ( )
>>>t = tuple ( )
>>>type (t)
```

显示 <class 'tuple'>，即是元组类型。

2. 访问元素

```
>>>classmates [0]    # 结果为 'Jack'
>>>classmates [0:-1]    # 结果为 ('Jack','Bob')
```

注意，访问元素时，索引还是用[ ]括起来。

3. list 和 tuple 的转换

```
>>>ls = list (classmates)
```

ls 是列表，好像是元组 classmates 解冻后的列表序列。

```
>>>tp=tuple (ls)
```

tp 是元组，好像是列表 ls 凝固后的元组序列。

【例 6-5】设计一个简单故事编造器：一个故事最基本的元素是时间、地点、人物、事件，为每个元素设定一些候选值，然后通过随机组合，看看能构造出怎样的故事。

【分析】为时间、地点、人物、事件创建各自的元组，编故事时随机从各元组中取值后拼接。

```
from random import*
time= ('上古时代','前年','大约两个世纪前','昨天')
role1= ('洪七公','黄蓉','王老师','')
role2= ('秦始皇','程媛媛','容嬷嬷')
where= ('垃圾场','游泳池','臭水沟')
action= ('喝酒','聊天','踢足球')
story='故事发生在'+ choice (time) +","+\
    choice (role1) +"和"+ choice (role2) +\
    "在"+ choice (where) +choice (action) +"。"
print (story)
```

运行程序：

```
故事发生在前年，王老师和程媛媛在垃圾场聊天。
```

导入库时，写成 import random，那么，调用函数时要写成 random. choice。而写成 from random import*，那么就可以直接写函数了，如 choice(time)。

当一句话太长时，可以分行写，只要在换行的地方用“\”结束，逻辑上就还是一句话。

6.2.3 字符串 str

字符串是单个字符的有序组合，因此也属于序列，可以访问某个字符，也可以截取字符串片段。字符串和元组一样，一旦初始化后就不能修改，属于不可变对象。

字符串的常用操作有求长度、字符串分割、字符串拼接等。

1. 求字符串长度

```
>>> len ("你好, Rose!")
8
```

一个汉字、一个英文字母、一个标点符号都计算为一个字符。

2. 分割单词

```
>>>"喝酒,聊天,踢足球". split (",")
['喝酒','聊天','踢足球']
```

可以按指定的字符作为分割字符串的依据，如例子中的逗号，分割后的结果是列表。

3. 字符串拼接

```
>>>",". join (['喝酒','聊天','踢足球'])
'喝酒,聊天,踢足球'
```

上述例子指定用逗号拼接列表元素，结果为字符串，当然也可以用分号、空格等字符拼接。

【例 6-6】字符串大小写转换：用户输入一个字符串，将其中小写字母全部转换成大写字母，把大写字母全部转换成小写字母，其他字符不变。

注：string. ascii_lowercase 可用于返回所有小写字母，string. ascii_uppercase 可用于返回所有大写字母。

```
import string
s=input ('')
t=''
for i in s:
    if i in string. ascii_lowercase:
        t=t+i. upper ( )        # 转换为大写字母
    elif i in string. ascii_uppercase:
        t=t+i. lower ( )        # 转换为小写字母
    else:
        t=t+i
print (t)
```

运行程序，当输入：SyntaxError！后输出 sYNTAXeRROR！。

综上所述是序列类型的基本概念和常用方法，其中列表、元组、字符串作为序列的三种具体形式。文中只是给出了基础的函数和方法，更多内容请读者查阅其他文献，也可用在线帮助，用 dir( )查看对象的方法，用 help( )显示某个方法的具体介绍和使用格式。

6.3 查查新华字典——字典

我们都用过新华字典，新华字典里查字常用的两种方法是：部首查字法、音序查字法。以音序查字法为例，根据一个字的汉语拼音第一个字母，在“汉语拼音音节索引”中找到这个字的拼音音节在正文中的页码，再按照这个字的声调到后续页中查找。这个“汉语拼音音节索引”是一张拼音音节和正文页码的对照表，形式如图 6–3 所示。

汉语拼音音节索引1

A		cao	操 43	cun	村 79	en	恩 121
a	啊 1	ce	策 44	cuo	搓 80	en	鞥 121
ai	哀 2	cen	岑 45	D		er	儿 121
an	安 3	ceng	层 45	da	搭 81	F	
ang	肮 5	cha	插 45	dai	呆 83	Fa	发 123
ao	熬 5	chai	拆 48	dan	单 86	fan	帆 124
B		chan	搀 48	dang	当 88	fang	方 127
ba	八 7	chan	昌 51	dao	刀 90	fei	非 129
bai	白 10	chao	超 53	de	德 92	fen	分 132
ban	班 12	che	车 54	dei	得 94	feng	风 134
bang	帮 14	chen	尘 55	den	扽 94	fo	佛 136
bao	包 15	chen	称 57	deng	登 94	fou	否 136

图 6–3 汉语拼音音节索引

假如把这张索引表改写成：{'a'：1，'ai'：2，'an'：3，'ang'：5，'ao'：5}，就成了 Python 中的字典类型，它表达了一种映射关系，音节 'a' 对应页码 1。若把 'a' 称为键，1 称为值，这一对应关系就是键值对，因此，字典的表示形式为：{ 键 1 : 值 1，键 2 : 值 2，…}。

【例 6–7】已有字典 {' 小明 ':80,' 李立 ':93,' 王海 ':78,' 吴桂 ':89}，编程实现查找功能：用户输入姓名，如该同学存在于字典中，则输出相应的“姓名：成绩”，否则，输出“数据不存在”

```
dict_score ={' 小明 ': 80,' 李立 ': 93,' 王海 ': 78,' 吴桂 ': 89}
s=input (' 输入要查找的用户姓名 :')
if s not in dict_score:
    print (' 数据不存在 ')
else:
    print (s,':', dict_score [s])
```

运行程序：

```
输入要查找的用户姓名 : 小明
小明 : 80
```

dict_score ={'小明':80,'李立':93,'王海':78,'吴桂':89},定义了字典 dict_score,使用键值对(key-value)存储数据。字典中有 4 对元素,元素间用逗号分隔,元素用键值对表达,如'小明':80,'小明'是键,80 是值,中间用冒号间隔。想查询'小明'的成绩,方法是用键访问其值:dict_score ['小明'],得到值 80,字典的查找速度非常快。

为什么字典查找速度快?因为字典的实现原理和查新华字典是一样的。假设字典包含了 1 万个汉字且我们要查某一个字,若是把字典从第一页开始逐页往后翻,直到找到该字为止。这种方法就是列表所采用的顺序查找元素的方法,列表越大,查找越慢。事实上,我们查字典的方法是先在新华字典的索引表里查这个字对应的页码,然后直接翻到该页,从而找到这个字。这种查找方法无论找哪个字,速度都非常快,而且不会随着字典容量的增加而变慢。Python 中的字典就是用索引的方式实现的,给定一个名字,比如'小明',在字典内部就可以直接计算出'小明'所对应成绩的'页码',也就是对应成绩所存放的内存地址,并直接取出来成绩,所以速度非常快。

这种键值对(key-value)的存储方式,在把值放进去的时候,必须根据键算出值的存放位置,那么取的时候才能根据键直接得到值。需要注意的是,字典整体是无序的,其内部存放的顺序和键放入的顺序没有关系,因此,对字典的访问不能用索引只能用键访问,如前面的字典 dict_score,不可以用 dict_score [0] 取得'小明'的成绩,必须用 dict_score ['小明'] 访问。

有关字典的常用操作有:创建字典、添加字典元素、修改字典元素、字典成员判断等。

1. 定义一个空字典

```
>>>d={}
或者:
>>>d=dict()
```

2. 添加字典元素

把数据放入字典的方法,除了初始化时指定外,还可以通过键放入:

```
>>>d['Adam']=67
>>>d['Adam']
67
```

3. 修改字典元素

由于一个键只能对应一个值,字典中就不可能有重复的键,当对同一个键多次放入值,后面的值会把前面的值覆盖掉,也就把字典的值修改了。

```
>>>d['Jack']=90
>>>d['Jack']
90
>>>d['Jack']=88
>>>d['Jack']
88
```

4. 访问字典中的元素

按键访问字典：

```
>>>d ['Jack']
88
```

如果键 key 不存在，dict 就会报错：

```
>>>d ['Thomas']
Traceback (most recent call last):
  File"<pyshell#21>", line 1, in <module>
    d ['Thomas']
KeyError:'Thomas'
```

上述报错信息 KeyError 就在提醒用户访问了不存在的键 'Thomas'。因此，为避免此类错误，可以先通过 in 运算进行成员判断。

5. 字典中的键成员判断

提取字典的键用 d. keys 函数，提取字典的值用 d. values 函数。

```
>>>'Thomas' in d
False
```

等价于：

```
>>>'Thomas' in d. keys ( )
```

若要判断值成员，那么用 d. values( )：

```
>>>88 in d. values ( )
True
```

6. 用 get 方法访问字典中的元素

通过 get 方法访问字典中的元素，不会因为键不存在而报错，而是默认返回 None，还可以返回用户指定的值。

```
>>>d. get ('Jack')
88
>>>d. get ('Thomas')
None
```

因为字典 d 中不存在键 'Thomas'，所以返回空（None）。若要返回指定值 0，那么：

```
>>>d. get ('Thomas', 0)
0
```

7. 删除字典中的键值对

要删除 key-value 键值对，用 pop（key）方法。

```
>>>d={'Jack': 95,'Bob': 75,'Rose': 85}
>>>d. pop ('Bob')
75
```

```
>>>d
{'Jack': 95,'Rose': 85}
```

字典在 Python 中的应用非常广泛。正确使用字典需要牢记一条：字典的键必须是不可变对象，因为字典根据键计算值的存储地址，这个计算称为哈希算法（hash）。要保证 hash 的正确性，作为键的对象就不能变。在 Python 中，字符串、整数、元组是不可变的，可以作为键使用，而列表是可变的，就不能作为键。例如：

```
>>>key= [1, 2, 3]
>>>d [key] ='alist'
Traceback (most recent call last):
File"<pyshell#22>", line 1, in <module>
    d [key] ='alist'
TypeError: unhashable type:'list'
```

提示类型错误，把不可哈希的 list 类型用作键了。

8. 字典的常用方法

字典对象的常用方法如表 6–2 所示，记住并熟练运用这些方法很重要。

表 6–2　字典的常用方法

方法名称	说明	示例	结果
dict( )	创建字典	d=dict(a=1,b=2)	{'a':1,'b':2}
dict. get(key,default=None)	返回指定键的值，如果键不存在，则返回 default 值	d. get('a',0)	1
key in dict	字典中键成员判断	'a' in d	True
dict. items( )	返回由（键，值）元组构成的 dict_items 迭代器对象	d. items( )	dict_items([('a',1),('b',2)])
dict. keys( )	返回由键构成的 dict_keys 迭代器对象	d. keys( )	dict_keys(['a','b'])
dict. values( )	返回由值构成的 dict_values 迭代器对象	d. values( )	dict_values([1,2])
pop(key [,default])	删除字典中键(key)所对应的键值对，返回对应的值。key 值必须给出，default 为 key 不存在时返回的值	d. pop('a')	1
dict. clear( )	删除字典内所有元素	d. clear( )	{}

【例 6–8】使用字典记录同学的姓名及对应的身高，输入任意同学的姓名，查找并显示所有高于此身高的同学信息。

```
dict_height={'小明': 180,'李立': 193,'王海': 178,'吴桂': 189}
```

```
name=input ("请输入要查找的用户姓名:")
for key, value in dict_height. items ( ):
    if value>dict_height [name]:
        print (key,":", value)
```

运行程序:

```
请输入要查找的用户姓名:小明
李立:193
吴桂:189
```

dict_height. items( )的返回值是:dict_items([('小明',180),('李立',193),('王海',178),('吴桂',189)]),遍历时用 key,value 分别表示姓名和身高。只要身高超过了所查找的同学的身高(dict_height[name]),就输出该对象。

6.4 物以类聚——集合

俗语说:物以类聚,比喻同类的东西常聚在一起。体现在数学概念中,集合就是指具有某种特定性质、具体的或抽象的对象汇总成的集体。这些对象称为该集合的元素或成员。Python 的集合类型和数学的集合类似,用于存储一批无序且不能重复的元素,可以执行集合的并、交、差等运算。

【例 6-9】有一个班级,登记了 10 位同学的姓名,其中有 3 人参加了数学夏令营(附名单),还有 3 人参加了物理夏令营(附名单)。统计同时参加数学和物理夏令营的同学有哪几位?没有参加暑期夏令营的是哪几位?

```
students={'Peter','Morton','Kevin','Mary','John','Ford','Melson','Damon','Ivan','Tom'}
Math={'Peter','Kevin','Damon'}
Physics={'Melson','Damon','John'}
MandP=Math & Physics
MorP=Math | Physics
unAttend= (students-MorP)
print ("{} 同学同时参加了数学和物理夏令营\n{} 同学一项都没参加。". format (MandP,
unAttend))
```

运行结果:

```
{'Damon'} 同学同时参加了数学和物理夏令营
{'Ford','Tom','Mary','Morton','Ivan'} 同学一项都没参加。
```

把元素用简单的大括号括起来,如 {'Peter','Kevin','Damon'} 就成了集合(set),对集合做交、并、差等操作可以得到有意义的结果。

其实，若把字典{'Jack':95,'Bob':75,'Rose':85}中的 value 删掉，只留下 key，就成了集合{'Jack','Bob','Rose'}。由于字典中的 key 不能重复，Key 必须为不可变对象，所以在集合中，没有重复的元素，且同样为不可变对象。

有关集合的常用操作有：创建空集合、类型转换、增加集合元素、删除集合元素、集合运算等。

1. 创建一个空集合

```
>>>s = set ( )
```

创建集合只有这一种方法。

2. 类型转换

把列表转为集合：

```
>>>s = set ([1, 2, 3])
>>>s
{1, 2, 3}
>>>s = set ("hello")
{"h","e","l","o"}
```

在转换过程中，自动过滤掉重复元素。

3. 增加集合元素

通过 add(key)方法添加元素到集合中。

```
>>>s. add (4)
>>>s
{1, 2, 3, 4}
>>>s. add (4)
>>>s
{1, 2, 3, 4}
```

重复添加，但没有任何效果，集合中不可能出现重复元素。

4. 删除元素

通过 remove(key)方法删除元素：

```
>>>s. remove (4)
>>>s
{1, 2, 3}
```

5. 集合运算

两个集合可以做数学意义上的交集、并集、差集等操作。

```
>>>s1 = set ([1, 2, 3])
>>>s2 = set ([2, 3, 4])
>>>s1 & s2    # 交集
{2, 3}
```

```
>>>s1 | s2    # 并集
{1, 2, 3, 4}
>>>s1-s2    # 差集
{1}
>>>s1 ^ s2   # 补集
{1, 4}
```

集合与字典的键一样，不可以放入可变对象。

【例 6-10】统计《哈姆雷特》这本电子书中，总单词数和不同单词数分别有多少个？用词重复率为多少？

【分析】首先要把哈姆雷特这本电子书的内容读进来，然后把文本中特殊字符替换为空格，再切分单词。用集合去重的特性把重复的单词删除，留下的就是不同单词的个数。

程序代码如下：

```
with open ("hamlet. txt","r") as f:
    hamletTxt = f. read ( ). lower ( )
for ch in'!"#$ % &( )*+,-./:; <=>?@[\\] ^_'{|}~':
    hamletTxt = hamletTxt. replace (ch," ")    # 将文本中特殊字符替换为空格
words = hamletTxt. split ( )                  # 单词切分
words_set = set (words)                       # 单词去重
print (" 总字数 :{}, 不同字数 :{}". format (len (words), len (words_set)))
print (" 用字重复率为 :{:. 4f} % ". format ((len (words)-len (words_set))*100/len (words)))
```

运行结果：

```
总字数 : 322 59, 不同字数 : 4 793
用字重复率为 : 85. 142 1 %
```

在当前文件夹下已预先下载了电子书 hamlet. txt，打开文件的方法是：

with open("hamlet. txt","r") as f:

"r" 表示读取文件内容，默认为读取文本文件，别名 f 指所打开的文件对象。

hamletTxt = f. read( ). lower( )是一次性读取文件的全部内容，并把所有字符转为小写字母，作为字符串保存在变量 hamletTxt 中。

hamletTxt. replace(ch," ")用于将文本中的特殊字符都替换为空格。

【思考】这个题目假如换成是中文的电子书该怎么解决？英文单词之间天然用空格分割，而中文没有这样的设计，如何对中文分词呢？

6.5 自己定义类型——面向对象程序设计

Python 语言提供了面向过程和面向对象两种编程机制。面向对象程序设计以对象为核

心，程序由一系列对象组成。类是具有相同或相似性质的对象的抽象类型，类包括数据和对数据的操作，对象是类的实例化。对象间通过消息传递相互通信，来模拟现实世界中不同实体间的联系。举例来说，定义一个"狗"类，这个类包含狗的一切基础特征，例如它的皮毛颜色、年龄等，这就是描述类的静态属性。狗还具有吠叫、撕咬、跑、扑等能力，这是描述类的操作方法。小明家的小狗"花花"是一个实例对象，它白色、2 岁，它具有狗的所有行为。所以类是一种抽象类型，为对象提供模板和结构；对象则是类的实例化，在一个模板下可以克隆出很多具体的实例。由此推理，一个学生、一个圆、一个按钮都是对象，都有自己的标识、属性和行为。

1. 一切皆对象

一切皆对象是 Python 的一个重要理念。前面介绍的基本数据类型以及组合数据类型，如代码中出现的 5、3.14、"abc"、[1,2,3]、{"a":1,"b":2} 全是对象，而这些对象所对应的整型、浮点型、字符串、列表、字典就是类。可以基于具体类创建一个对象，如 a=dict( )，a 是 dict 类的一个实例，即字典对象，访问该对象的方法有 a. keys( )、a. values( )、a. pop( ) 等。

Python 支持面向对象的编程机制，不仅提供了系统类，还可以用户自己定义类型，如定义一个 MyClass 类型，表达抽象的班级概念。基于 MyClass 类型创建一个个具体的对象，如"计算机 2022"班，"软件工程 2022"班等等，然后可以对"计算机 2022"班，采用增加学生，删除学生，统计学生人数等操作。同样，这里的 MyClass 称呼为类，"计算机 2022"，"软件工程 2022"称呼为类的实例化对象。这就是面向对象程序设计的思想。

2. 类的定义

语法格式：

```
class 类名:
    语句
```

说明：class 是定义类的关键字，类名是符合标识符规则的名称，约定首字母大写，语句指类的相关定义的语句块，也称类体。

【例 6-11】定义 Dog 类。

```
class Dog:                                  # 定义 Dog 类，包含成员变量和成员方法
    def__init__(self, dname, dage, dcolor):     # 构造方法
        self. name=dname                        # 成员变量 name
        self. age=dage                          # 成员变量 age
        self. color=dcolor                      # 成员变量 color

    def info (self):            # 成员方法
        return'I am a{}Dog, my name is{}, I am{}years old.'. format (self. color, self.
name, self. age)
```

说明：

(1) __init__ 称为构造方法，创建对象时自动调用该方法，其中参数 self 表示所创建的对

象本身，dname，dage，dcolor 为调用时的实参。

（2）self. name=dname 用于获取存储在形参 dname 中的值，赋值给对象的属性 name。同理还有对象的 age，color 属性。

（3）Dog 类还定义了一个方法：info，用于返回一行字符串显示对象的具体信息。

有了类定义后就可以创建类对象了：

```
dog01= Dog ('tom', 2,'black')
dog02=Dog ('kitty', 3,'white')
print (dog01. info ( ))
print (dog02. info ( ))
```

运行结果：

```
I am a black Dog, my name is tom, I am 2 years old.
I am a white Dog, my name is kitty, I am 3 years old.
```

语句 dog01= Dog（'tom'，2，'black'）在执行时，使用实参 'tom'，2，'black' 调用 Dog 类中的方法 __init__（ ），创建了对象 dog01，自此，对象 dog01 有了属性 name，age，color，也有了方法 info。使用 dog01. name 访问 name 属性，dog01. info（ ）调用 info 方法。

3. 面向对象编程举例

【例 6–12】定义班级类：有班级名称，班级学生名单，可以增加学生、删除学生、统计学生人数。

定义班级类：

```
class MyClass ( ):
    def__init__(self, students, classname):    # 构造方法
        self. classname = classname            # 成员变量 classname
        self. students = students              # 成员变量 students
    def addStudent (self, sName, sSex):        # 成员方法 addStudent
        self. students [sName] =sSex
    def delStudent (self, sName):              # 成员方法 delStudent
        del (self. students [sName])
    def count (self ):                         # 成员方法 count
        return len (self. students)
```

创建班级对象，并调用对象的方法：

```
students ={' 张力 ':' 男 ',' 李晶晶 ':' 女 ',' 高星 ':' 男 '}          # 学生名单
myclass1 = MyClass (students,' 计算机 _2022')                   # 创建班级对象 myclass1
myclass1. addStudent (' 章鸿 ',' 女 ')                          # 增加学生
myclass1. delStudent (' 张力 ')                                 # 删除学生
print ('{} 班有 {} 位学生 '. format (myclass1. classname, myclass1. count ( )))
print (' 该班学生名单 :{}'. format (myclass1. students))
```

程序运行结果：

```
计算机_2022 班有 3 位学生
该班学生名单:{'李晶晶':'女','高星':'男','章鸿':'女'}
```

到此，我们学完了 Python 基础知识，可以编写简单程序了。然而要想成为程序设计高手，除了继续深入地学习 Python 高级功能，更重要的是勤动手多实践，毕竟“纸上得来终觉浅，绝知此事要躬行。”

6.6　程序综合举例

【例 6-13】约瑟夫问题。

41 个人围成圆圈做游戏，从第一个人开始报数，凡是报到 3 就退出圈子，下一个人重新从 1 开始报数，问最后留下的两个人是原来的第几号？这个问题有个专门的称呼叫约瑟夫问题。

【分析】下面我们用程序模拟这个不断报数和出局的过程，找出最后两个人的位置。

```
def move(man,sep):                                  # 模拟报数
        '''将 man 列表向左移动 sep 单位,
    把最左边的元素添加到列表后面,
    相当于队列顺时针移动。'''
  for i in range(sep):
    item = man.pop(0)
    man.append(item)
def play(man=41,sep=3,rest=2):                      # 模拟游戏
    '''
  man,sep,rest 设为默认值参数
  man:玩家个数
  sep:报数
  rest:留下人员数量
    '''
  print('总共{}个人,每报数到{}的人出局,最后剩余{}个人'.format(man,sep,rest))
  man = [i for i in range(1,man + 1)]               # 初始化玩家队列
  sep- = 1                                          # 数两个数,到第 3 个人时就出局
  while len(man)> rest:
    move(man,sep)
    man.pop(0)
  return man
```

```
#函数调用,启动游戏
servive = play( )
print('最后留下的人编号是:',servive)
```

运行结果:

```
总共 41 个人,每报数到 3 的人出局,最后剩余 2 个人
最后留下的人编号是:[16,31]
```

函数 def play(man=41,sep=3,rest=2):设置了默认值参数,表示若在调用函数时不传给值,就用函数中设定的默认值,这样的设计增加了程序的灵活性。当然,用户也可以自由设定如下参数:玩家个数、报数、留下人员数量,将得到各种情况下的结果。调用方法如下:

```
man,sep,rest = map(int,input('请输入玩家个数,报数,留下人员数量:').split(","))
servive = play(man,sep,rest)
print('最后留下的人编号是:',servive)
```

【思考】本题用到了[i for i in range(1,man + 1)]这种形式的语句,称为列表推导式,使程序编写更简洁高效,你能把它写成普通的遍历循环吗?体会 Python 编程的灵活性。

【例 6-14】面向对象程序设计。定义 Player 类:默认体力(power)100,吃饭(eat)恢复体力 20,睡觉(sleep)恢复体力 50,学习(study)消耗体力 30,练习(training)消耗体力 25。要求:(1) 定义一个类 Player;(2) 定义成员变量用于描述体力值;(3) 定义 4 个成员方法描述各类动作。

定义 Player 类程序代码:

```
class Player:
    def__init__(self):
        self.power = 100

    def eat(self):
        self.power += 20
        print("吃饭恢复体力 20%")

    def sleep(self):
        self.power += 50
        print("睡觉恢复体力 50%")

    def study(self):
        if self.power > 30 :
            self.power-= 30
            print("学习消耗体力 30%")
```

```
        else:
            print("体力不足,学习无法进行,请及时补充体力。")

    def training(self):
        if self.power > 25 :
            self.power-= 25
            print("练习消耗体力25%")
        else:
            print("体力不足,练习无法进行,请及时补充体力。")

    def info(self):
        if self.power > 100 :
            self.power = 100
        return"当前体力为%d%%"%self.power
```

创建对象,调用方法:

```
Player1 = Player()    #创建对象
Player1.study()       #对象调用成员方法study
Player1.study()
Player1.training()    #对象调用成员方法training
Player1.sleep()       #对象调用成员方法sleep
Player1.eat()         #对象调用成员方法eat
print(Player1.info())
```

运行程序:

```
学习消耗体力30%
学习消耗体力30%
练习消耗体力25%
睡觉恢复体力50%
吃饭恢复体力20%
当前体力为85%
```

Python 是一种软件开发语言,用 Python 进行程序设计属于软件开发范畴中的一个环节。软件开发包含更广泛的内容,更规范的要求,由此还诞生了一门新的学科:软件工程。

6.7 【拓展阅读】软件开发与软件开源

软件开发(software development)是根据用户要求构建出软件系统的过程,是一项包括需求捕捉、需求分析、设计、实现和测试的系统工程,也是一项艰巨和复杂的任务。在几十年的发展过程中出现了三次典型的软件危机。为了解决危机,科学家提出了软件工程(software engineering)的概念,希望用工程化方法构建和维护有效的、实用的和高质量的软件。软件工程涉及程序设计语言、数据库、软件开发工具、系统平台、标准、设计模式等方面。

自 20 世纪末以来,开源软件(open source software,OSS)蓬勃发展,其所具有的大众化协同、开放式共享、用户持续创新等软件开发新模式使其取得了令人瞩目的成就。成功的开源软件无论在开发质量还是开发效率上,都达到了与商业软件相媲美的程度。很多开源软件的市场占有率已经远超同类商业软件,对全球软件产业的格局产生了重大影响。开源带来的启示不仅体现在软件领域,还体现在更高层次的思维创新上,如开源社区的协同共享,用户创新等,甚至促进了一种新的经济现象即协同共享经济的萌芽和持续发展。在某种意义上,开源理念正在对整个人类文明的发展产生深远的影响。

6.7.1 软件开发

1. 软件发展过程

软件由计算机程序和程序设计的概念发展演化而来,并在发展到一定规模并且逐步商品化的过程中形成。软件开发经历了程序设计、软件设计和软件工程 3 个阶段的演变过程。

(1) 程序设计阶段

程序设计阶段出现在 1946—1955 年。此阶段的特点是:尚无软件的概念,程序设计主要围绕硬件进行开发,规模很小,工具简单,开发者和用户无明确区分;程序设计追求节省空间和编程技巧,除程序清单外无其他文档资料,程序设计主要用于科学计算。

(2) 软件设计阶段

软件设计阶段出现在 1956—1970 年。此阶段的特点是:硬件环境相对稳定,出现了“软件作坊”的开发组织形式。用户开始广泛使用可购买的软件产品,从而建立了软件的概念。随着计算机技术的发展和计算机应用的日益普及,软件系统的规模越来越庞大,高级编程语言层出不穷,应用领域不断拓宽,开发者和用户有了明确的分工,社会对软件的需求量剧增,但软件开发技术没有重大突破,软件产品质量不高,生产效率低下,从而导致了“软件危机”的产生,集中表现在计算机软件开发、使用与维护过程中遇到的一系列严重问题。如何满足对软件日益增长的需求,如何维护数量不断增长的已有软件,成为急于解决的两个难题。

(3) 软件工程阶段

为解决软件开发中的问题,1968 年北约软件工程会议(NATO software engineering

conferences）上首次提出“软件工程”（software engineering）的概念，提出把软件开发从“艺术”和“个体行为”向“工程”和“群体协同工作”转化。其基本思想是应用计算机科学理论和技术以及工程管理的原则和方法，按照预算和进度，实现满足用户要求的软件产品的定义、开发、发布和维护的工程。

自提出软件工程的概念后，为了达到最初设定的目标，软件工程界已经提出了一系列的理论、方法、语言和工具，解决了软件开发过程中的若干问题。

2. 软件工程方法和技术

从 20 世纪 60 年代以来，陆续出现了结构化程序设计技术、计算机辅助软件工程、面向对象语言和方法、软件过程及软件过程改善研究等一系列成果。目前软件工程中使用的方法主要分为技术和管理两类。

（1）技术的角度

软件工程理论在实践应用中关注软件复用。参考目前成熟的工业产品的开发模式，软件复用可以在软件开发中避免重复劳动，充分利用过去开发应用系统中积累的知识和经验，将开发的重点集中于新应用的特有构成成分上，提高软件开发的效率。

（2）工程管理的角度

软件工程也研究管理学理论在软件工程中的应用。软件项目管理抛弃了以前个人作坊式的开发方式，而是根据管理科学的理论，结合软件产品开发的实际，对成本、人员、进度、质量、风险、文档等进行管理和控制，保证工程化系统开发方法的顺利实施。

3. 软件工程的新发展

20 世纪末开始流行的因特网（Internet）给人们提供了全球范围的信息基础设施，形成了一个资源丰富的计算平台。该平台具有分布性、节点的高度自治性、开放性、异构性、不可预测性、连接环境的多样性等特征。计算机软件所面临的环境开始从静态封闭逐步走向开放、动态和多变。软件系统为了适应这样的发展趋势，逐步呈现出柔性、多目标、连续反应式的网构软件系统的形态。

如何在因特网平台上进一步整合资源，形成巨型的、高效的、可信的虚拟环境，使所有资源能够高效、可信地为用户服务，这对软件工程的发展提出了新的问题。软件工程需要新的理论、方法、技术和平台来应对这个问题。与此同时，开源软件开发，即一种群体参与的软件开发方法逐渐发展起来。

6.7.2　开源软件

1. 什么是开源软件

开源软件，从字面上理解，是指开放源代码的软件，但开源软件不是简单地开放源代码，而是代码创作者在遵循相关开源协议（如 MPL 许可证等）的基础上，将自己的源代码全部或部分向世界公开，允许用户进行自主学习、报错、修改等活动，以共同提高软件的质量。

开源运动的先驱者通过对早期自由软件（free software）运动的深刻认识，有效地解决了开源软件在法律和商业方面遇到的问题，建立起一种群体参与的软件开发方法和生态环境，将分布在全球各地的个体智慧汇集到开源软件中,把用户对高品质软件的需求、企业商业战略、抑制技术垄断、产业良性循环等诸多目标有效地集成到开源活动中,实现了对软件产业的重大变革,使开源软件开发成为一种重要的软件开发形式和研究热点。

2. 开源软件的由来

开源软件思想最早起源于黑客文化。在 20 世纪 60—70 年代,人们普遍认为软件应该在研究环境中自由分享、交换,可以被他人修改或者重新编译,并应该与他人分享这些修改。这种自由分享软件源代码的行为就成为“黑客文化”的一个重要特征。这种文化当时在麻省理工学院人工智能实验室软件开发小组中非常盛行。

20 世纪 70 年代末,微软公司开始倡导软件私有化,声明软件复制需要付费,并且只提供可执行程序而非源代码。麻省理工学院人工智能实验室的理查德·马修·斯托曼(Richard Matthew Stallman)对源代码访问权限受限和当时软件私有化的趋势非常不满,提出了自由软件的想法。1984 年,理查德·马修·斯托曼成立了自由软件基金会(free software foundation, FSF),希望通过自由创作的方式开发出一套操作系统。该计划称为 GNU 计划,允许任何人自由地下载、使用、修改和发布该软件。为了从法律上保证这种自由的权利,理查德·马修·斯托曼提出 GNU 通用公共许可证(GNU general public license, GPL),那些有意将自己的软件作为自由软件的作者都可以简单地附上这样一份标准许可证,来保证未来用户的权利,这种软件被称为“自由软件”。

对于自由软件,基本的权利包括免费使用、学习、修改以及免费分发修改过的或未修改的版本等。按照 GPL 的要求,使用 GPL 授权软件制作的软件(即自由软件的衍生软件)也必须是公共的,不能转化成私有软件。并且,如果在某个程序中使用了 GPL 授权的代码,那么整个组合软件也必须用 GPL 发布为自由软件,这一点被认为是 GPL 的“传染性”。但是工业界很难接受这种想法。1998 年,Bruce Perens 和 Eric Raymond 与其他优秀的黑客一起发起了“开放源代码(open source code)”的号召,它包含了与之前的自由软件运动类似的许可证内容,但倾向于对软件许可进行更少的限制。例如,关于衍生软件,许可证必须允许修改和继续衍生,允许但并不强制它们按照和原始软件相同的许可条款进行发布。

所以,开源软件更强调许可证带来实际利益,如人们对软件源代码的免费访问、学习和使用等。这样,开源不再与商业公司对立,随着越来越多商业友好的开源许可证的出现,如 Apache 许可证等,开源软件逐步进入商业软件生产环境。

20 世纪末,开源软件取得了很大成功,为软件开发提供了一种用户创新驱动、成本低、质量高的新思路。由于认识到开源软件的优势,越来越多的公司和组织参与到开源运动中,建立起了商业—开源混合项目,并驱动搭建围绕开源软件技术和平台的各种业务模型,促进项目参与者之间的协作和利益关联,形成了“开源软件生态系统”。

目前,开源软件广泛应用于各个领域。开源已经成为软件领域技术、产品创新的重要模式,也是驱动信息产业变革、强化信息产业基础的关键要素。Google、Meta 等互联网巨头纷纷利用开源提升其软件技术能力、开发新的软件功能及产品服务。就连传统商业软件巨头微软公司也加大了对开源世界的贡献,全面投入了开源的怀抱。在云计算、大数据等新兴领域，基于开源模式的技术创新对产业发展的影响力日益提升，如用于大数据分析和处理的 Apache Hadoop 框架，就是开源项目的成功案例，Meta 公司使用的就是 Hadoop 下的 HBase 数据库。

3. 开源软件在我国的发展

国内开源软件兴起于 1997 年前后，经过 20 多年的发展，其参与群体正发生着很大的改变。最早主要以中科红旗和中软网络为代表的本土 Linux 企业，从 2005 年起，其他行业的一些重量级企业也加入开源软件的开发及应用中来，进入了以大型企业为主导的阶段。阿里巴巴公司作为 Linux 内核 ext4 文件系统核心贡献者之一，不仅为 Hadoop、MySQL、OpenJDK 等多个开源项目贡献大量代码，而且采用开源软件构建了全球第一大电商平台，开源了 100 余个自主开发的软件，如服务框架 Dubbo、分布式文件系统 FastDFS、开源项目托管平台 TaoCode 等。另外腾讯公司和 CSDN 共同宣布，由腾讯公益慈善基金会出资成立 CSDN 腾讯开源公益社区，逐步将腾讯开源项目通过该社区发布出去，目前腾讯内部开发者社区已初成规模，积累项目达 500 余个，开放源代码项目 200 余个。还有 OSCHINA 公司也逐步建立了开源软件库、项目托管、代码分享、翻译等平台化社区工具，吸引了超过 10 万个社区项目。

中国对国际开源社区贡献逐年增多，其中华人对 Linux 内核贡献在最新 4.2 版中位列国籍排行榜的第一位，在 OpenStack、Hadoop、MySQL 等项目社区中也越来越活跃。值得一提的是，华为公司已经成为国内参与开源软件项目的佼佼者。近年来，华为公司设立了专门的开源软件中心，积极支持参与外部社区，成为 Apache 基金会、Linux 基金会，Linaro、OpenStack 等开源社区的主要成员。

4. 开源资源

GitHub 是一个面向开源及私有软件项目的托管平台，2008 年 4 月 10 日正式上线，除了 Git 代码仓库托管及基本的 Web 管理界面以外，还提供了订阅、讨论组、文本渲染、在线文件编辑器、协作图谱（报表）、代码片段分享（Gist）等功能。目前，其注册用户已经超过 7 300 万，托管项目也非常多，其中不乏知名开源项目 Ruby on Rails、jQuery、Python 等。在 GitHub，用户可以十分轻易地找到海量的开源代码。

开源中国成立于 2008 年 8 月，是目前国内最大的开源技术社区，拥有超过 200 万会员，形成了由开源软件库、代码分享、资讯、协作翻译、码云、众包、招聘等几大模块内容，为 IT 开发者提供了一个发现、使用、交流开源技术的平台。2013 年，开源中国建立大型综合性的云开发平台——码云，为中国广大开发者提供团队协作、源码托管、代码质量分析、代码评审、测试、代码演示平台等功能。

近些年兴起的软件知识分享社区如 Stack Overflow，记录了大量的软件问答和软件评价等数据，截至 2022 年 5 月，Stack Overflow 的问答数量超过 2 260 万。国内最大的知识问答平台——知乎，据其官方宣布，截至 2018 年 11 月底，知乎用户数超过了 2.2 亿人，其收集的问题总数量超过了 3 000 万，回答数更是超过了 1.3 亿。

开源是创新、开放、自由、共享、协同、绿色，开源代表的共享经济，已经成为软件开发中主要的创新源泉和社会协作的主要模式。开源软件是人类历史上一次利用互联网实现群体参与、分布协作，进行软件创作活动的重大实践，在开发模式上展现出无偿贡献、用户创新、充分共享、自由协同、持续演化的新特征。如今开源经济、开放标准和开放程序等领域都呈现出欣欣向荣的发展态势，开源软件已经广泛深入并渗透到了当前社会生活和工作的各个领域，已经成为推动深度信息技术发展的基础。

习题 6

1. 阅读下列程序代码，写出运行结果。

(1) 阅读下面的程序，问当输入[1,2,3]时，输出什么？

```
ls=eval(input(''))
lt=[]
for  k in range(len(ls)):
    mul = 1
    for i in range(len(ls)):
        if  k==i:
            continue
        mul*=ls[i]
    lt.append(mul)
print(lt)
```

(2) 阅读下面的程序，问当输入[1,2,3,3]时，输出什么？而当输入[1,2,3]时，输出什么？

```
s=eval(input(''))
if len(s)!=len(set(s)):
    print('True')
else:
    print('False')
```

(3) 阅读下面的程序，问分行输入字符“1”“+”“2”时，程序运行结果是什么？

```
x=int(input(''))
o=input('')
y=int(input(''))
d={'+':x+y,
   '-':x-y,
   '*':x*y,
   '/':x/y}
result=d.get(o)
print('{:.2f}'.format(result))
```

(4) 阅读下面的程序,问当输入"1,2"时的结果。

```
class Calculator(object):
    def __init__(self):
        self.numa=self.numb=None
    def add(self):return self.numa + self.numb
    def sub(self):return self.numa-self.numb
    def mul(self):return self.numa*self.numb
    def div(self):return self.numa/self.numb

c=Calculator()
c.numa,c.numb=eval(input("输入两个运算对象"))
print(c.add(),c.sub(),c.mul(),c.div())
```

2. 编写程序。

(1) 使用字典记录学生的姓名及对应的身高,然后输入任意学生姓名,查找并显示所有高于此身高值的学生信息。

(2) 重复元素判断。编写一个函数,接受列表作为参数,如果列表中存在重复元素则返回 True,否则返回 False。同时编写调用这个函数的程序。

第三篇　信息表示与数据组织

计算机问题求解的重要基础是了解现实世界中的各种问题如何在计算机中表示，这又涉及不同类型对象的表示，以及对象之间的复杂关系的表示。客观世界中的对象是多种多样的，对象之间的关系也是复杂、多样的，而计算机的表示方式归根到底就是0和1的序列。因此，需要分门别类地设计不同对象在计算机中的编码表示方法，需要将客观世界中复杂的关系进行抽象，研究不同抽象类型的数据组织方式，即本篇的主题"信息表示与数据组织"，其核心是不同对象的信息编码，以及反映对象间关系的数据结构。随着计算机和网络技术在各行各业的广泛应用，数字化已经成为重要的发展趋势，数据也就成为现代社会很重要的生产要素，甚至成为一种资产。大数据技术和区块链技术也在此背景下应运而生。

本篇围绕信息表示、数据组织、大数据与区块链技术展开，包括以下三章内容。

第7章介绍计算机中数的表示、英文字符的表示、中文汉字的表示，以及信息传输过程中的信息校验方法和信息加密方法。

第8章讲解数据结构基础，介绍常用的抽象数据结构类型，并以堆栈和队列为例，介绍抽象数据结构的实现和应用。

第9章讲解大数据技术及区块链技术与应用。介绍大数据的基本内涵、主要大数据技术，以及数据挖掘典型技术。区块链是一种去中心化的分布式账本技术，源于比特币的记账技术，本质是一种数据组织与管理技术。本章介绍比特币背后的记账原理，以及区块链中的核心技术和典型应用。

第 7 章

信息编码、校验与加密

计算机最重要的功能是处理信息，如数值、文字、符号、语音和图像等。计算机内部各种信息都必须采用数字化编码(0,1)的形式传送、存储、加工。编码就是用少量简单的基本符号(0,1)，选用一定的组合规则，表示出大量复杂多样的信息。计算机对各种形式的信息都只用一种表达方法——0 和 1 编码。

信息在传输过程中，会受到各种干扰，如脉冲干扰、随机噪声干扰和人为干扰等。干扰使信息产生差错。为了能够控制传输过程中的差错，通信系统必须采用有效措施来发现和控制差错的产生，这就诞生了信息校验方法。常用的校验方法有奇偶校验、循环冗余校验、校验和等。

校验用于发现信息是否有差错，但不解决信息泄密的问题。信息加密是计算机系统对信息进行保护的一种办法，它通过加密算法将明文转变为密文，再通过解密算法将密文恢复为明文，实现信息隐蔽，从而起到保护信息安全的作用。

7.1 引言：不开口算你姓

两个同学玩游戏，甲同学拿出 6 张写有姓氏的卡片，如图 7-1 所示，让乙同学指出哪几张卡片上出现了他的姓。乙同学指了指 4,2,0 三张卡片，确认只有这三张再无其他了，然后甲同学快速报出乙同学的姓氏是“何”。

乙同学很好奇，但他稍加琢磨，一下子识破了这个局。6 张卡片按位置编号，把第 4,2,0 位置的值设为 1，其余位置为 0，得到编码：010101，把这个编码看作一串二进制数，转换为十进制就是 21，百家姓中第 21 位不就是“何”这个字吗！

乙同学觉得这个游戏不错，也动手自己制作起卡片来了，他根据百家姓前 63 个姓氏从 1 开始编号，并把编号转换为二进制编码，得到姓氏对照表，如表 7-1 所示。

(5)	(4)	(3)
姜戚谢邹喻柏水 窦章云苏潘葛奚 范彭郎鲁韦昌马 苗凤花方俞任袁 柳酆鲍史	杨朱秦尤许何吕 施张孔曹严华金 魏陶郎鲁韦昌马 苗凤花方俞任袁 柳酆鲍史	王冯陈褚卫将沈 韩张孔曹严华金 魏陶章云苏潘葛 奚范彭方俞任袁 柳酆鲍史

(2)	(1)	(0)
李周吴郑卫将沈 韩许何吕施华金 魏陶喻柏水窦葛 奚范彭马苗凤花 柳酆鲍史	钱孙吴郑陈褚沈 韩秦尤吕施曹严 魏陶谢邹水窦苏 潘范彭韦昌凤花 住袁鲍史	赵孙周郑冯褚将 韩朱尤何施孔严 金陶戚邹柏窦云 潘奚彭鲁昌苗花 俞袁酆史

图 7-1　猜字卡片

表 7-1　百　家　姓

(1) 赵 000001	(2) 钱 000010	(3) 孙 000011	(4) 李 000100
(5) 周 000101	(6) 吴 000110	(7) 郑 000111	(8) 王 001000
(9) 冯 001001	(10) 陈 001010	(11) 褚 001011	(12) 卫 001100
(13) 将 001101	(14) 沈 001110	(15) 韩 001111	(16) 杨 010000
(17) 朱 010001	(18) 秦 010010	(19) 尤 010011	(20) 许 010100
(21) 何 010101	(22) 吕 010110	(23) 施 010111	(24) 张 011000
……			
(61) 酆 111101	(62) 鲍 111110	(63) 史 111111	

然后准备 6 张空白的卡片，写上编号 5,4,3,2,1,0，一字儿排开，把每个姓氏的 6 位二进制编码按序对应每张卡片，只要该位编码为 1 就在对应卡片上写上这个姓氏，否则就不写。例如，第一个姓氏“赵”的编码是 000001，就只在 0 号卡片上写上“赵”，其余卡片都不写；若是姓氏“俞”，百家姓中排第 57 号，对应的二进制码是：111001，那么就只在第 5,4,3,0 号卡片上写上“俞”。即只要姓氏的二进制编码哪一位是 1，就把这个姓写到对应编号的卡片中。

这里涉及编码含义的切换：猜姓的时候，用 1,0 表示有否出现姓氏，一旦构成字符串后，立马把它理解成一个二进制数，此时的 1,0 代表值的大小，转换为十进制数后对应了百家姓的序位。反过来，自己动手制作卡片的过程也同样在切换 1,0 的概念。

此游戏的关键是十进制数与二进制数互相转换的问题。

【十进制转二进制】

十进制整数转换为二进制，采用“除以 2 取余”法，直到商为 0，所取余数从下往上排列，即最后得到的余数排在最前面。

【例 7–1】将$(36)_{10}$转换为二进制数。

		余数	低
2	36		↑
2	18	0	
2	9	0	
2	4	1	
2	2	0	
2	1	0	
	0	1	高

转换结果为:100100,即$(36)_{10}=(100100)_2$

十进制小数转换为二进制,采用“乘以 2 取整”法,直到小数部分为 0 或达到所求精度为止。所取整数从上往下排列,即最先取得的整数排在最前面。

【例 7–2】将$(0.345)_{10}$转换为二进制数,精度保留为小数点后 5 位。

	整数	高
0.345		↓
× 2		
0.69	0	
× 2		
1.38	1	
× 2		
0.76	0	
× 2		
1.52	1	
× 2		
1.04	1	低

转换结果为:0.01011,即$(0.345)_{10} \approx (0.01011)_2$

此例子中的转换可以一直计算下去,无法达到小数部分为 0 的状态。说明十进制小数有时无法精确地转换为二进制。

【二进制转十进制】

设二进制数$N=a_{n-1}a_{n-2}\cdots a_0.a_{-1}a_{-2}\cdots a_{-m}$,即有 n 位整数,m 位小数。转换时按位权展开,二进制中每一位的权是2^i(i 的取值从 $n-1$ 到 $-m$),个位的权是2^0,写成通式是:

$$N=a_{n-1}\times 2^{n-1}+a_{n-2}\times 2^{n-2}+\cdots+a_0\times 2^0+a_{-1}\times 2^{-1}+\cdots+a_{-m}\times 2^{-m}$$

【例 7–3】将$(110.101)_2$转化为十进制数。

$$(110.101)_2=1\times 2^2+1\times 2^1+0\times 2^0+1\times 2^{-1}+0\times 2^{-2}+1\times 2^{-3}=6.625$$

学会了进制的转换,就能更流畅地玩这个猜姓游戏了。我们把这个游戏所表达的问题抽象出来展开讨论。

(1) 问题抽象

已知:n 个对象 $o_1,o_2,o_3,\cdots,o_n$,分成 m 组:$x_1,x_2,x_3,\cdots,x_m$,对象可重复分组,若某个对象 o

所属的组为(x_i,x_j,x_k),要求:判别对象 o 是什么? 如何分组才能实现对象的唯一性判别?

(2) 问题分析

对象 o 与组 x_i 的关系:判断对象是否存在于该组,用 0 和 1 区分,这个关系构成了该对象的唯一识别号:0,1 序列。例如:对象"何"在组 x_4、x_2、x_0 中出现,对应的识别序列编码是 010101,这个序列唯一地对应"何"。这里的编码长度为 6,涉及分组数量的问题。

(3) 问题引申 1:计算分组数量

假设只有 2 组,那么能产生的识别号为 4 个(00,01,10,11)。若是 3 组,就是 8(2^3) 个。如果有 m 组,最多能产生的识别号是 2^m 个。6 张卡对应的可识别的姓氏是 2^6,即 64 个,游戏中有一个识别号没有用到,即 000000。反过来,若已知对象个数 n(比如 63),至少要多少组? 道理一样,是 6 组。游戏中只涉及了百家姓的前 63 个,其实,中国姓氏数量众多,历史源远流长,中国人见于文献的姓氏有 5 662 个,宋代《百家姓》收入 506 个姓氏,若需要识别 506 个姓氏,那么需要 9 张卡片,因为 2^9=512。

(4) 问题引申 2:编码与解码

猜编码的过程,就是解码,即编码的逆过程。要在有限、确定的步骤内实现解码,而且编码和解码都要唯一地对应一个实体。就本游戏而言,编码和解码就是二进制和十进制转换的问题,口算都可以做到,但若对应复杂的数据加密解密,计算过程可能要以天或年来计算。另外,要保证编码的唯一性,且用最短的编码长度实现编码的唯一性,这有很重要的现实意义,比如可以考虑用不等长编码。

(5) 问题引申 3:不等长编码的设计

日常生活中不等长编码很常见,比如电话号码有 3 位、5 位、8 位等长度,如:110,12122,95511,88281234 等。对字母 A,B,C,D,…可以这样编码:A:1,B:10,C:11,D:101,…。不等长编码可以提高编码的效率,设计的原则通常把常用电话、常用的字母用短编码,不常用的用长编码。

【思考】游戏中为什么是二进制,三进制行不行? 游戏中若用三进制编码就要考虑用三种不同的状态来表达信息,比如 0、1、2,那么需要多少张卡片? 怎么编码? 不妨动手试试。

我们用分组方法继续分析下面这个问题。

【例 7-4】有 1 000 瓶水,其中有一瓶有毒,小白鼠只要尝一点带毒的水就会在第 24 小时死亡,问至少需要多少只小白鼠用于检测,才能在第 24 小时鉴别出哪瓶水有毒?

初看这个问题好像有点难办,但是若把卡片比作小白鼠,1 000 个姓氏比作 1 000 瓶水,这个问题就是需要多少张卡片才能玩 1 000 个姓氏的猜姓游戏!

为了更清楚地表达含义,制作对象和分组的表格,如表 7-2 所示:1 000 瓶水,从 1 编号到 1 000,转变为二进制数需要 10 位,因此需要 10 只小白鼠。小白鼠依次排好队对应于不同的二进制位序,凡是该瓶水的二进制编码位为 1,则所对应的那只小白鼠就尝一点这瓶水,如水 3 的编码是 0000000011,那么鼠 2 和鼠 1 都尝一点这瓶水。到第 24 小时,数一数死去的小白鼠,若是鼠 1 和鼠 2 死去,就是第 3 瓶水有毒,若只有鼠 1 死去,那就是第 1 瓶水有毒。

表 7-2 小白鼠尝毒问题

对象＼组	鼠 10	鼠 9	鼠 8	鼠 7	鼠 6	鼠 5	鼠 4	鼠 3	鼠 2	鼠 1
水 1	0	0	0	0	0	0	0	0	0	1
水 2	0	0	0	0	0	0	0	0	1	0
水 3	0	0	0	0	0	0	0	0	1	1
水 4	0	0	0	0	0	0	0	1	0	0
水 5	0	0	0	0	0	0	0	1	0	1
…										
水 1 000	1	1	1	1	1	0	1	0	0	0

上述问题中,水的编码用 0,1 二进制串,小白鼠尝与不尝用 0,1 区分,最后小白鼠是否死掉也用 0,1 区别,0,1 概念的不断切换是这个问题的关键。

日常生活中编码无处不在,如身份证号码、手机号码、邮编、车牌号、学号等,编码中包含了丰富的含义,如身份证号码中包含了户籍所在地、出生日期、性别,甚至还能检验该身份证号码是否有效。让我们进一步讨论信息编码的问题。

7.2 编码、校验与加密

7.2.1 数的表示

我们要处理的数据各种各样,如 123,-123,12.345,0.000000000123,1230000000。这些数中有正、负数,有很小的数,小到需精确到小数点后第 15 位,也有很大的数,几十亿甚至更大。计算机中如何表达这些形形色色的数?

形形色色的数有两个关键点:符号的问题,要能合理表达正负号;小数点的问题,要像数学中的科学记数法一样,让小数点可以浮动,以便表达范围很大的数或精度很高的数。

在讨论数的表达前,先遵循如下几个先决条件:

(1) 在任何情况下,计算机仅使用二进制,即只能使用 0 和 1 两个数字。

(2) 在计算机中 0 不分正负,只能是一个 0。

(3) 在计算机中采用定长数的表达,参加运算的数及结果只能在预设的定长范围内,长度以字节为单位,1 个字节(byte)为 8 位(bit)二进制。

(4) 若数据超出预设字节长度,自动把超过的数位溢出(overflow)丢弃。

在上述约束条件下开始我们的探索。

1. 带符号数

表达数的正负号,首先想到把符号“数字化”,例如用 0 表示正号(+),用 1 表示负号

(–)。以 1 个字节(8 位字长)为例,设最高位为符号位,低 7 位就是数的真值,那么,+15 在计算机中可表示为 00001111,–15 表示为 10001111。这就是原码表示法。

(1) 原码

$$[X]_{原}=\begin{cases}0X & 当 X \geqslant 0\\ 1X & 当 X \leqslant 0\end{cases}$$

举例	举例
+15 :00001111	+0 :00000000
–15 :10001111	–0 :10000000

原码表示法简单易懂,与真值间的转换较为方便,它的缺点是进行加减运算时较麻烦,例如,计算[+15]+[–15]时如果直接进行位运算:

$$\begin{array}{lcr} [+15]_{原} & & 00001111\\ [-15]_{原} & + & 10001111\\ \hline & & 10011110\end{array}$$

运算结果 10011110,转换过来就是 –30,显然把符号位直接参与运算结果是错误的。若把符号位单独考虑则增加计算机实现的难度。而且原码表示法中,出现了 00000000 和 10000000 分别表示 +0 和 –0,即 0 的表示不唯一。

原码的缺陷使我们继续寻找更好的编码方式:反码。

(2) 反码

$$[X]_{反}=\begin{cases}0X & 当 X \geqslant 0\\ 1|\overline{X}| & 当 X \leqslant 0\end{cases}$$

举例	举例
+15=00001111	+0=00000000
–15=11110000	–0=11111111

反码表示方法:正数的反码表示方法与原码相同,负数的反码是把其原码除符号位以外的各位取反(即 0 变 1,1 变 0)。

但是反码也不便于运算,同样存在不能把符号位直接参与运算以及 0 的表示不唯一的问题。进一步观察发现,若把反码的 +15 和 –15 相加,就是 11111111,若是末位再加 1,那就是 00000000,因为超过的数位自动溢出丢弃。因此,有了下面的补码。

(3) 补码

$$[X]_{补}=\begin{cases}0X & 当 X \geqslant 0\\ 1|\overline{X}|+1 & 当 X \leqslant 0\end{cases}$$

举例	举例
+15=00001111	+0=00000000
–15=11110001	–0=00000000

补码表示方法:正数的表示方法与原码相同,负数是在其反码的基础上末位加 1。

先看如下例子:计算 15–15。用补码表示法就是$[15]_{补}+[-15]_{补}$。

$$\begin{array}{lcr} [15]_{补} & & 00001111\\ [-15]_{补} & + & 11110001\\ \hline & & 100000000\end{array}$$

把最高位上的进位 1 丢掉,保留低 8 位,结果就是 0000000,正好是 0,也就是 15–15=0。而且,补码表示法中数 0 的表示唯一,只有 00000000。

补码为什么这么神奇?

日常生活中,我们有这样的经验:如果现在是 12 点钟,那么时针往回拨 2 格和往前拨 10 格道理是一样的,都是 10 点钟。100 以内的数字,减去 1 和加上 99 效果也是相同的,比如 27−1=26,27+ 99 =(1) 26。即 −1 对应了 +99,计算方法是用 100 减去 −1 的绝对值。

这些都体现了"模"与"补数"的概念。模是指一个计量系统的计数范围。如时钟的计量范围是 0 到 11,模就是 12。模实质上是计量器产生"溢出"的量,它的值在计量器上表示不出来,计量器只能表示出模的余数。任何有模的计量器,均可化减法为加法运算。

对于计算机中数的表示,其概念和方法完全一样。设 8 位字长的计算机,其所能表示的最大数是 11111111(即十进制数 255),若再加 1 则为 10000000(9 位),但因计算机只有 8 位,最高位 1 自然丢失,又变为 00000000,所以 8 位二进制系统的计数范围是 0 到 255,模为 2^8(256)。这样,−5 的补数就是:256−5=251,即减去 5 等价于加上 251,如 6+251=(256)+1,256 溢出,剩下 1,而 6−5=1,显然加上 251 和减去 5 结果是一样的。我们看看写成二进制形式后有什么特点。

把 251 写成二进制形式是 11111011。−5 的原码是 10000101,反码是 11111010,在末位加 1 后是补码 1111 1011,而 1111 1011 不就是 251 的二进制形式嘛!显然把 251 和 −5 写成二进制其编码完全一致。所以对于计算机来说,减去 5 就是加上 251,251 的编码就是 −5 的补码,−5 的补码是在原码基础上除符号位外,各位取反,末位加 1。对计算机来说取反就是状态切换,加 1 也是简单的运算,都非常容易实现。

【思考】设字长为一个字节,用补码表达的数值范围是多少?(注意:最高位表示符号)

−128 −127 …… −3 −2 −1 0 1 2 3 …… 126 127

−128	−127	−1	0	1	127	127+1=−128
1000 0000	1000 0001	1111 1111	0000 0000	0000 0001	0111 1111	1000 000

图 7−2 一个字节可以表示的数值范围

图 7−2 可以看出,数值范围是 −128 到 +127。用二进制表示就是 1000 0000 到 0111 1111。127+1=−128,1000 0000 是 −128。

引入补码意义非同寻常,可以把减法运算变成加法运算,乘法可以用加法来完成,除法可以转变为减法。CPU 只要有一个加法器就可以做各种算术运算了,这对简化 CPU 的设计非常有意义。

解决了数字符号的问题,也就解决了减法的问题。接下来讨论小数点的问题,我们希望能像数学中的科学记数法一样处理浮点数。

2. 浮点数

在科学计算中,为了能表示特别大或特别小的数,常采用"浮点数"。例如:十进制数 −7285.5678 可表示为:

$-7.2855678 \times 10^{+3}$、$-7285.5678 \times 10^{0}$、$-0.728\,556\,78 \times 10^{+4}$、$-768556.78 \times 10^{-2}$

等多种形式。也就是小数点的位置是浮动的，即“浮点”的含义。

对任何一个十进制数 N，都可以表示成 $N=t \times 10^{e}$，$1 \leqslant |t|<10$，这就类似我们所熟悉的“科学记数法”。其中，t 称为尾数，e 称为阶码。阶码的大小和正负决定了小数点的位置，即小数点的位置随阶码的变化而浮动，尾数的大小和正负决定了该数的有效数字和数的正负。

为了便于计算机中小数点的表示，规定将浮点数写成规格化的形式，即尾数的绝对值大于等于 0.1 并且小于 1，从而唯一地确定小数点的位置。用二进制表达规格化形式是：

$$N= \pm d \times 2^{\pm p}$$

其中，尾数 d 为定点纯小数，前面的 ± 表示数符，阶码 p 是定点整数，前面的 ± 表示阶符，底数 2 是事先约定的，在机器数中不出现。

如二进制数：0.00010101 写成规格化的形式是：$+0.10101 \times 2^{-11}$。(注意：阶码的值 11 是二进制数) 其中，尾数 +0.10101 用定点小数表示，阶码 −11 用定点整数表示。所谓定点，就是位置固定死了，可以不用显式地表达出来。

(1) 定点整数

定点整数约定小数点的位置在机器数的最右边，所表达的数为纯粹整数。如下图所示。

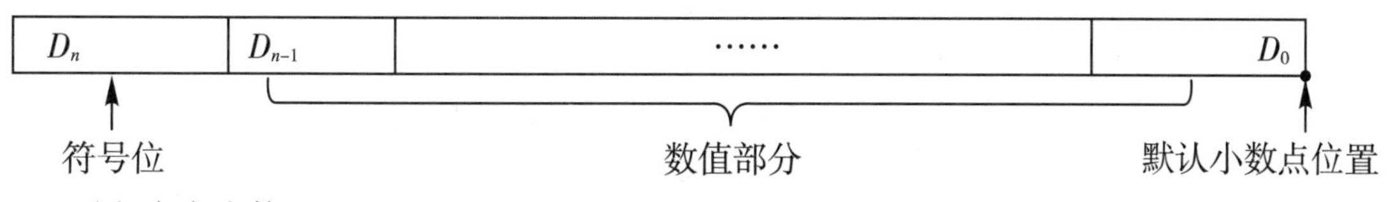

(2) 定点小数

定点小数约定小数点位置在符号位和数值的最高位之间，所表达的数其绝对值小于 1 且大于等于 0.1。如下图所示。

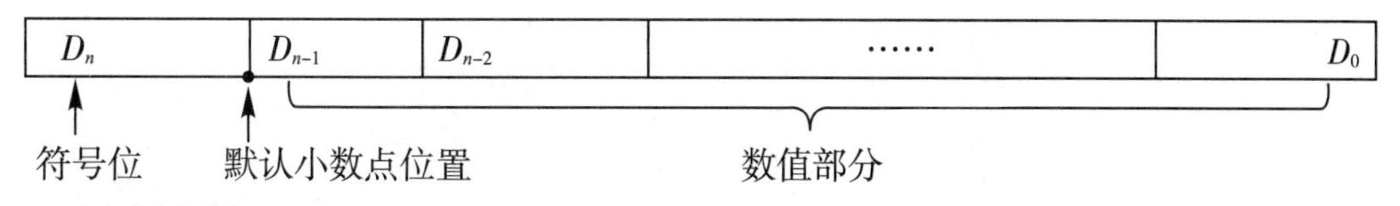

(3) 浮点数

有了定点整数和定点小数，浮点数的表达就有办法了。如 $+0.65625 \times 2^{-21}$ 写成二进制规格化的形式：$+0.10101 \times 2^{-10101}$，若用 4 字节 (32 bit) 表达，设分配阶码 7 bit，尾数 23 bit，则如表 7–3 所示：

表 7–3 浮点数表示

数的符号	阶码的符号	阶码值	尾数
1 bit	1 bit	7 bit	23 bit
0	1	0010101	10101000000000000000000

定点整数和定点纯小数的结合完美解决了浮点数的问题。阶码的存储位数越多则可表达数的范围越大,尾数的存储位数越多则可表达数的精度越高。若以 8 字节甚至更多字节存放一个浮点数,则可以表示更大的数和精度更高的数。

7.2.2 ASCII 码:英文语系中的编码方案

计算机除了处理数字,还要大量地处理字符,例如英文语系中常用字符有 128 个,包括英文字母大小写各 26 个、数字字符 0 到 9、标点符、运算符、控制字符等。这 128 个字符用几位二进制编码呢? 答案是 7 位,因为 $2^7=128$。表 7–4 就是国际上广泛采用的美国信息交换标准代码(American standard code for information interchange),简称 ASCII。

表 7–4 ASCII 表

$b_6b_5b_4$ / $b_3b_2b_1b_0$	000	001	010	011	100	101	110	111
0000	NUL	DLE	SP	0	@	P	.	p
0001	SOH	DC1	!	1	A	Q	a	q
0010	STX	DC2	"	2	B	R	b	r
0011	ETX	DC3	#	3	C	S	c	s
0100	EOT	DC4	S	4	D	T	d	t
0101	ENQ	NAK	%	5	E	U	e	u
0110	ACK	SYN	&	6	F	V	f	v
0111	BEL	ETB	.	7	G	W	g	w
1000	BS	CAN	(	8	H	X	h	x
1001	HT	EM	)	9	I	Y	i	y
1010	LF	SUB	*	:	J	Z	j	z
1011	VT	ESC	+	;	K	[	k	{
1100	FF	FS	,	<	L	]	l	|
1101	CR	GS	–	=	M	\	m	}
1110	SO	RS	.	>	N	~	n	~
1111	SI	US	/	?	O	–	o	DEL

上述 ASCII 表中,高 3 位和低 4 位用列和行写成表格的形式,编码从 b_6 至 b_0 依次读,如"A"的编码是 100 0001,"a"的编码是 110 0001,转化为十进制数分别是 65,97。

ASCII 的编码有一定的规律,0 至 31 号和 127 号编码共 33 个字符为非图形字符,即控制字符,第 32 号是空格符,余下 94 个字符为可显示的图形字符,又称为普通字符。这些字符中,从 0~9,A~Z,a~z 都是顺序排列的,小写字母比相应的大写字母码值大 32。常用字符的 ASCII 值如下:

CR:13(回车)　　数字字符 0~9 的编码:48~57
LF:10(换行)　　大写英文字母 A~Z 的编码:65~90
ESC:27(换码)　　小写英文字母 a~z 的编码:97~122

由于计算机内部存储和操作常以字节为单位,即 8 个二进制位为一字节,因此普遍将 ASCII 放到字节的低 7 位,最高位补零。

7.2.3 中文字符编码——复杂的编码体系

英文是拼音文字,所有字符都安放在键盘上,采用不超过 128 个字符的字符集就满足了英文处理的需要。在计算机系统中,英文字符的存储、处理和传输都使用 ASCII 码。但是汉字是象形文字,常用汉字就有 3 000~6 000 个,而《康熙字典》中的汉字超过 4.7 万个。汉字编码注定要比英文编码复杂得多。

1. 中文字符编码

由于在汉字处理过程中,汉字的输入、存储、处理、输出对编码的要求不尽相同,因此需要有一系列的汉字编码及转换,汉字信息处理中各编码及流程如图 7–3 所示。

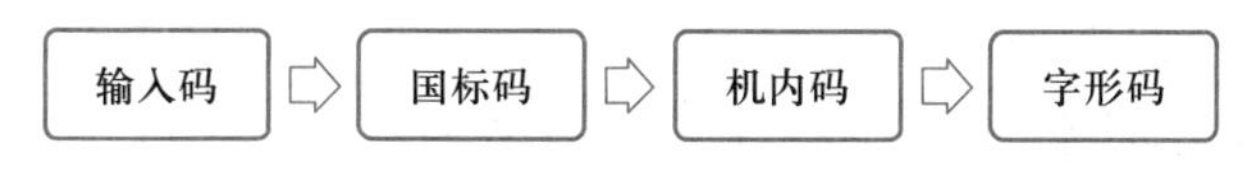

图 7–3　汉字系统的编码及转换过程

以汉字 “祝” 为例:

(1) 输入码

假设用拼音输入法,输入码为 zhu,选中该字后转为机内码存入内存中。机内码来自国标码,所以先看国标码的来历。

(2) 国标码

国标码来自我国发布的第一个中文信息处理国家标准 GB/T 2312—1980,名称是《信息交换用汉字编码字符集　基本集》。国标码以 94 行、94 列为编码方阵,共计 8 836 个编码位,其中一级汉字 3 755 个,按汉语拼音排列,二级汉字 3 008 个,按偏旁部首排列。方阵中每一行称为一个 “区”,每个区有 94 个 “位”。一个汉字在方阵中的坐标,称为该字的 “区位码”。例如汉字 “祝” 在方阵中处于第 55 区第 03 位,它的区位码就是 5 503。如图 7–4 所示。

ASCII 中有 94 个可显示字符,编码从 33 到 126,但编号 0~32 是英文控制字符。在汉字处理过程中,还需要使用这些控制字符,为避免与英文控制字符相冲突,所以,国标码从 33 开始编码,即在汉字区位码的区号和位号基础上各加 32,形成交换码。例如,把汉字 “祝” 的区号、位号各加 32,55+32=87,03+32=35,然后把十进制数 87 和 35 分别转换为二进制 01010111 00100011,写成十六进制就是 57H 和 23H(在数字后面加字母 H 表示 16 进制数),合起来 5723H 就是汉字 “祝” 的国标码,也就是交换码。

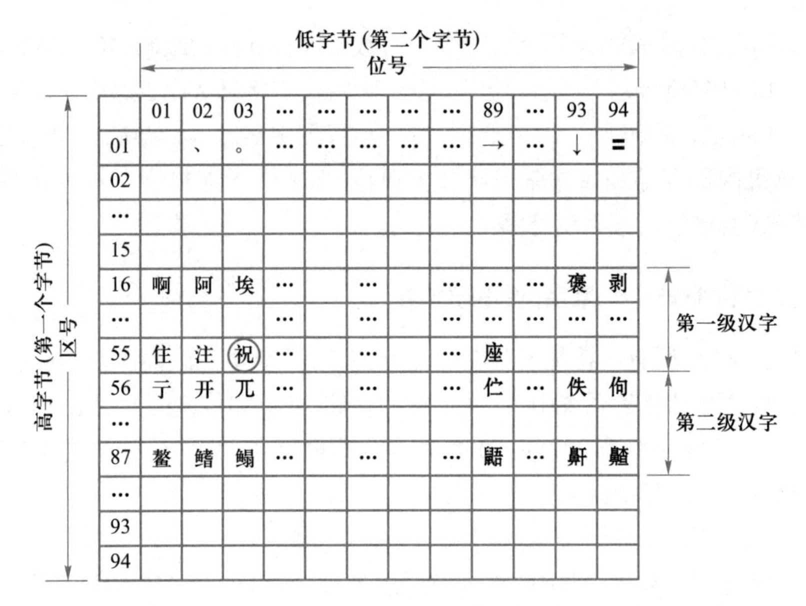

图 7–4 GB2312 标准的区位图

【十六进制与二进制】

十六进制用 16 个计数符号:0~9,A,B,C,D,E,F。逢十六进一,位权是 16^i。所以,F+1=10H,而 23H=$2\times16^1+3\times16^0$=35D(D 代表十进制数)。

二进制数与十六进制数的转换方法:每 4 位二进制数对应 1 位十六进制数。如表 7–5 所示。

表 7–5 二、十六进制的转换

十六进制	二进制	十六进制	二进制
0	0000	8	1000
1	0001	9	1001
2	0010	A	1010
3	0011	B	1011
4	0100	C	1100
5	0101	D	1101
6	0110	E	1110
7	0111	F	1111

数 A 代表十进制数 10,对应二进制串 1010(位权依次为 8,4,2,1)。根据对应关系,二进制数转换成十六进制数时,从个位出发向左分组,每 4 位为一组,最后一组不足 4 位在数前面补 0,分组转换得到整数部分。

【例 7–5】把二进制数 1010111 00100011 转换为十六进制数。

从右向左分组,每组用一位十六进制数表示。

$(1010111\ 00100011)_2$=<u>0101</u> <u>0111</u> <u>0010</u> <u>0011</u>=$(5723)_{16}$

【例 7-6】把十六进制 5723 转换为二进制。

每一位十六进制数用 4 位二进制数表示。

$(5723)_{16}$=<u>0101</u> <u>0111</u> <u>0010</u> <u>0011</u> =$(101011100100011)_2$

清楚了二进制和十六进制，再分析八进制也是一样道理。这样计算机中数制转换问题就解决了。

【思考】为了阅读和书写的方便，计算机还引入了八进制，参照十六进制的方法，尝试八进制和二进制的转换。

(3) 机内码

有了国标码就可以得到机内码。由于基本 ASCII 每个字节的最高位为 0，为了在计算机内部区分该编码是汉字还是 ASCII，将国标码两个字节的最高位由 0 变为 1，实现方法是加上二进制数 10000000 10000000，如：

01010111 00100011 + 10000000 10000000 = 11010111 10100011

用十六进制表达就是加上 8080H：5723H+8080H=D7A3H

因此，汉字"祝"的机内码为 D7A3H。机内码也称内码，顾名思义，是计算机内部存储，加工和传输汉字时所用的编码。从区位码到机内码的转换过程总结如表 7-6 所示。

表 7-6　汉字编码的转换

汉字	区位码	国标码	机内码
祝	55 03	$(8735)_{10}=(5723)_{16}$	$(D7A3)_{16}$
说明	区号 55 位号 03	由区号，位号各加 32 得到： 55+32=87，03+32=35	两字节最高位置 1，即加 8080H， $(5723)_{16}+(8080)_{16}=(D7A3)_{16}$

(4) 汉字字形码

汉字字形码又称汉字字模，最早用点阵方法显示，它用一个一个像素点来描述汉字字形，就像现在的数码照片，只是汉字点阵是一张黑白图片。图 7-5 是汉字"何"的一种 8×8 点阵及编码。

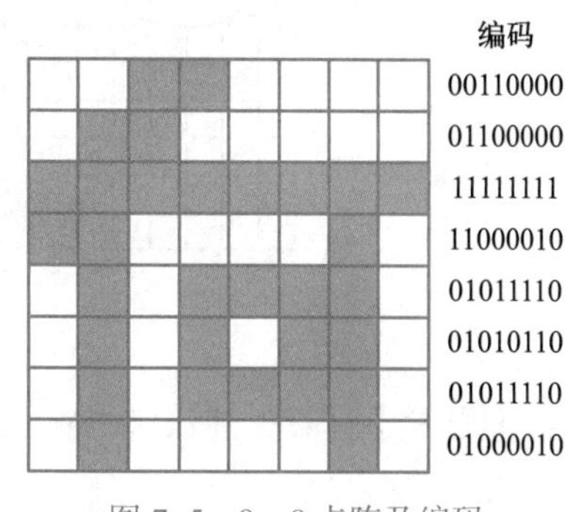

图 7-5　8×8 点阵及编码

汉字点阵编码只是简单地把有笔画经过的点用 1 表示，没有经过的点用 0 表示。当然，点阵规模越大，字形越清晰美观，但所占空间也越大。上述 8×8 汉字点阵占用 8 个字节，显示效果粗糙，有明显的锯齿。为显示美观，可以用 48×48 或者 64×64 点阵，算一下这样的点阵需要多少字节来存储？这只是存储一个汉字，若把一、二级常用汉字加起来，占用的空间就不小了。解决的方法采用编码压缩技术，把这个点阵编码压缩，以最大限度地节省空间。

2. 编码压缩

一种简单的实现方法是：每一行从左开始，先描述连续的 0 有几个，接着描述连续的 1

有几个,一直延续到本行结束,这种压缩方法叫行程编码(run length encoding,又称游程编码)。例如,第一行的点阵编码是:00110000,其压缩编码为:224,意思是2个0,2个1,4个0。由于是黑白的二值点阵图像,约定先0后1,所以直接给出数字就能明白意思。再如,第4行的点阵编码是:11000010,其压缩编码是:02411,从左到右依次为0个0,2个1,4个0,1个1,1个0。

行程编码压缩技术非常直观和经济,运算简单,压缩和解压缩也非常快,尤其适用于计算机生成的图形图像,而且这个算法属于无损压缩,即可以无损失地还原到原始状态。

压缩算法最关心的自然是压缩效率,即能压缩到多小的比例。行程编码的压缩比主要取决于点阵图像本身的特点。如果图像中具有相同颜色的色块越大,色块数目越少,获得的压缩比就越高,反之,压缩比就越小。

我们以图7-5点阵图的行程编码为例,计算压缩效率。假设每个数字用4 bit表达,那么第一行224需要4+4+4=12 bit,同理计算出后面7行所需存储空间:12,8,20,20,28,20,20,总计140 bit。而原始8×8点阵占用64 bit(8个字节)的存储空间,这么算来,就本例而言,不仅没有得到压缩,反而增加了存储空间。这是因为我们所用的8×8点阵太粗糙了,基本没有实际使用价值。假如是如图7-6所示16×16点阵的汉字“中”呢?

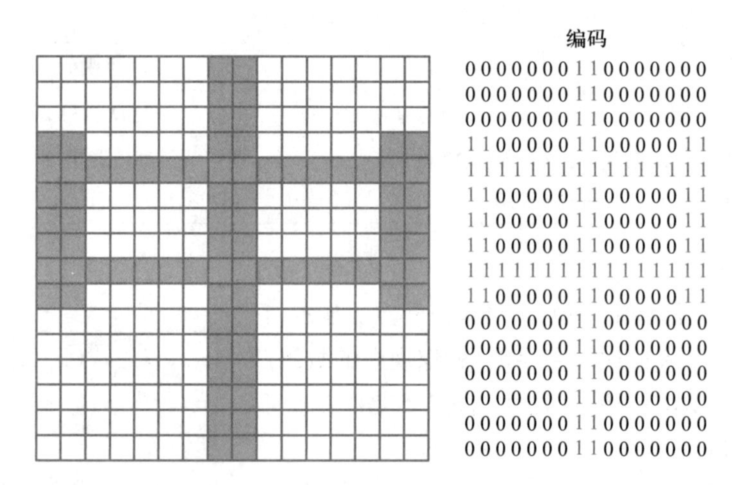

图7-6 汉字“中”的16×16点阵

【思考】计算上述汉字“中”的压缩编码以及压缩比率。

7.2.4 编码校验——识别数据真伪

通信时,由于受到信道噪声的干扰,从源端到目的端的传送过程中可能引入错误。例如汉字“何”的机内码在因特网上传输时,如何保证接收端收到的结果是准确的呢?如果收到的是“和”,如何识别数据被篡改了呢?

在信息论和计算机应用编码理论中,错误检测与校正已经成功实现了数据在不可靠通信信道上的可靠交付。编码专家发明了各种校验检错方法，并依据这些方法设置了校验码。

校验码通常是一组数字的最后一位，由前面的数字通过某种运算得出，用以检验该组数字的正确性。例如，在每一行编码的最后加一位奇偶校验位，若该行编码中 1 的个数为奇数，就把校验位置 1，否则置 0，这种方法称为偶校验。反之，若该行编码中 1 的个数为偶数，就把校验位置 1，否则置 0，称为奇校验。奇偶校验码是一种简单有效地检测单个错误的方法，使用非常广泛，因为码字中只发生单个错误的概率要比同时发生两个或多个错误的概率大得多。

假如最后再增加一行做列校验，那就成了行列校验码，又称作二维奇偶校验码或方阵码。它不仅对水平（行）方向的码元，而且对垂直（列）方向的码元实施奇偶校验，可以逐行传输，也可以逐列传输。译码时分别检查各行、各列的校验关系，判断是否有错。如图 7–7 所示。

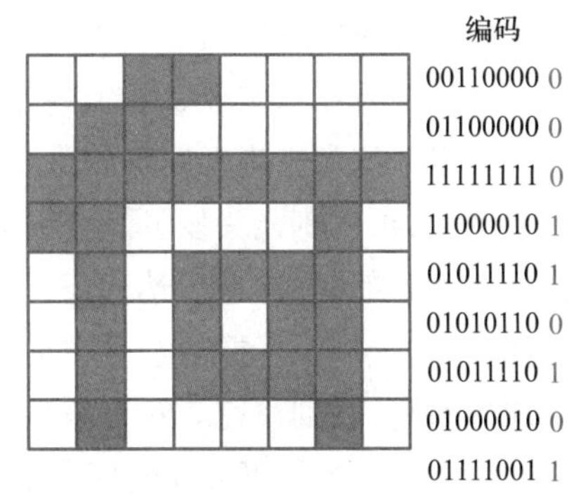

图 7–7　编码校验

行列校验码就有可能检测到同时出现偶数个错误的情况。因为每行的校验位虽然不能用于检测本行中的偶数个错码，但按列的方向就有可能检测出来。试验表明，这种编码可使误码率降至原误码率的百分之一到万分之一。二维奇偶校验码不仅可用来检错，还可用来纠错。例如，当码组中仅在一行中有奇数个错误时，就能确定错码位置，从而纠正它。

日常生活中，若细心观察，就能发现有很多地方用到了校验码，如图书的 ISBN 号。每一本书背面都印有国际统一的书码 ISBN，它的作用犹如图书的身份证号，最后一个数字用来检验前面数字是否准确。这也是辨别盗版书籍，保护知识产权的一种检验方法。

例如，这是一本书的 ISBN 号：ISBN 978-0-11-000222-8。其前面加上字母 ISBN，数字之间加上连字符，这些都有助于提高可读性，也加深读者对 ISBN 内部结构的理解，但连字符本身不构成 ISBN 号的组成部分。

ISBN 978-0-11-000222-8 包含了：前缀码（978）、组号（0）、出版者号（11）、书名号（000222）、校验码（8）。最后一位校验码是这么算的：

先将 ISBN 的前 12 个数交替乘以 1 和 3，并累加求和，然后把累加和除以 10 得到余数，最后 10 减去余数即为校验码。其中的一个例外：如果计算结果为 10，则校验码为 0。

例如，计算 ISBN 978-7-04-022605-？的校验码。

（1）$9\times1+7\times3+8\times1+7\times3+0\times1+4\times3+0\times1+2\times3+2\times1+6\times3+0\times1+5\times3=112$

（2）112%10 =2，余数 = 2

（3）10–2= 8，校验位是 8

为保证 ISBN 号的有效性，ISBN 前 12 位数字的加权乘积之和再加上校验码正好能被 10 整除。

【思考】我们身份证号码的最后一位也是校验码。此校验码的计算方法（标准）称作

ISO 7064：1983.MOD 11-2。具体的计算过程也不复杂，有兴趣的读者自己查找一下吧。

信息校验的初衷是确保数据传输的准确性，用于防范信息传输过程中因为通信信道受到噪声的干扰而引起的错误，后来也用于防范书写错误或人为的信息篡改。

在信息传输过程中还有一个更重要的问题，那就是信息安全，它关注的主要问题有：信息的私密性（privacy），信息的完整性（integrity），信息的鉴别（authentication），信息的不可抵赖性（non-Repudiation）。其中，研究如何隐秘地传递信息的领域——密码学（cryptography），就有很古老的历史。

1. 信息加密的渊源

密码技术源远流长，大约公元前 440 年，在古希腊战争中为了安全传送军事情报，出现了隐写术。奴隶主剃光奴隶的头发，将情报写在奴隶的光头上，待头发长长后将奴隶送到另一个部落，再次剃光头发，原有的信息复现出来，从而实现这两个部落之间的秘密通信。到公元 400 年的时候，斯巴达人发明了“塞塔式密码”，他们把长条纸螺旋形地斜绕在一个多棱棒上，将文字沿着棒的水平方向从左到右书写，写一个字旋转一下，写完一行再另起一行从左到右写，直到写完。解下来后，纸条上的文字消息杂乱无章、无法理解，这就是密文，但将他绕在另一个同等尺寸的棒子上后，就能看到原始的消息，这是最早的密码技术。

我国古代也有以藏头诗、藏尾诗、漏格诗等形式，将要表达的意思或密语隐藏在诗文或画卷中特定位置，一般人只注意诗或画的表面意境，而不会注意或很难发现隐藏其中的“话外之音”。

到公元前一世纪的时候，古罗马皇帝凯撒使用有序的单表代替密码，随后又出现了多表代替密码及转轮密码。这些加密方法基本采用了文字置换的手段，加密方法复杂，使用手工或机械变换的方式实现，其加密思想已经体现出近代密码系统的雏形。

到 20 世纪 70 年代，现代数学方法的进步和计算机科学的蓬勃发展，为加密技术提供了新的概念和工具，另一方面也给破译密码提供了有力的武器，在加密和解密技术不断对抗的过程中，推动密码技术的进步。

随着人类跨入信息时代，信息成为最有价值的资源，商业和个人隐私保护越来越被重视。不仅如此，信息安全还是维护社会稳定、保持国家竞争力乃至获取战争胜利最有力的武器，因此，针对信息的保护变得刻不容缓。

2. 现代信息加密技术

加密就是把数据和信息（称为明文），经过某种加密算法，转换为不可辨识的内容（密文）的过程。其中，加密算法是用来将信息加密的数学函数，解密算法是用来将信息解密的数学函数，加密和解密算法中使用的参数称为密钥。如图 7-8 所示。

图中所示的加密过程可以用下面的表达式表示：

$$Y=E_K(X)$$

这里 X 是明文，E 为加密算法，K 为密钥，Y 为密文。解密算法是加密算法的逆运算，可以用下面的表达式来表示：

$$D_K(Y)=D_K(E_K(X))=X$$

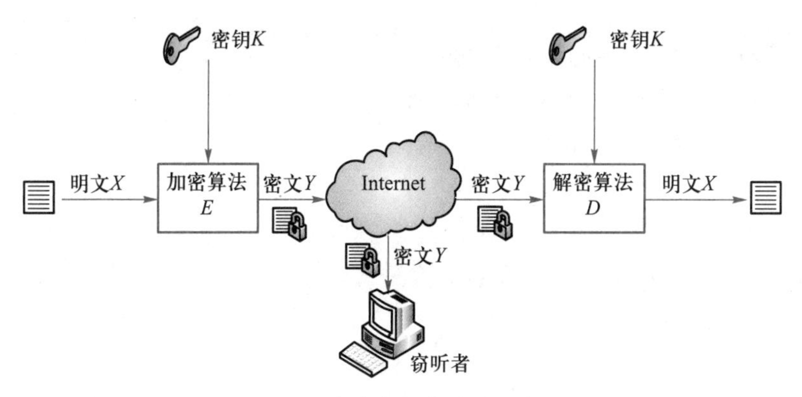

图 7-8　加密与解密过程示意图

这里的 D 为解密算法。在进行解密运算时，如果不使用事先约定好的密钥就无法解出明文。若加密密钥和解密密钥相同就是对称密码体制，否则就是非对称密码体制，也叫公钥密码体制（public key cryptosystem）。

3. 对称式加密方法

传统的加密方法都用对称式加密方法，包括替代加密、换位加密、位级加密 3 类。

（1）替代加密

替代加密是使用一组密文字母替换一组明文字母，但保持明文字母的位置不变。替代加密包括单字符替代加密和多字符替代加密。单字符替代加密是一种简单的替代加密法，最古老的单字符替换密码是凯撒密码，比如用字母 D 替换字母 a，用 E 替换 b，用 F 替换 c……仔细观察，即发现密文字母相对明文字母右移了 3 位并转为大写，例如单词 he 变换为密文就是 KH。如果将该加密方式通用化，引入参数 k，让密文字母相对明文字母右移 k 位，则 k 称为密钥。这种方式比较容易破译，因为最多只需要尝试 25 次就可以破译该密码。

【例 7-7】编写程序实现凯撒加密，输入明文和密钥，对所有英文字母按密钥进行偏移替换，其他字符保持不变，输出转换后的密文。

【分析】用 Python 中字典的方法解决本问题，事先把所有英文字母和对应的加密字母组织为字典，相当于先制作一个密码本，当输入明文时只要按密码本逐个查找即可。如表 7-7 为小写英文字母当密钥为 3 时的对应关系。

表 7-7　明文密文对照表

明文	a	b	c	d	e	f	g	h	i	j	k	l	m	n	o	p	q	r	s	t	u	v	w	x	y	z
密文	d	e	f	g	h	i	j	k	l	m	n	o	p	q	r	s	t	u	v	w	x	y	z	a	b	c

程序代码：

```
plaintext=input("请输入明文:")
secr_key=int(input("请输入密钥:"))
```

```
lett=list('abcdefghijklmnopqrstuvwxyz')
ch_lett=lett[secr_key:]+lett[:secr_key]
encry_dict=dict(zip(lett,ch_lett))
ciphertext=""
for ch in plaintext:
    ciphertext+=encry_dict.get(ch,ch)
print("生成的密文为",ciphertext)
```

运行程序:

```
请输入明文:hello123%
请输入密钥:3
生成的密文为 khoor123%
```

zip 函数用于从两个列表中逐个取元素组合成对,再用 dict 函数转换为字典,如:dict(zip(['a','b','c'],[1,2,3])),结果是 {'a':1,'b':2,'c':3},zip 就像拉链一样把对象逐个啮合。

【思考】若题目中同时考虑大写英文字母的转换呢?

(2) 换位加密

换位加密是指不对明文字母进行变换,只是将明文字母的次序进行重新排列。比较复杂的一种换位加密方法是采用不含重复字母的单词或短语作为密钥,将明文按照密钥长度重新在密钥下面排成多行,按照密钥字母在英文字母表中的顺序给各列编号,然后根据编号顺序按列取值,拼接后得到密文。例如,对于明文 thisisanexample,密钥为 mouse,则加密过程如表 7-8 所示。

表 7-8 换位加密

密钥	m	o	u	s	e
编号	2	3	5	4	1
排列明文	t	h	i	s	i
	s	a	n	e	x
	a	m	p	l	e

按已编号的字母序列,即依据第二行的编号顺序按列取值,得到的密文结果为 ixetsahamselinp。

(3) 位级加密

位级加密是对构成这些明文字符的二进制位进行加密,密钥也是一个二进制位,一般是 64 位或者 128 位。明文先被划分成与密钥相同长度的二进制位串,然后再与密钥进行异或运算,运算结果就是密文。异或运算是一种按位进行的运算,相应位之间独立进行,左右位不关联(相比加法运算,因为有进位,左右位计算结果存在关联)。异或的法则是:如果运算对象(位)a、b 的值不相同(一个为 0,另一个为 1),则结果为 1,否则为 0。例如,对于明文 1010 1110 0110 0010,密钥是 1110 0101 1000 0101,采用位级加密后的密文为 0100 1011 1110 0111。密钥越长,位级加密就越安全。

(4) DES 数据加密标准

上述古典密码学的安全性都是基于算法保密,现代密码学的安全性则是基于密钥保密,即加密算法可以公开,但加密密钥必须保密。例如,目前较为实用的对称密钥体制为 IBM 公司提出的数据加密标准(data encryption standard,DES),是经过国际标准化组织认定的数据加密标准,其算法也使用了替代密码和换位密码的思想。DES 是一种分组密码,在加密前,先对整个明文进行分组,每个组为 64 位长的二进制数据。然后,对这 64 位二进制数据进行加密处理,产生一组 64 位密文数据。最后,将各组密文串接起来,得出整个密文。DES 主要用于银行业中的电子资金转账领域。目前,已经有一些比 DES 算法更安全的对称加密算法,如国际数据加密算法(international data encryption algorithm,IDEA)、RC2 算法、RC4 算法与 Skipjack 算法等。

对称加密算法都存在一个共性的问题,即如何安全地将密钥传送给可信任的接收者。而非对称式加密算法解决了这个难题,因为它不再需要传送必须保密的密钥。

4. 非对称式加密

非对称式加密也称为公钥密码体制,它需要两个密钥,公开密钥(公钥)和私有密钥(私钥)。加密和解密过程分别使用不同的密钥,所以叫非对称加密。可以公钥加密,私钥解密,也可以反过来。非对称式加密解决了两大问题:一是对称密钥密码体制的密钥分配问题,二是对数字签名的需求。

(1) 非对称加密

非对称加密算法的工作原理如图 7-9 所示,用来加密的公钥 PK(public key)与解密用的私钥 SK(secret key)是数学相关的。加密公钥与解密私钥是由密钥产生器产生,成对出现的,但是不能通过公钥计算出私钥。这里,公钥是可以向公众公开的,私钥则是需要保密的,加密算法 E 和解密算法 D 也都是公开的。

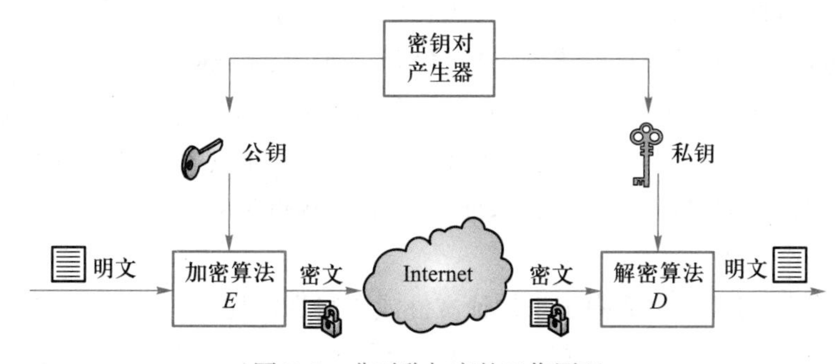

图 7-9　非对称加密的工作原理

例如,甲方生成一对密钥并将公钥公开,得到公钥的乙方使用该密钥对信息加密后发送给甲方,甲方用自己保存的私钥解密,将密文还原成明文。这就好像公钥是一个信箱,每个人都可以往这个信箱里面放信,但是这个信箱里面的信只有掌握该信箱钥匙的人才能开箱查看。

当前比较著名的公钥密码体制是由美国科学家 Rivest、Shamir 和 Adleman 发表的 RSA 体制。它基于数论中的大数分解问题，其基本思想是：计算两个大素数的乘积十分容易，但要对其乘积进行因式分解却极其困难，这里公钥和私钥都是这对大素数的函数。

算法过程：

- 设 n 为两素数 p 和 q 的乘积（p 和 q 必须保密）；
- 设 $Z=(p-1)(q-1)$，找一对 $(\boldsymbol{d}, \boldsymbol{e})$，使 $(d\times e)\bmod Z=1$，e 与 Z 互质（互质是公约数只有 1 的两个整数）；
- 秘钥：公开密钥为 (n,e)，私人密钥为 (n,d)；
- 加密算法：$c=m^e \bmod n$，其中 m 为明文，用公钥 (n,e) 加密后的密文为 c；
- 解密算法：$m=c^d \bmod n$，对密文 c，用私钥 (n,d) 解密后得明文 m。

具体例子：

① 创建密钥

- 令 $p=7$，$q=11$，则 $n=77$，$Z=60$；
- 使用 $e=37$（可随机选取一个整数 e）；
- 找到 $d=13$，满足 $d\times e \bmod Z=1$（因为 $13\times 37 \bmod 60=481 \bmod 60=1$）；
- 得到 RSA 密钥对：[(77,37);(77,13)]；
- 公钥用(77,37)，私钥用(77,13)，或者反过来。

② 加密

- 设 $m=42$（明文）；
- $c=42^{37} \bmod 77=70 \bmod 77=70$（密文）。

③ 解密

- 已知密文：70；
- $70^{13} \bmod 77=42 \bmod 77=42$（明文）。

显然，明文“42”经公钥加密后成为密文“70”，再经密钥解密后还原为明文“42”。

这里，p 与 q 必须为足够大的素数，电子数据交换（electronic data interchange，EDI）标准规定 n 的长度为 512 至 1 024 比特位之间。为了提高加密速度，通常取 e 为特定的小整数。

信息加密用于防止信息在传输过程中被截获而泄密。非对称加密的另一个重要应用是数字签名，用于提供信息发送者的身份认证，以防止抵赖行为的发生。

(2) 数字签名

亲笔签名是我们日常生活中用来保证文件或资料真实性的一种方法。在网络环境中，通常使用数字签名技术来模拟日常生活中的亲笔签名。数字签名将信息发送人的身份与信息传送结合起来，保证信息在传输过程中的完整性，并提供信息发送者的身份认证，以防止信息发送者抵赖行为的发生。目前各国已制定相应的法律、法规，把数字签名作为执法的依据。数字签名需要实现以下三项主要的功能：

① 接收方可以核对发送方对报文（传递来的信息）的签名，以确定对方的身份；

② 发送方在发送报文之后无法对发送的报文及签名抵赖；

③ 接收方无法伪造发送方的签名。

利用非对称加密算法（例如 RSA 算法）进行数字签名的工作过程如图 7-10 所示。

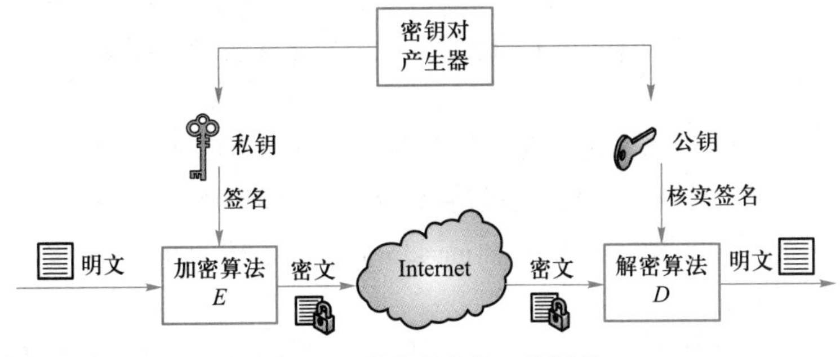

图 7-10　数字签名的工作原理

甲方对明文用私钥加密，成为密文后，经过因特网传输，抵达乙方；乙方需要用甲方公开的公钥解密，若解密成功，即证实这个密文是用甲方的私钥加密的，因为公钥和私钥是成对的，且甲方的公钥只能解开用甲方私钥加密的信息，而私钥是甲方自己保存的，因此，证明这个签名就是甲方所为。

7.3 【拓展资料】隐私计算——让数据“可用不可见”

近年来，大数据、人工智能、云计算等数字技术蓬勃发展，新技术带来了产业发展的新业态和新模式。然而，隐私泄露、网络欺诈、流量欺诈等问题的存在也成为数据健康流通的阻碍，为互联网治理带来挑战，一方面需要数据共享和开放流动，另一方面又需要保护数字资产产权和个人隐私。所以除了需要建立相关的法律制度和规范，构建一个安全的数据协作技术环境也显得十分必要且紧迫，因此隐私保护计算受到了广泛的关注。隐私保护计算（简称隐私计算，Privacy-preserving computation）是指在保证数据提供方不泄露原始数据的前提下，对数据进行分析计算的一系列信息技术，保障数据在流通与融合过程中的“可用不可见”。

与传统数据使用方式相比，隐私计算能够增强对数据的保护、降低数据泄露风险。传统数据安全手段，都要以牺牲部分数据维度为代价，比如数据脱敏或匿名化处理，导致数据信息无法有效被利用，而隐私计算可以增强数据流通过程中对个人标识、用户隐私和数据安全的保护，同时也为数据的融合应用和价值释放提供了新思路，在保证安全的前提下尽可能使数据价值最大化。

7.3.1　隐私计算的技术体系

顾能（Gartner）公司发布的 2021 年前沿科技战略趋势中，将隐私计算（其称为隐私增强计算）列为重要战略科技之一。目前数据流通过程中仍存在诸多困难，例如数据权属的界定仍不明确，数据流通的安全风险高，流通过程的安全合法仍然较难把握。隐私计算为解决这些阻碍提供了新的方法。

隐私计算是融合了密码学、安全硬件、数据科学、人工智能、计算机工程等众多领域的跨学科技术体系，涉及三大技术体系的联合创新：人工智能算法、分布式系统和底层硬件、密码学协议设计。

根据数据是否流出、计算方式是否集中，隐私计算技术可以划分为以下四类。

（1）数据流出、集中计算。对数据进行变形、扰动、加密等操作，可保障数据流出时的隐私安全，主要有三种技术：数据脱敏（data masking）、差分隐私（differential privacy）、同态加密（homomorphic encryption）。

（2）数据流出、协同计算。在一个互不信任的多方系统中，各参与方能协同完成计算任务，同时保证各自数据的安全性，多方安全计算（secure muti party computation）是一种基于密码学的隐私计算技术，混淆电路（garbled circuit）、秘密共享（secret sharing）是其中两种主要技术。另外，零知识证明（zero-knowledge proof）也是一项广受关注的技术。

（3）数据不流出、协同计算。联邦学习（federated learning）就是这类技术的典型代表，一种人工智能与隐私保护技术融合衍生的技术。

（4）数据不流出、集中计算。通过隔离机制构建出一个安全可控区域，数据能够被集中在这里训练且不流出，从而保证内部加载数据的机密性和完整性。典型代表技术是基于可信硬件的可信执行技术（trusted execute technology）。

7.3.2 隐私计算应用场景

隐私计算已开始应用于不同行业，尤其在智慧金融、智慧医疗、智慧城市的应用中崭露头角。例如，基于隐私计算的国家健康医疗大数据应用开放平台已经建立；依托隐私计算技术构建的风险控制模型，在互联网金融和消费金融方面得到广泛应用，实现了跨行业数据链接，提升反欺诈能力；隐私计算技术还为政务数据的开放提供了有效解决方案，目前，隐私计算已纳入数字政府、数字社会建设等数字化发展规划中。截至 2021 年，隐私计算的应用行业分布如图 7-11 所示。

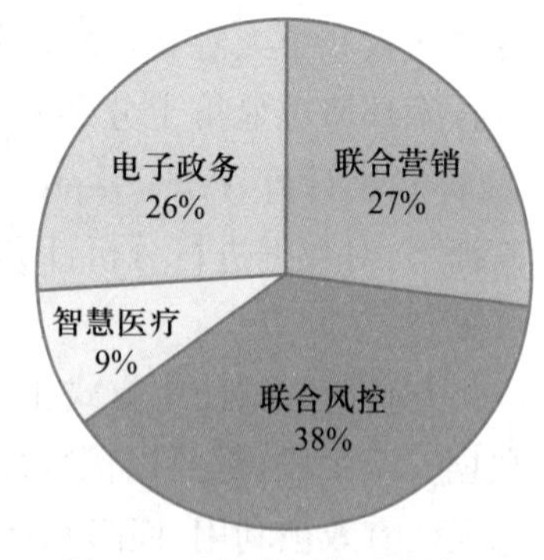

图 7-11 隐私计算应用行业

联合风控：引入多行业、多机构的外部数据优化金融风控模型，可以应用于银行业的智能贷款风险管理和反欺诈检测管理，保险业的车险出险概率预测和个性化健康险定制，投资业中的智能投研系统。

联合营销：跨行业数据融合重构用户画像，实现在零售行业的定向推荐和广告投放，提供智能家居和可穿戴设备等行业的个性化服务。

智慧医疗：数据互通发挥医学数据价值，实现医疗影像诊断、疾病风险预测、药物挖掘、医护资源的高效配置。

电子政务：促进政务数据安全共享开放，提高交通、物流、安防等领域的服务水平。

因此，隐私计算在创造更好的数据底层环境的同时，体现数据深层价值，深入推动行业传统数据业务转型。

7.3.3　隐私计算产业发展

隐私计算市场发展迅速，国内外很多大型企业和创业团队都在布局隐私计算产业，市场正处于蓬勃发展的早期阶段。

微软从 2011 年开始深入研究多方安全计算、谷歌在全球率先提出联邦学习的概念、Intel 打造 SGX 成为绝大部分可信执行环境实现方案的底座，它们均已成为各条技术路线主要的领路人。其他如 IBM 致力于将同态加密与云服务结合，帮助用户数据安全上云；Meta 则是专攻基于隐私计算的机器学习。

跟国外相比，国内企业大致在 2016 年开始出现独立的隐私计算商业项目，但国内产业化发展的速度较快，伴随着各行业企业对合规数据流通的需求日益强烈，越来越多的行业客户开始愿意进行尝试，整体行业从概念验证到全面实施趋势明显。调研显示，2021 年已有超过 81% 的隐私计算产品进入了试点部署或实施阶段，产业发展配套环境正在逐步完善。

值得一提的是，微软、谷歌、Meta、腾讯、阿里巴巴、百度等全球知名巨头都在积极拥抱开源技术，加速了隐私计算的技术迭代。目前国内外隐私计算领域的主要开源项目情况如表 7-9 所示。

表 7-9　目前主要的隐私计算开源项目（中国信通院《隐私计算白皮书（2021 年）》）

序号	项目名	开源时间	机构	技术路径
1	PySyft	2017 年 7 月	OpenMined 开源社区	多方安全计算、联邦学习
2	TF-Encrypted	2018 年 3 月	DropoutLabs，Openmined，阿里巴巴	多方安全计算
3	EzPC	2018 年 4 月	微软	多方安全计算
4	Asylo	2018 年 5 月	谷歌	可信执行环境
5	MesaTEE	2018 年 9 月	百度	可信执行环境
6	FATE	2019 年 2 月	微众银行	联邦学习
7	TF-Federated	2019 年 8 月	谷歌	联邦学习
8	Private Join&Compute	2019 年 8 月	谷歌	多方安全计算
9	PaddleFL	2019 年 9 月	百度	联邦学习
10	CrypTen	2019 年 10 月	Meta	多方安全计算
11	Fedlearner	2020 年 1 月	字节跳动	联邦学习
12	Rosetta	2020 年 8 月	矩阵元	多方安全计算
13	KubeTEE	2020 年 9 月	蚂蚁集团	可信执行环境

隐私计算正是在既保证隐私信息不泄露，又能够运用大数据技术不断创新和变革中找到的平衡点，让技术更好地为人服务。

习题 7

1. 计算题：

1）把十六进制数 A3F 转成二进制数是 ________。

2）将十进制数 174 转换成二进制数是 ________。

3）把二进制数 1011110.011011 转成十六进制数是 _________。

4）39BH+42BH=______。

5）1010001B+1101110B=______。

6）二进制数 101.011 转换成十进制数是 ______。

7）如果用一个 byte 来表示整数，那么 –3 的补码是 ______。

8）用二进制对 50 个字符进行编码，则至少需要 ____ 位。

9）已知汉字“祝”的国标码为 5723H，把所得国标码两字节最高位置 1，即加 8080H，就是该汉字的机内码。那么请问汉字“祝”的机内码是 _____H。

10）计算 ISBN 978–7–308–21351–？的校验码。

2. 有一个用补码表示的数 11010111，请问该数的十进制表示是多少？

3. 请写出字符串“Comp”的 ASCII 编码。（用十进制表示，中间用一个空格间隔。注：“A”的 ASCII 为 65，“a”的 ASCII 为 97）

4. 例 7–7 编写程序实现了凯撒加密，请上机实践运行代码。通过上网搜索，看看本题还有其他的实现方法吗？

第 8 章

数据结构基础

信息编码实现了基本数据对象在计算机中的表示,但在数据之间往往是有关联的。如何在计算机中组织这些数据反映这种关联的同时又方便对这些数据的处理,就是数据结构(data structure)要研究的问题。

举一个简单的例子。在大学读书的时候,每个同学都有许多私人物品需要管理,比如大到被子,小到书本、笔、洗刷用品,等等。如何组织和管理这些物品,每人都有自己的方法。有两种很极端的方法:(1) 把所有物品用一个大麻袋全部装起来,想用的时候再到麻袋里去找。这种方法,可以节省空间,放物品也很简单,但找物品很麻烦;(2) 为每类物品各做个柜子,有放书的柜子(甚至不同类的书各有一种柜子)、洗刷用品柜子、工具柜子、衬衣柜子、冬装柜子等。这样做的好处是找东西方便,但浪费空间,甚至会出现一些柜子不够用同时一些柜子空着的不均衡情况。我们需要设计合理的方法来组织和管理我们的物品,使之既能节省空间(对物品的存放)又方便使用(对物品的操作)。

数据结构就是一种研究如何组织数据的学问,使之能节省数据的存储空间,更重要的是还能方便对数据的操作。但客观世界中的数据多种多样,又十分复杂,如何研究一般的数据组织方法呢?基本的研究方法就是抽象,透过复杂数据关系观察背后的本质,研究具有共性和推广性的问题,这就是抽象数据类型(abstract data type)。

8.1 抽象数据类型与数据结构

首先介绍一下什么是“数据类型”。“数据类型”涉及两方面的内容:一是数据对象集;二是与数据集合相关联的操作集。例如,我们对个人物品的管理,对象集就是我们个人的物品,对象集上的主要操作就是插入(买了一件新物品)、删除(把老物品扔掉)和查找。所以,对象集以及对象集上的操作就构成了我们所说的类型。

"抽象"的意思是指我们描述数据类型的方法是不依赖于具体实现的，即数据对象集和操作集的描述与存放数据的机器无关、与数据存储的物理结构无关、与实现操作的算法和编程语言均无关。所以，抽象数据类型只描述数据对象集和相关操作集"是什么"，并不涉及"如何做到"的问题。比如，"自然数"其实就是一种抽象数据类型。

【例 8-1】自然数的抽象数据类型定义

类型名称：自然数（NaNum）

数据对象集：{0，1，2，3，…}

操作集：对于任意自然数 n、$m \in$ NaNum

① Add（n，m）：加法运算，返回 $n+m$；

② Sub（n，m）：减法运算，返回 $n-m$；

③ Mult（n，m）：乘法运算，返回 $n \times m$；

④ ……

抽象数据类型描述的重要特征是"抽象"。抽象是计算机求解问题的基本方式和重要手段，它使得一种设计可以应用于多种场景；而且通过抽象可以屏蔽底层的细节，使设计更加简单、理解更加方便。例如，日常生活中经常需要排队：银行排队、医院排队、食堂排队，等等。所以这些排队现象可以把它抽象为一种数据类型，即队列（具体见 8.4 节），它是一个有序的序列，只在一端做插入（进入队列末尾）而在另外一端做删除（从队伍头上离开）。抽象数据类型把数据对象和相关操作封装在一起，对于需要调用这个数据类型的用户而言，无论内部的具体实现如何改变，只要对外描述的接口不变，就不影响使用。

引入抽象数据类型的目的是把数据类型的表示和数据类型上运算的实现与这些数据类型和运算在程序中的引用隔开，使它们相互独立。使用抽象数据类型使算法和程序设计更加方便、有效，比如：

① 方便将算法的设计与底层的具体实现分开，使得在进行顶层设计时不必考虑它的具体实现细节，降低算法和程序设计的复杂性。

② 算法设计与数据结构设计隔开，便于比较不同的数据结构实现方案，可优化算法和提高程序运行的效率。

③ 基于抽象数据类型的程序具有更好的模块化特性，抽象的数据类型的表示和实现都可以封装起来，便于移植和重用。

④ 由于顶层设计和底层设计被局部化，因而设计错误容易被查找，也容易纠正，具有更好的可维护性。同时，编出来的程序结构清晰，层次分明，便于程序正确性的证明和复杂性的分析。

数据结构（data structure）反映一个数据的内部构成，即一个数据由哪些成员数据构成，以什么方式构成，呈现什么结构。数据结构有逻辑上的数据结构和物理上的数据结构之分。逻辑上的数据结构，简称逻辑结构，反映成员数据之间的逻辑关系。物理上的数据结构，简称物理结构，反映成员数据在计算机内的存储安排，因此，又称存储结构。存储结构最基本的方式有两种：顺序存储结构（例如 C 语言中的数组、Python 中的列表）和链式存储结构（例如 C 语言中的链表）。顺序存储结构利用数据在计算机存储器中的相对连续的位置关系来表示数据之间的逻辑关系;链式存储结构则不需要数据在计算机存储器中连续存放,而是通过"指针"(存储单元的地址)链接的散落位置关系来表示数据之间的逻辑关系。一般来说,算法的设计依赖于数据的逻辑结构,而算法的实现则依赖于数据的存储结构。

数据结构主要根据数据之间的关系类型开展分类研究,典型的关系类型有:线性关系、一对多的关系(比如:父子关系)、多对多的关系(比如:朋友关系),因此,相应地有以下这些典型的数据结构:线性表(linear list)、树(tree)、图(graph)等(如图 8-1)。

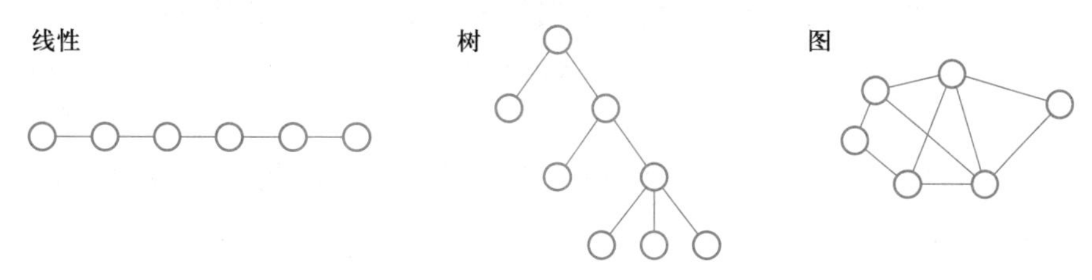

图 8-1　线性表、树、图

数据结构不仅研究这些结构的内涵、特点,更重要的是研究它们的实现方法,包括如何用程序设计语言提供的手段(如数组、链表)实现这些数据类型的存储,以及相关操作算法的实现。因此,数据结构涉及数据的逻辑结构、存储结构,以及对数据的操作。所以,数据结构往往从抽象数据类型的角度来研究数据的组织与操作方法。

第 13 章和第 14 章将会分别介绍树和图的基本思想。接下来先重点通过介绍线性结构和它的两个特殊结构:堆栈和队列,帮助读者理解数据结构的基本思想方法。

8.2　线　性　表

在数据的逻辑结构中,有种常见而且简单的结构是线性结构,即数据元素之间构成一个有序的序列。下面我们先看一个例子。

【例 8-2】一元多项式及其运算。

一元多项式的标准表达式可以写为:$f(x)=a_0+a_1x+\cdots+a_{n-1}x^{n-1}+a_nx^n$。与一元多项式相关的主要运算是:多项式相加、相减、相乘等。如何在计算机中表示一元多项式并实现相关的运算?

首先,我们考虑一下如何在计算机中表示多项式的问题。可以看出,决定一个多项式的关键数据是:多项式项数 n、每一项的系数 a_i(当然也涉及相应指数 i)。如果能直接或间接地保存这些数据,那就意味着在计算机里保存了一个一元多项式。

每个非零项 a_ix^i 涉及两个信息:指数 i 和系数 a_i。因此,可以将一个多项式看成是一个 (a_i,i) 二元组的集合。为了以后多项式运算方便,我们可以按照指数下降的顺序组织这个二元组。所以,可以把多项式看成是 (a_i,i) 二元组的有序序列 $\{(a_n,n),(a_{n-1},n-1),\ \cdots,(a_0,0)\}$。

例如:$f(x)=4x^5-3x^2+1$

可以把它看成二元组的集合:$\{(4,5),(-3,2),(1,0)\}$。我们可以用 Python 中的列表

(list)来存储以上系数非零项二元组的有序序列。列表的大小可以根据非零项的最多个数来确定,而不是根据多项式的阶数来确定。例如,上述例子的 Python list 表示为:

[(4,5),(-3,2),(1,0)]

【思考】我们能不能只用系数的序列来表示一个多项式,系数的顺序对应于指数?比如,上述多项式可以表示为:(4,0,0,-3,1),4 代表 x^5 的系数,而 x^4 和 x^3 的系数都是 0。这样的表述方法有什么优点?有什么缺点?

总的来说,"线性表"是由同一类型的数据元素 $a_1,a_2,\cdots,a_n$ 构成的有序序列的线性结构。其中,线性表中元素的个数 n 称为线性表的长度,表的起始位置 a_1 称表头,表的结束位置 a_n 称表尾。不难看出:除了表头和表尾外,表中的每一个元素有且仅有唯一的前驱和唯一的后继,表头有且只有一个后继,表尾有且只有一个前驱。因此,表元素之间形成一种线性关系,故称为线性表。

线性表的抽象数据类型描述如下。

类型名称:线性表(LList)

数据对象集:线性表是 $n(\geqslant 0)$ 个元素构成的有序序列$(a_1,a_2,\cdots,a_n)$。

操作集:对于一个具体的线性表 L $\in$ List,一个表示位序的整数 i,一个元素 X $\in$ ElementType(某数据类型),线性表的基本操作主要有:

① LList( ):初始化一个新的空线性表;

② FindKth(L,i):根据指定的位序 i,返回 L 中相应元素 a_i;

③ Find(L,X):已知 X,返回线性表 L 中与 X 相同的第一个元素的位置;若不存在则返回错误信息;

④ Insert(L,X,i):在 L 的指定位序 i 前插入一个新元素 X;成功则返回 True,否则返回 False;

⑤ Delete(L,i):从 L 中删除指定位序 i 的元素;成功则返回 True,否则返回 False;

⑥ Length(L):返回线性表 L 的长度。

上述抽象数据类型很容易用 Python 实现,代码如下。

```
class LList( ):
    def __init__(self):
        self._data = [ ]
        self._length = len(self._data)  # 线性表长度
    def FindKth(self,i):
        return self._data [i]
    def Find(self,X):
        return self._data.index(X)
    def Insert(self,X,i):
        self._data.insert(i,X)
    def Delete(self,i):
        del self._data [i]
```

```
    def Length(self):
        return len(self._data)
    def __str__(self):  #返回对象的描述信息
        return"LList:{}".format(self._data)
```

上述代码运用 Python 面向对象的编程方法。class LList( ):表示定义类,类名称为 LList。def __init__(self):为初始化函数,这里遵循 Python 的编程约定,把初始化函数中的成员变量都用下划线开头,如 self._data,self._length,以示与普通变量的区别。

线性表是一种非常简便的结构,我们可以根据需要改变表的长度,也可以在表中任何位置对元素进行访问、插入或删除等操作。我们还可以将两个表连接成一个表,或把一个表拆成几个表。表结构在信息检索、程序设计语言的编译等许多方面有广泛的应用。

例如,根据上述自定义抽象数据类型(LList)创建一个线性表对象 s,对 s 插入元素、查找元素、删除元素,求 s 的长度等,都通过调用对象的方法实现,演示代码如下。

```
>>> s =LList( )          #创建线性表对象
>>> s.Insert('c',1)      #调用 Insert 方法插入元素
>>> s.Insert('b',1)
>>> s.Insert('a',1)
>>> s.Length( )          #调用 Length 方法计算线性表长度
3
>>> print(s)             #打印线性表
LList:[ 'c','a','b' ]
>>> s.Find('a')
1
>>> s.FindKth(2)
'b'
>>> s.Delete(1)
>>> print(s)
LList:[ 'c','b' ]
>>> s.Length( )
2
```

8.3 堆　　栈

首先,我们来看一个例子。

【例 8-3】括号配对问题。

给定一个只包括"( ){ } [ ]"的字符串,判断字符串是否有效。所谓有效字符串是指:左括号必须与相同类型的右括号匹配,并且左括号必须以正确的顺序匹配。例如,{ [( )( )] [ ]} 是有效的,而 { [( ])} 是无效的。

我们可以从左到右检查这个字符序列,当遇到右括号时判别是否有相应的左括号与它匹配,而且顺序正确。比如:{ [( ])},虽然每个右括号在它之前都有对应的左括号,但匹配的顺序不对。如何设计一种方法能正确地判别括号是否匹配呢?

我们可以想象一种方法:从左到右检查这个字符序列,并对左和右括号做不同处理。

(1) 当遇到左括号时,把该左括号写在一张纸上,放到桌面上;如果桌面已有之前放的左括号纸,就把新的左括号纸压在已有左括号纸上面;继续查看字符序列的下一个字符。

(2) 当遇到右括号时,看看桌面上最顶上纸记的是不是它对应的左括号。如果是,那就把桌面上最顶端的纸抽走,继续查看字符序列的下一个字符;否则,说明括号不匹配,字符序列是无效的,判断结束。

(3) 当所有符号都检查完后,桌面上没有纸了,则说明该字符序列是有效的,否则是无效的。

可以看到,上述方法比较简单、高效,其中关键的方法是将看到的左括号纪录在一叠纸上,对这叠纸的插入和删除都发生在顶端。有这类操作要求的序列(本例是一叠有序的纸)被称为"堆栈"(stack)。

"堆栈"(简称"栈")可以认为是具有一定约束的线性表,即插入和删除操作都发生在一个称为栈顶(stack top)的端点位置。其实,我们日常生活中也可以看到堆栈的例子,比如,厨房中叠放的盘子,使用盘子时我们是从顶端拿走盘子(删除操作),用完放回时也是放到顶端(插入操作)。通常把数据插入称为压入(Push)栈,而数据删除可看作从堆栈中取出数据,叫作弹出(Pop)栈。也正是由于这一特性,最后入栈的数据将被最先弹出,所以堆栈也被称为"后进先出"(last in first out,LIFO)表。

图 8-2 表示了堆栈的数据存储及其操作。为了形象起见,我们将数据表示为带字符标志的小球,堆栈用带底的小筒表示。图 8-2(a)表示字符 ABCD 的压栈过程,图 8-2(b)是栈内元素依次弹出栈的过程,Top 指向当前操作的元素(称为栈顶元素)。

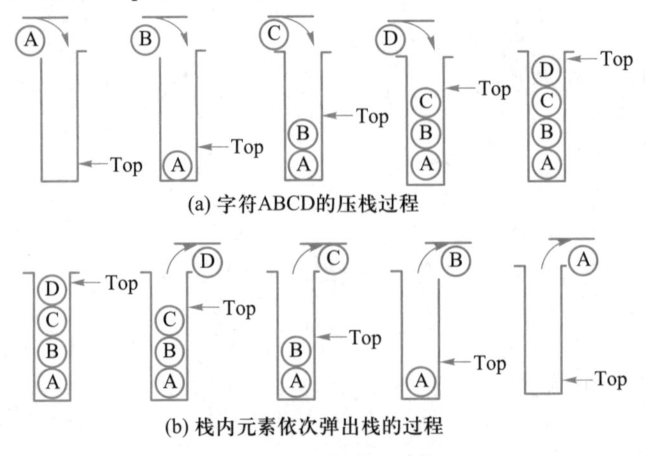

图 8-2 堆栈的出入栈操作过程

【思考】如果按ABCD的顺序将四个字符压入堆栈，不同时刻出栈（比如，可以压入后马上出栈，也可以压入多个字符后再陆续出栈）会导致不同的出栈结果。问：是不是ABCD的所有排列都可能是出栈的序列？可以产生CABD这样的序列吗？

堆栈的抽象数据类型定义为：

类型名称：堆栈（Stack）

数据对象集：一个有0个或多个元素的有穷线性表。

操作集：对于一个具体的长度为正整数MaxSize的堆栈S ∈ Stack，记堆栈中的任一元素X ∈ ElementType，堆栈的基本操作主要有：

① Stack（MaxSize）：生成空堆栈，其最大长度为MaxSize；

② IsFull（S）：判断堆栈S是否已满。若S中元素个数等于MaxSize时返回True；否则返回False；

③ Push（S，X）：将元素X压入堆栈。若堆栈已满，返回False；否则将数据元素X插入到堆栈S栈顶处并返回True；

④ IsEmpty（S）：判断堆栈S是否为空，若是返回True；否则返回False；

⑤ Pop（S）：删除并返回栈顶元素。若堆栈为空，返回错误信息；否则将栈顶数据元素从堆栈中返回并删除。

其中，最主要的两种操作是：进栈（Push）和出栈（Pop）。堆栈比较常见的实现方式是用顺序存储结构，其中一头（比如列表的头）作为栈底固定，栈顶在随着堆栈元素的个数增减而移动。

同样，上述抽象数据类型也可以用Python实现，代码如下。

```
class Stack():
    def __init__(self,MaxSize=100):   # 设 MaxSize =100 为默认参数
        self._elems=[]
        self._maxsize=MaxSize

    def IsEmpty(self):
        return self._elems==[]

    def Push(self,elem):
        if len(self._elems)<self._maxsize:
            self._elems.append(elem)
        else:
            print("Stack overflow")

    def Pop(self):
        if self._elems==[]:
```

```
            return ("Stack is empty")
        return self._elems.pop( )

    def IsFull(self):
        return len(self._elems)==self._maxsize

    def __str__(self):          #返回一个对象的描述信息
        return"stack:{}".format(self._elems)
```

作为例子,下列程序根据自定义抽象数据类型(Stack),创建栈对象,运用对应方法实现入栈、出栈、判断栈的状态。

```
>>> stack=Stack(5)          #创建栈对象 stack
>>>> stack.IsEmpty( )
True
>>> stack.Push('A')
>>> stack.Push('B')
>>> stack.Push('C')
>>> print(stack)
stack:['A','B','C']
>>> stack.Push('D')
>>> stack.Push('E')
>>> stack.IsFull( )
True
>>> stack.Pop( )
'E'
>>> print(stack)
stack:['A','B','C','D']
```

有了这个抽象数据类型栈,我们很容易实现前面提到的括号匹配问题,代码如下。

```
def check_parens(text):          #括号匹配检查函数,text是被检查的字符串
    brackets ={")":"(","}":"{","]":"["}        #使用字典存储括号的对应关系
    st = Stack( )        #创建栈 st
    for char in text:        #遍历 text 中的字符串
        if char in brackets.values( ):        #如果是开括号,入栈
            st.Push(char)
        elif char in brackets.keys( ):        #如果是闭括号
            if st.Pop( )!= brackets[char]:        #若不匹配弹出的栈顶元素
```

```
            return False
    return True
```

运行程序，调用函数如下。

```
>>> check_parens("({[({{abc}})][{1}]})")        # 括号匹配
True
>>> check_parens("({[({1}]})")                   # 括号不匹配
False
```

8.4 队　列

在现实生活中，我们经常会遇到为了得到某种服务而排队的情况，比如，食堂买饭时需要排队，银行存款时也需要排队。在计算机资源管理中也有类似的情景，比如，计算机的 CPU 资源是有限的（早先计算机只有一个 CPU），但同时有许多程序（进程）需要 CPU 来运行，这些准备运行的进程就需要排队。计算机操作系统的一个重要功能就是要管理好进程队列，以进行 CPU 资源调度。

在许多应用中，排队的基本规则是：新来者排在队伍末尾，排在队伍前面的人先得到服务，期间不允许插队。对于这类排队问题，需要有一种能解决共性问题的数据序列的管理组织方式，在这个方式中，多个数据构成一个有序序列，而对这个序列的操作（比如插入、删除）有一定要求：只能在一端插入，而在另一端删除。这样的数据组织方式就是"队列"（queue）。

"队列"也是一个有序线性表，但队列的插入和删除操作是分别在线性表的两个不同端点进行的（对比：堆栈是在同一端点做插入和删除）。比如，人们在银行排队等待服务，后来的人要排在队尾（插入队伍），而先来的排在队前并先接受服务（从队伍中删除）。

设一个队列 $Q=(a_1,a_2,\cdots,a_n)$，那么 a_1 称为队头元素，而 a_n 称为队尾元素，a_i 排在 a_{i-1} 的后面。队列中的元素是按 $a_1,a_2,\cdots,a_n$ 的顺序进入的，退出队列也只能按照这个次序依次退出如图 8-3 所示。也就是说，只有在 a_1 离开队列之后，a_2 才能退出队列，只有在 a_1，a_2，$\cdots$，a_{n-1} 都离开队列之后，a_n 才能退出队列，即先入队的元素将率先出队。因此，队列通常又被称为"先进先出"表（fist in first out，简称 FIFO）。

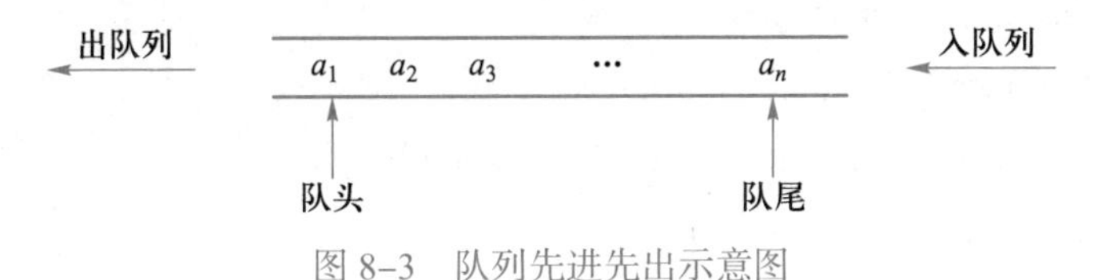

图 8-3　队列先进先出示意图

队列的抽象数据类型定义如下。

类型名称：队列（Queue）。

数据对象集:一个有0个或多个元素的有穷线性表。

操作集:对于一个长度为正整数MaxSize的队列Q ∈ Queue,记队列中的任一元素item ∈ ElementType。

① Queue(MaxSize):生成长度为MaxSize的空队列;

② IsFullQ(Q):判断队列Q是否已满,若是返回True;否则返回False;

③ AddQ(Q,item):若队列已经满了,返回已满信息;否则将数据元素item插入到队列Q中去;

④ IsEmptyQ(Q):判断队列Q是否为空,若是返回True;否则返回False;

⑤ DeleteQ(Q):若队列为空信息,返回队列空信息;否则将队头数据元素从队列中删除并返回。

上述抽象数据类型队列(Queue)也可以用Python实现,如下所示。

```
class Queue():
    def __init__(self,MaxSize=8):
        self._len=MaxSize                   #最大长度
        self._elems=[0]*MaxSize             #队列元素
        self._head=0                        #队首
        self._num=0                         #队列元素个数
    def IsEmptyQ(self):
        return self._num==0

    def deleteQ(self):
        if self._num==0 :
            return "Queue is empty"
        item=self._elems[self._head]
        self._head=(self._head+1)%self._len
        self._num-=1
        return item

    def addQ(self,item):
        if self._num==self._len:
            return "The queue is full"
        self._elems[(self._head+self._num)%self._len]=item
        self._num+=1

    def IsFullQ(self):
        return self._num==self._len
```

```
    def __str__(self):                    #返回一个对象的描述信息
        s=self._elems[self._head:]+self._elems[:self._head]
        return "Queue:{}".format(s[:self._num])
```

根据自定义类型Queue，下列程序演示了创建队列对象，运用对应方法实现入队、出队、判断队的状态等过程。

```
>>> s=Queue(5)
>>> s.IsEmptyQ()
True
>>> s.addQ('C')
>>> s.addQ('A')
>>> print(s)
Queue:['C','A']
>>> s.deleteQ()
'C'
```

习题 8

1. 设堆栈初始状态为空，元素 a、b、c、d 依次进入堆栈 S，则不可能的出栈序列有哪些？

2. 令P代表入栈，O代表出栈。例如，向堆栈输入ABC输出BCA的操作序列是PPOPOO。如果堆栈输入序列为：$3\times a+b$，堆栈操作序列为：POPPOOPPOO，则输出是什么？

3. 对空堆栈进行Push、Pop操作，入栈序列为1、2、3、4、5，则经过Push，Push，Pop，Push，Pop，Push，Push，Pop后，得到的出栈序列是什么？

4. 用两个堆栈能模拟一个队列吗？请说出你的思路。

5. 夏天逛超市时，你可能会忍不住想喝一瓶冰饮料降降温。可是，困扰你的是：放冰箱外头的饮料往往并不冰，而冰箱深处你够不着的地方，才是你想要的。想想看：冰箱中的饮料应该组织成“队列”还是“堆栈”？你对超市中放冷饮的冰箱设计有什么改进性的建议？

第 9 章

大数据与区块链技术

上一章中的数据结构主要研究在计算机中存储和组织数据的方法，以方便对数据的操作。随着云计算、物联网等技术的发展和应用，数据规模越来越大，数据类型也越来越复杂，同时蕴藏在大规模数据背后的数据价值也得到了广泛的重视，是数字化、网络化、智能化的重要基础。在此背景下，有关“大数据”的存储、管理、处理和分析等“大数据技术”也得到了迅猛发展，“数据思维”“数据科学”也应运而生。

数据已经成为数字经济时代新型的生产要素，并已融入生产、分配、流通、消费和社会服务管理等各个环节，深刻改变着生产方式、生活方式和社会治理方式。构建涉及数据确权、流通、交易、安全等方面内容的数据基础制度体系，不仅有利于促进数据高效流通使用，而且事关国家发展和安全大局。近年兴起的区块链技术利用特殊的数据结构，使数据不可篡改、可追溯，可为数据存证与确权，以及数据流通安全等需求提供技术基础支撑，已在金融科技、社会治理、民生服务、实体经济等领域展开了创新性应用。

9.1　大数据技术及应用

9.1.1　大数据的背景和内涵

随着互联网、云计算、物联网等技术的不断发展，信息传输、存储和处理能力的不断提升，数据规模正呈指数型速度增长，人类的信息社会进入了大数据时代。美国国际数据公司(IDC)报告显示，2015 年全球数据量是 8.6 ZB(1 ZB=1 024 EB，1 EB=1 024 PB，1 PB=1 024 TB)，2020 年全球数据量是 44 ZB，到了 2025 年，预计全球数据量将能达到 175 ZB。然而，人类历史上所有的印刷材料的数据总量加起来也只有 200 PB。相比之下，现在的数据规模空前庞大，而且还在爆发性地持续增长。

大部分的数据产生于人类的数字经济活动，每个人每个时刻都在产生大量的数据。IDC 报告预测，2020 年全世界每个联网的人平均每天有 1 426 次数据互动，到了 2025 年将增长到 4 909 次数据互动。2018 年，微信每月有 10.82 亿活跃用户，每天有 450 亿次信息发送。根据研究机构瑞卡迪集团的统计，2018 年的全球电子邮件使用人数有 38 亿，全球每天发送的电子邮件总数有 2 811 亿封，在 2022 年底会达到 3 332 亿封。据 Smart Insight 统计，现在全球每天会有 50 亿次搜索，世界上最大的搜索引擎 Google 每天的搜索量超过 35 亿次，即平均每秒处理 4 万多次搜索。Intel 公司预测，在 2020 年一辆连网的自动驾驶汽车每运行 8 小时，其车载传感器会产生 4 TB 的数据。有数据预测，在 2025 年全球物联网设备安装量将达到 754.4 亿，在 2020 年全球可穿戴设备可以产生 28 PB 的数据。

近年来，大数据（big data）一词越来越多地被提及，人们用它来描述和定义信息爆炸时代产生的海量数据，并命名与之相关的技术发展与创新。互联网数据中心在其报告中认为大数据技术是可以高速获取、发现和分析大规模多样化的数据，并从中提取数据的价值的新一代技术和架构。该定义中包含了大数据具有的 4 V 的特点，即容量（volume），速度（velocity），多样性（variety）和价值（value）。

(1) 容量（volume）指的是数据量大。数据是否能够被认为是大数据，需要取决于其数据量的大小，只有数据量足够大，达到一定数量级，才能称为大数据。大数据的数据量通常高达 10 TB，甚至 10 PB。

(2) 速度（velocity）指的是接收和处理数据的速度快。在实际场景中，一些大数据的应用需要实时或近实时地运行，对数据进行实时地评估、分析和操作，以做出及时准确的业务决策。执行上的延误会对业务造成很大的影响，如果顾客已经走过了商店一段距离，再根据其地理位置数据为其提供某种折扣就不太能成功了。

(3) 多样性（variety）指的是数据类型众多。大数据不仅包含结构化数据，还有半结构化数据和非结构化数据。结构化数据能够被整齐地存放于关系型数据库的数据表中。半结构化数据是半组织的数据，部分符合特定的数据格式，如 XML、JSON、日志文件等。非结构化数据是无组织的数据，如文本、音频和视频等。

(4) 价值（value）指的是价值密度低。通常来说，数据量的大小与价值密度成反比，数据量越大，价值密度就会越低。大数据需要通过高效的机器学习算法从中挖掘出对业务有价值的信息。

在数字经济时代，数据已经正式成为了关键的生产要素，具有重要的战略意义。中共中央、国务院于 2020 年 4 月发布的《关于构建更加完善的要素市场化配置体制机制的意见》中指出，将数据与土地、劳动力、资本、技术并称五种要素。大数据具有极大的商业价值，通过对大数据的分析和挖掘，可以从中发现内在的规律，提升系统运行效率，或者对未来进行预测，甚至可以辅助决策。例如，互联网公司通过对用户和商品数据的分析，从而对目标客户针对性地推荐商品和服务；金融银行根据客户的历史借贷的数据，从而判断该客户是否会逾期；大数据还有助于精准医疗、个性化教育等民生领域的应用，以及社会监管、舆情监测预警等社会治理应用。

9.1.2　大数据技术

大数据技术主要分为大数据存储技术、大数据管理技术、大数据处理技术和大数据分析技术四类。

1. 大数据存储技术

大数据技术中最为基础的就是大数据存储技术，其主要指的是分布式文件系统。为了支持爆发式增长的数据量，分布式文件系统采用大量的廉价商用服务器来对数据进行存储，在保证低成本的同时，支持高扩展性。由于廉价的硬件可能会出现损坏，为了避免数据丢失，分布式文件系统通常对一份数据在多个节点上备份副本，以保证系统的可靠性。

例如，淘宝网是中国最大的购物网站之一，有大量的应用数据需要存储，如商品图片、商品描述、交易快照等。其早期是采用 NetApp 公司提供的文件存储系统和网络存储设备进行数据的存储。而在 2006 年到 2007 年间，随着用户规模的不断增长，淘宝网的应用数据量也急剧上涨，传统的文件系统和网络存储设备难以进行支撑。因此，淘宝网内部研发了淘宝分布式文件系统（taobao file system，TFS），作为一种适用于电商场景的安全、高效、廉价的数据存储解决方案。TFS1.0 版本于 2007 年 6 月开始上线使用，集群规模达到 200 台商用服务器，支持存储文件数量达到上亿级别，存储容量为 140 TB，2009 年上线了 1.3 版本，集群规模扩展至 470 台商用服务器，支持百亿级文件数量，存储容量达 1.8 PB。

Google 文件系统（google file system，GFS）是 Google 于 2003 年设计实现的分布式文件系统，用于存储其海量的搜索数据。Google 仅公布了 GFS 的实现的细节，并未将其作为开源软件发布。Hadoop 分布式文件系统（hadoop distributed file system，HDFS）是 GFS 的开源实现。GFS 和 HDFS 都是采用一个主服务器和多个从服务器的架构，主服务器用于存储元数据，接收客户端请求并进行响应，从服务器负责数据的存储和读取，服务器间的通信使用 TCP/IP 协议。主服务器会定期通过心跳消息与从服务器通信，向其传递指令并收集状态。数据是分块存储的，每个块都有多个副本（默认 3 个），存放于不同的从服务器上。客户端读取数据时会先和主服务器进行交互，获取数据存储的位置，然后再到对应的从节点上获取数据。

2. 大数据管理技术

大数据管理技术主要指的是数据库管理系统（database management system，DBMS）。数据库系统经过了多年的发展，其中最为常用的还是关系型数据库系统。关系型数据库系统采用二维表格（关系）存储数据，主要适用于存储较少的数据和小的并发规模，存在大量读写硬盘和日志的操作，可扩展性较差，难以满足大数据带来的数据多样性和大规模的需求。

为了支持更大规模的数据管理、并发访问以及更多样的数据类型，多种非关系型数据库（NoSQL）被提出。NoSQL 数据库不能保证关系型数据库 ACID 的特性（即原子性、一致性、隔离性和持久性），但容易横向扩展，可以支持大数据量存储，并且保证很高的读写性能。根据支持的数据类型不同，NoSQL 可以被分为键值（key-value）数据库（如 Redis）、列存储数据库（如 HBase）、文档存储数据库（如 MongoDB）以及图数据库（如 Neo4j）等，分别采用了不同于关系模型的键值模型、宽列模型、文档模型和图模型作为其数据模型。

分布式关系型数据库（NewSQL）是对关系型数据库的底层重构，采用了分布式系统的架构，使用 Paxos 或 Raft 共识协议保证了分布式一致性。不仅支持 ACID 的事务处理特性以及 SQL 标准查询，还具有和 NoSQL 一样的可扩展性。常见的 NewSQL 数据库有 TiDB、Cosmos DB 等。

淘宝网在2011年以前，其交易订单数据都存储于Oracle关系型数据库中。随着其历史交易订单数据量不断增长，数据库的扩展性和存储成本问题日益显著，其历史交易订单数据被整体迁移至HBase数据库中，使用Oracle作为在线库存储新订单数据，这个方案有效地解决了扩展性和存储成本的问题。然而，HBase无法满足一致性和二级索引的需求，会出现订单乱序以及与在线库读写能力不匹配的问题。在2018年，阿里巴巴集团内部自研了基于X-Engine引擎的分布式关系型数据库PolarDB-X，并用其替代了HBase。PolarDB-X拥有和HBase一样低的存储成本，还提供了和在线库相同的索引能力，解决了订单乱序的问题，保证了较低的读写延时。

3. 大数据处理技术

对于大规模数据的处理技术是大数据技术的核心。目前主流的大数据处理技术主要分为两种，分别是对静态数据的批处理技术和实时在线数据的流处理技术。

批处理指的是一次性输入大量数据，然后运行一个作业，最后生成一些数据，这个过程会需要耗费一段时间。这个批处理作业通常会定期地运行。

Hadoop是Apache基金会所开发的自由软件，是一个在计算机集群上使用简单的MapReduce编程模型对大数据进行分布式批处理的框架。MapReduce是Google于2004年提出的编程模型，其提供Map(映射)和Reduce(规约)两个函数给用户用于编程。其运行过程主要是先将待处理的大规模数据集按照一定规则分成大小相等的数据片，每个数据分片交给一个Map任务并行进行处理，然后并行执行多个Reduce任务，每个任务对前一阶段Map任务得到的结果进行规约，从而得到最终的结果。

流处理又称准实时或者准在线处理，同样是消费输入数据然后产生输出数据。与批处理不同的是，流处理在输入流后就会对其进行操作，而批处理是需要等待固定的一组数据全部输入后再对其进行操作。因此，流处理相比批处理有更低的响应延迟。

例如，Apache Strom是一种低延迟的流处理框架，可以实时处理大型结构化和非结构化数据。其中包含Spout和Bolt两种类型的节点，采用Spout对数据流进行拉取，并交给Bolt进行数据处理和输出，Spout和Bolt都可以多节点并行执行。其数据处理的时延可以达到亚秒级别。

有些大数据处理框架既可以进行批处理又可以进行流处理，如Apache Spark和Apache Flink。Apache Spark是对Hadoop MapReduce的优化升级，使用在内存中缓存中间数据对性能进行优化，批处理能力相比Hadoop有了大幅度提升。同时，其Spark Streaming模块使用微批处理的方式，将一小段时间内的输入数据作为一个微小的批次进行处理，提供了流处理能力，但通常情况下处理延时相比原生的流处理系统会高一些。Apache Flink同样提供流处理和批处理能力，但其主要为流数据处理而设计，将批处理作为一种有界限的流处理来执行。

大数据处理技术在电商场景中也得到了广泛的应用。例如，面对淘宝网海量的用户行为日志数据，想要从中统计出某天被浏览最多次的商品是非常困难的事情，从这样庞大规模的日志数据上进行统计计算，往往会耗费很长的时间。这类任务通常会采用批处理技术来实现，批处理任务会定时地启动，对前一段时间的数据进行分布式处理和计算，并将得到的计算结果保存到数据库中，这样就可以很方便地进行查询。批处理任务是定时执行的，并且每次执行会需要很长时间，通常只能查询到前一天或几个小时之前的统计结果。而对于实时场景，如淘宝的双十一大屏，需要近乎实时地显示淘宝网的交易量和交易金额，批处理技术则无法适用，需要使用流处理技术，在数据流入后立即进行处理，并实时地返回处理结果。淘宝的双十一大屏采用 Apache Flink 作为流处理框架，数据经过采集、计算处理，最终显示在大屏上，延迟可以在 5 秒以内。

4. 大数据分析技术

随着数据量的不断增长，针对单源、单一数据类型、小规模数据的传统统计数据分析技术已经难以满足现实需求，往往需要使用针对多源、多模态、大规模数据的大数据分析挖掘技术，从海量数据中挖掘出复杂的内在规律。

联机分析处理（online analytical processing，OLAP）是一种交互式地快速进行多维度数据分析的技术，允许在大规模数据上进行复杂的分析和即席查询。OLAP 包含三个基本的分析操作，分别是上卷（roll up）、钻取（drill down）、切片（slicing）。上卷指的是在某一个或多个维度上对数据进行聚合统计分析，聚合操作一般包括求和、求平均值、求最大值等；钻取是允许用户浏览更详细的数据信息；切片是指用户可以从多维数据中取出一组特定的数据，并从不同维度进行查看。

数据挖掘（data mining）是从大规模数据集中发现模式的技术，其使用的方法涉及人工智能、机器学习、统计学和数据库等多个领域。在进行数据挖掘之前，通常需要对数据进行选择和预处理，清除数据包含的噪声，对缺失的数据进行丢弃或填充，对数据中的敏感信息进行替换、过滤或者删除，有时候还需要对数据规模进行规约。数据挖掘的常见任务有关联规则分析、聚类分析、数据分类和时序预测等，这些任务所涉及的数据挖掘算法将在下一小节中进行详细介绍。

在电商场景中，营销人员会对订单数据进行多个维度的分析以制定营销策略，比如查询在某个时间段某地区销售量最多的商品，这就需要借助 OLAP 引擎进行查询。淘宝网的推荐系统，如首页的“猜你喜欢”应用，会给不同用户推荐不同的可能会感兴趣的商品，其中就运用了数据挖掘技术，通过算法对用户点击、浏览、购买等用户行为数据，以及用户和商品的基本信息数据等进行挖掘分析，预测出用户点击概率较高的商品，然后呈现给用户。

【思考】联机分析处理与数据挖掘有什么区别？

9.1.3 数据挖掘

大数据具有极高的价值，但价值密度较低，需要借助大数据分析与挖掘的方法，从中提炼出有价值的信息，为商业决策提供支持，创造真正的商业价值。随着数据挖掘、机器学习等领域的不断发展进步，出现了很多的数据分析和挖掘的方法，这些方法在现实生活中得到了广泛地运用。下面简单介绍关联规则挖掘、聚类分析、数据分类和时间序列分析四个数据挖掘的常见任务，以及其中涉及的相关算法。

1. 关联规则挖掘

关联规则挖掘（association rule mining）是从大规模数据中，发现变量之间的隐藏的关联性或相关性。关联规则挖掘最初被提出是用来发现超市交易数据中产品之间的关联规则，以决定将哪些产品进行捆绑销售，比如顾客买了啤酒，那他们很有可能会买尿布，因为啤酒和尿布两个产品在销售数据中体现出很强的关联性。

关联规则可以有如下定义。$I=\{I_1,I_2,\cdots,I_m\}$ 是项目的集合，$D=\{t_1,t_2,\cdots,t_n\}$ 是交易的数据集，其中每个交易 $t\subseteq I$，关联规则可以表示为 $X\rightarrow Y$，其中 $X,Y\subseteq I$ 且 $X\cap Y=\varnothing$。例如：I 是超市中商品集合，t_n 是顾客一次购买的若干商品，D 就是超市一段时间以来的顾客购买记录；如果关联规则是：啤酒→尿布，试图想表达的关系是：买啤酒的人也买了尿布。

有两个反映关联规则挖掘效果的重要指标，即：支持度和置信度。关联规则的支持度是数据集 D 中包含 $X\cup Y$ 的交易占比；例如，上述“啤酒→尿布”关联规则的支持度是指：在顾客购买记录 D 中，同时买啤酒和尿布的顾客比例有多少。置信度是包含 X 的交易中同时包含 Y 的交易占比；例如，上述“啤酒→尿布”关联规则的置信度是指：在顾客购买记录 D 中，买了啤酒的顾客中买尿布的顾客比例有多少。如果一条关联规则同时满足设定的最小支持度和最小置信度的阈值，则该关联规则被认为是有用的。

Apriori 算法是生成关联规则的最基本算法。Apriori 算法首先找出数据集中的所有的频繁项集，即满足最小支持度的项集，然后再从频繁项集中产生有用的关联规则。如果一个项集不是频繁的，那么其所有超集（包含项集的更大集合）都不可能是频繁的，所以 Apriori 算法采用自底向上的方式逐层产生频繁项集，每次只向外扩展一个对象，利用长度为 k-1 的候选项集产生长度为 k 的候选项集，并检验其是否满足最小支持度。在得到频繁项集之后，对于每个频繁项集找到其非空真子集，将这些非空真子集两两组合得到候选关联规则，然后计算所有关联规则的置信度，最终得到满足最小置信度的关联规则。

Apriori 算法需要多次扫描全量的交易数据，效率很低，在数据量很大时会非常耗时。FP-Growth 算法是对其的优化，该算法构建了频繁模式树（FP-Tree），然后从 FP-Tree 中挖掘频繁项集，只需要对全量交易数据扫描两次，算法效率相比 Apriori 算法要高很多。

【思考】关联关系的背后是否有因果关系在支撑？关联关系与因果关系在大数据背景下有什么区别与联系？

2. 聚类分析

聚类分析（cluster analysis）是一种无监督学习方法，在市场营销分析、经济分析和自然学科等众多领域中得到了广泛的应用。聚类是根据数据对象之间的相似性将数据分成不同的类，使得属于相同类别的数据对象之间具有较高的相似性，而属于不同类别的数据对象差异会较大。通常会采用距离来对数据对象之间的相似度进行度量，距离可以选择欧式距离、马氏距离、切比雪夫距离等。聚类方法可以分为划分式聚类（如 k-means 算法）、层次聚类（如 Diana 算法）、基于密度的聚类（如 DBSACN 算法）等多种类型。

k-means 算法是一种划分式的聚类方法。假设数据中包含 n 个数据对象。每个对象有 d 个属性，则可以被表示为一个 d 维的向量。k-means 聚类就是将 n 个对象划分到 k 个集合中，使得组内误差平方和最小。

该算法可以被归纳为以下几个步骤：

（1）随机选取 k 个对象作为初始的聚类中心；

(2) 计算每个对象与各聚类中心之间的距离，把每个对象分配给距离它最近的聚类中心；

(3) 一旦全部对象都被分配了，每个聚类的聚类中心会根据聚类中现有的对象被重新计算，新的聚类中心是类中现有对象的质心；

(4) 这个过程将不断重复直到满足某个终止条件，如聚类中心变动在一定的误差允许范围内，或者达到最大迭代次数。

下面 Python 程序随机生成 30 个 2 维数据（代表平面中的点坐标），并应用 k-means 算法将这些点划分为 3 类。读者可以运行该程序体验一下，有兴趣的话还可以修改其中的参数，如生成点数、分类数、循环次数等。

```
import numpy as np
import matplotlib.pyplot as plt

def cal_dists(X,Y):
    """
    计算矩阵X和Y之间的欧式距离
    如果X的大小为(n*d),Y的大小为(m*d),则距离矩阵的大小为(n*m)
    """
    dists = np.sqrt(np.sum(np.square(X),axis=1,keepdims=True)+np.sum(np.square(Y),
axis=1,keepdims=True).T-2*np.dot(X,Y.T))
    return dists

def kmeans(X,k=3,max_iter=100):
    """
    参数:
        X:待聚类的数据
        k:聚类中心数量
        max_iter:最大迭代次数
    返回:
        每个对象对应的类别id
    """
    #随机选择k个初始聚类中心
    idx = np.random.choice(len(X),k,replace=False)
    centroids = X[idx, :]
    #计算每个对象到聚类中心的距离,并将其分配给最近的聚类中心
    cls = np.argmin(cal_dists(X,centroids),axis=1)
    for_in range(max_iter):
        #重新计算聚类中心
```

```
        centroids = np.vstack([X[cls==i, :].mean(axis=0) for i in range(k)])
        # 重新为每个对象分配最近的聚类中心
        new_cls = np.argmin(cal_dists(X, centroids), axis=1)
        if np.array_equal(cls, new_cls):
            # 如果聚类中心不再改变，则终止
            break
        cls = new_cls
    return cls
```

运行程序，把聚类结果可视化，如图 9-1 所示。其中，不同颜色代表不同类别。

```
X = np.random.random((30,2))                    # 随机生成 30 个 2 维数据
cls = kmeans(X)                                 # 聚类
X1=X[cls==0]
X2=X[cls==1]
X3=X[cls==2]
plt.scatter(X1[:,0],X1[:,1],marker='o')# 可视化
plt.scatter(X2[:,0],X2[:,1],marker='s')# 可视化
plt.scatter(X3[:,0],X3[:,1],marker='^')# 可视化
plt.show()
```

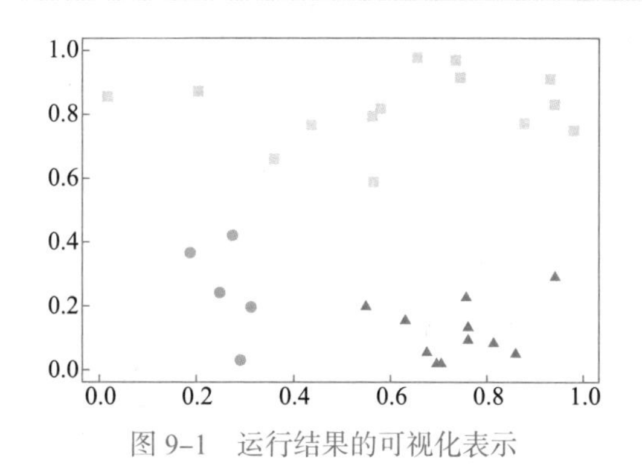

图 9-1　运行结果的可视化表示

3. 数据分类

数据分类（data classification）是数据挖掘中的一种基础方法，属于有监督学习范畴。分类与聚类不同，分类是根据已知类别标签的训练样本数据（所以属于监督学习），训练出一个模型，来预测新样本属于哪个类别，而聚类的训练数据是没有类别标签的（所以属于无监督学习）。数据分类同样有着广泛的应用，典型的应用有欺诈检测、医疗诊断、网页分类等。

决策树（decision tree）是一种常见数据分类方法，采用了树作为数据结构，树的每个内部节点表示决策属性，每个分支表示变量的判断结果，叶子节点表示类别标签。决策树的构建通常采用 ID3 或 C4.5 算法，这两种算法分别采用信息增益和信息增益率作为选择决策属性的依据。

【例 9-1】假设有一群对象,每个对象有一组固定属性:高度{高,矮},发色{黑色,红色,金色}和眼珠色{蓝色,棕色}。现有 8 个对象,其具体属性如下。这 8 个对象分为两类,标以 +、– 来表明其所属类别。

高度	发色	眼珠色	类别
矮	金色	蓝色	+
高	金色	棕色	–
高	红色	蓝色	+
矮	黑色	蓝色	–
高	黑色	蓝色	–
高	金色	蓝色	+
高	黑色	棕色	–
矮	金色	棕色	–

【分析】我们可以使用决策树对这些对象进行分类。首先选取"发色"作为属性将 8 个对象的集合分为三类,对应"黑色""红色"和"金色"。可以发现"黑色"和"红色"这两个分支都分别是纯粹的"–"类和"+"类了,我们只需要对"金色"分支做进一步区分。我们选取"眼珠色"属性,将"发色"为"金色"的集合按"眼珠色"划分为"蓝色"和"棕色"两类。至此,所有末端的子集只含同一类的对象,我们得到一决策树,如图 9-2 所示。依靠这个决策树,将来有新的例子,就很容易根据这个决策树判别它到底属于"–"类还是"+"类。在这个决策树产生过程中,我们从"发色""眼珠色""高度"选出作为分类的属性,这有一套方法,也就是算法。其中,典型的方法是采用信息增益或者信息增益率作为选择决策属性的依据。信息增益是衡量所选择的属性能够为分类带来多少信息,带来的信息越多,该属性越重要。

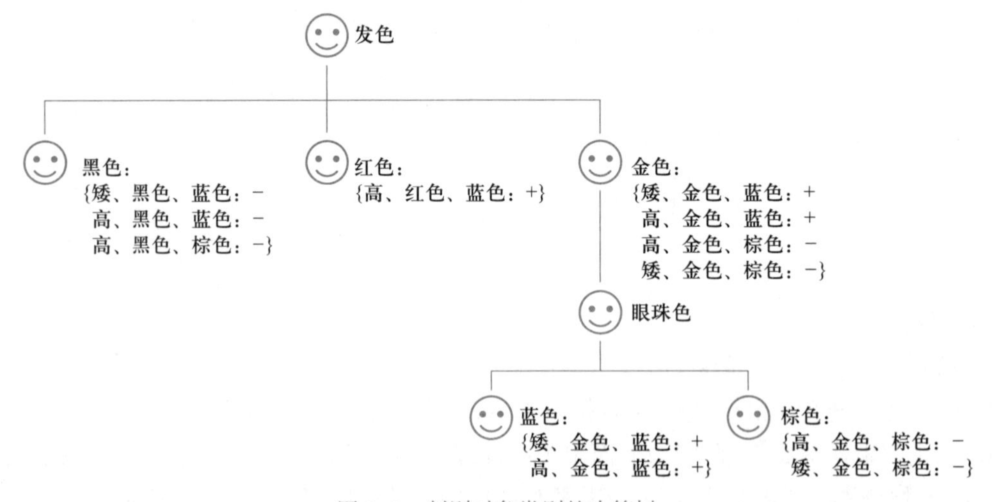

图 9-2 判别对象类别的决策树

除了决策树之外,数据分类的方法还有朴素贝叶斯、人工神经网络、支持向量机等。用于分类的数据不仅仅可以是结构化的数据,还可以是图片、文本、音视频等非结构化数据。深度学习技术从人工神经网络技术发展而来,凭借其强大的建模能力,在处理大规模的非结构化数据的分类问题上具有很大优势。

4. 时间序列分析

时间序列分析(time series analysis)是针对时间序列数据进行分析的数据挖掘方法。时间序列数据指的是时间上具有相同间隔的有限序列,如车站、机场、商场的月客流量,或者不同假日的高速公路车流量,不同时刻的股票价格等。对时间序列数据进行分析,主要是为了达到两个目的:(1) 识别时间序列的结构并建模;(2) 预测时间序列中未来的值。

常用的时间序列分析方法有 AR、MA、ARMA、ARIMA、ARCH、GARCH 等模型,通常采用赤池信息量准则(akaike information criterion,AIC)和贝叶斯信息准则(bayesian information criterion,BIC)来对模型拟合效果进行评价,选取更适合的模型对给定的时间序列进行建模预测。

时间序列分析在金融、经济、生物、工程、物流、制造业等领域都得到了广泛的运用,比如根据金融时间序列数据预测股票的走势,根据零售销售量的时间序列数据预测销售量的变化趋势。

9.2　区块链技术及应用

区块链(blockchain)源于比特币,作为一种分布式账本技术,以其多方共识、多方维护、难以篡改等特点,可在不同参与方之间建立信任关系,促进缺乏信任基础的各方高效协同工作。随着区块链技术的发展,区块链逐渐在金融科技、社会治理、民生服务、实体经济等领域得到广泛应用,为各行各业赋能增效,成为重要的新型基础设施。下面我们从常见的合同不可篡改方法谈起,进而介绍比特币的记账方法、区块链技术核心思想、核心技术与典型应用。

9.2.1　合同及不可篡改方法

在商品社会里,单位、个人等主体之间常常会存在各种各样的合作。合同在其中扮演了非常重要的角色:双方在信任或者不信任的状态下,因为签订了合同就有了法律依靠,在履行合同期间,有法可依,有据可循,同时对双方也都形成约束力。合同是社会发展和法治社会中的重要方式方法,对社会和谐起到了不可估量的作用。

合同是合作双方都表示一致而达成的一种契约。从字面意思来看:将各方的意见集“合”起来进行协商,若都“同”意了,就形成“合同”。合同制在中国古代也有悠久的历史。《周易》记述:“上古结绳而治,后世对人易之以书契”。“书”是文字,“契”是将文字刻在木板上,并将木板一分为二,称为左契和右契,以此作为凭证。“书契”就是契约。现代社会签订的各种合同都是在纸张上,而在古代却是实物。

双方合同一旦签订,合同内容不可篡改、不可抵赖,是合同制度能够合法执行的重要基础。如果没有这样的基础,有关合同的一系列法律制度也将无法落实,保障社会和谐发展的体系也无法建立起来。现在大家知道,保障纸质合同不可篡改、不可抵赖的重要方法是:(1) 合同一式多份,签约方各执 1 份,使得任何一方都很难抵赖;(2) 合同盖骑缝章,使合同的前后页之间形成某种关联，使得想替换其中某一页难度极大。如图 9-3 所示。

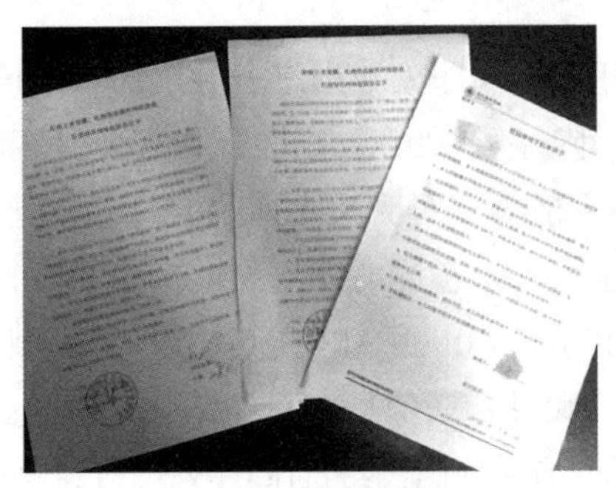

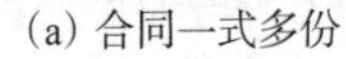
(a) 合同一式多份

(b) 盖骑缝章

图 9-3 保障合同不被篡改的方法

在传统以纸质为合同介质的社会里，通过合同一式多份和盖骑缝章，保障了合同的不可篡改，从而为社会的良性、和谐发展建立了基础。随着数字化技术的发展和应用，我们从二元世界（人类社会、物质世界）进入了三元世界（人类社会、物质世界、数字空间），数据成为重要的生产要素和资产，合同的载体也由纸质逐步过渡为数字化形式。如何保证数字空间中流动的数据不被篡改、不可否认，是三元世界社会运行的重要基础。

从上面例子可知，保障合同不可篡改的方法是：在空间上，将合同分布存储；在时间上，把合同页前后建立关联。同样地，如果把数据对比于合同，那么数据不可篡改、不可抵赖的方法是不是也可以：(1) 在空间上，将数据分布存储，由多方共同管理；(2) 在时间上，将前后数据之间建立关联，使前后数据区块串联成链。这就是区块链让数据不可篡改、不可抵赖的核心思想。区块链最早的应用是给比特币（Bitcoin）记账。

【思考】日常生活中还有哪些场景利用分布存储的方法提高防篡改能力？

9.2.2 比特币及交易记账方法

2008 年 10 月 31 日，中本聪（Satoshi Nakamoto）发布了比特币设计白皮书 *Bitcoin:A Peer-to-Peer Electronic Cash System*（最早见于 metzdowd 邮件列表），并在 2009 年公开了最初的实现代码，第一个比特币于 2009 年 1 月 3 日 18 :15 :05 生成。

比特币被称为加密数字货币，是因为在流转过程中采用了密码技术。其实，比特币并不是真正意义上的货币。货币有五大基本职能，即：价值尺度、流通手段、贮藏手段、支付手段和世界货币。其中，价值尺度和流通手段是货币最基本的职能。由于比特币的价格变动很大，无法承担价值尺度的职能。2010 年 5 月，一个程序员用了 1 万枚比特币交换了两块价值 25 美元的披萨，这就是比特币历史上有名的“比特币披萨”事件，此时比特币的交易价格为 0.002 5 美元；2010 年 7 月 18 日，比特币的价格达到了 0.06 美元；2011 年 4 月至 6 月，仅用了 2 个月的时间，比特币就从 0.68 美元的价格攀升到了 30 美元；2017 年底，比特币一路高歌猛进，价格飙涨到了近 2 万美元；2021 年 11 月曾达到历史最高点超过 6.8 万美元，在此半年后又跌到不到 3 万美元。

1. 比特币的发行与流通

虽然比特币不能称为真正意义上的货币,但也表现了货币的许多特点,比如流通手段、一定范围的支付手段等。比特币设计者的初衷是希望利用计算机创造一种不受任何人控制而能在世界流通的数字货币。所以,与法定货币不同,比特币不依靠特定货币机构发行,它依据特定算法而计算产生的。想利用计算机创造一种数字货币,最核心的是两个环节:货币发行和货币流通。

在发行(发币)方面,比特币事先设置了发行规则:(1) 总量固定,即总共发行 2 100 万个币;(2) 发行节奏固定,即每十分钟左右发行一批货币;一开始每十分钟左右发行 50 个比特币,当比特币总量减到原来一半时(约 4 年时间),每十分钟左右的发行量也减到原来的一半(即 25 个),以此类推,又过 4 年减到每十分钟发行 12.5 个,再过 4 年 6.25 个……问题是,每十分钟发行的比特币给谁呢?比特币系统在设计中很巧妙地把发行环节与流通环节紧密关联起来:每次发行货币的同时进行货币流通记账,谁负责记账谁就获得这次发行的比特币。

在流通(使用)方面,由于是数字货币,要解决两个核心问题:(1) 怎么证明钱是你的?(2) 如何防止“双花”(比如,同一笔钱同时转给两个人)。支付宝也是一个人民币账户,也同样需要解决这两个核心问题。支付宝的解决方法是:设立一个中心数据库,保存每个账号的密码和余额,用户对上密码就证明他是账户主人,用户每花一笔钱就扣减账户余额就可以防止“双花”。但是,比特币不能采用基于中心数据库的记账方法,因为在缺乏监管的环境下,维护这个中心数据库的人就可以控制比特币,这与比特币的初衷不符。因此,比特币就采用分布式记账的方法来解决流通记账问题,并由此诞生了一种技术——区块链。

2. 比特币的记账方法

在比特币系统上其实并不存在“账户”,而只有“地址”,每个地址有所对应的独立的私钥,将来就用这个私钥来证明你是这个地址的主人,这里应用了非对称加密技术。只要愿意,可以在比特币区块链上开设无限多个地址放在“钱包”里,你拥有的比特币数量是你所有的钱包地址中比特币的总和。当张三要转一笔比特币给李四,就是从张三的一个钱包地址转到李四的一个钱包地址中去。

与传统银行账户不同,地址中不记录余额,而是采用 UTXO 模式(unspent transaction output,未使用的交易输出)记录每笔钱。例如,如果张三有 3 个比特币,那么这个比特币一定是有来源的,比如是前一个交易中李四转给张三的,那这 3 个比特币就属于还未使用的(前一个)交易输出,所以称之为 UTXO。如果张三在接下来的交易中把其中 2 个比特币转给了王五,那么王五就将获得一个 2 个比特币的 UTXO,张三的 UTXO 就变为 1 个比特币。简单地理解,可以把 UTXO 理解为小孩过年时拿到的一个个红包,比特币的记账方式是记录一个个红包的演变过程,而不用记录每个账户(或者地址)的当前余额。

比特币系统是每十分钟左右记一次账,记录最近一个记账周期中各个交易所所发生交易的信息,即 UTXO 的转移过程。这样的一次账页就称为一个区块。比特币系统每次会通过竞争的方式选择一个节点来记账,并将准备发行的比特币给这个记账节点作为奖励。这也是为什么众多节点愿意参与竞争获得记账权的原因,因为可以获得一笔价值不菲的比特币。

3. 记账权的竞争与“挖矿”

比特币记账的基本过程是：当账户客户端到交易所发起一项交易后，会广播到网络中并等待确认；网络中的各节点会将这些等待确认的交易记录打包在一起，组成一个候选区块。期间，当某个节点通过竞争获得了记账权时，就将该节点的候选区块作为正式区块通过网络发布出去。

那比特币又是用什么方法来竞争记账权的呢？其方法是：让每个参与竞争节点去寻找一个随机数 nonce 参与哈希计算（见 9.2.2 小节），使得候选区块的哈希结果满足一定条件（比如，哈希结果值的二进制数前若干位为 0）。一旦这个 nonce 被寻找出来（实际上是被随机猜出来），该节点就将获得记账权（同时也获得一笔比特币奖励），并把它的记账结果进行全网广播。网上的其他各节点可以根据它提供的 nonce 值来验证是否确实符合约定条件，如果是，就承认这个区块是一个合法的新区块，从而形成共识，新区块被添加到链上。

由于哈希计算是不可逆的（已知输出，无法推算输入），要使哈希结果满足一定条件只能进行暴力尝试，即盲目地猜。猜的次数越多，算出来的概率越大。这个过程，俗称“挖矿”。另外，通过调节对预期哈希结果的限制，比如要求哈希结果值的前 10 位必须为 0（要求多少位可以控制），就可以控制概率意义上的出块速度。比特币网络通过概率模型控制约平均 10 分钟算出来一个合法区块。比特币的这种基于算力的共识机制被称为工作量证明（proof of work，PoW）。

4. 区块信息与区块链

比特币运行在由全球超过 10 000 个分布式的用户节点构成的点对点网络上。每个用户节点都可以自由加入和退出网络。每个用户节点都维护有一个区块的链式账本。由于是共同维护的（共同记账，共同保留账本信息），某个节点的恶意篡改，不能得到其余节点的认同。

比特币系统每十分钟左右生成一个区块（相当于一个账页），每个区块包括四个部分，即前一个块的哈希值、时间戳、随机数和交易的 Merkle 树，如图 9-4。

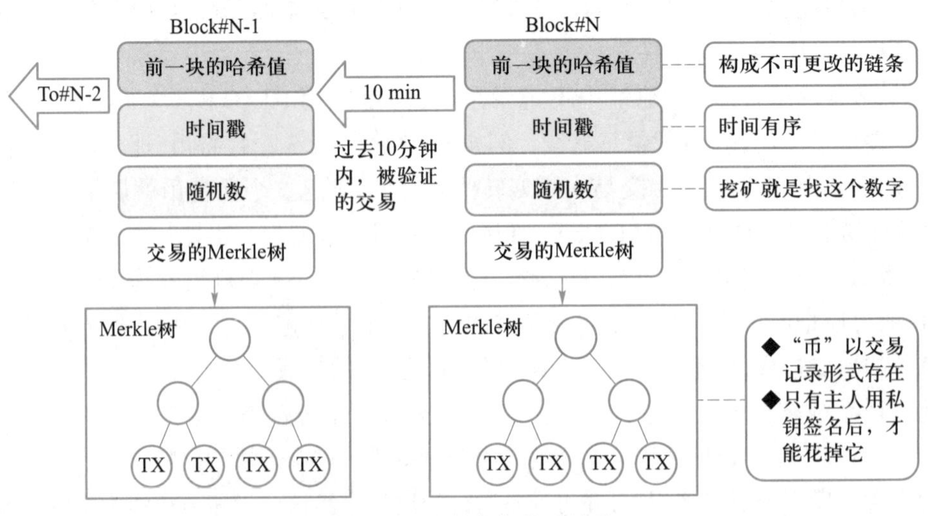

图 9-4 区块结构与前后关联

比特币区块中的前一块哈希值用于关联前一个区块，保证了块与块关联构成了不可更改的链条，不同区块按照时间顺序形成前后关联，故称为“区块链”。

时间戳反映了产生当前区块的时间，由连接到本节点的所有节点时间的中位数（网络调整时间）作为时间戳写入到区块。

随机数是“挖矿”过程中需要确定的某个数 nonce。“挖矿”过程就是要找这个数。

交易的 Merkle 树是将若干交易内容 TX 经哈希之后再进行一次哈希，形成树状结构，根结点就是存储区块所包含的所有交易内容的映射（“指纹”）。可见，存到区块里的并不是交易的具体内容，而是可以验证交易内容的哈希值（见 9.2.2）。

随着比特币的发展，大家发现支撑比特币分布式记账的这套技术很有用，所以被提取出来并逐步发展壮大，这就是区块链技术。

9.2.3 区块链主要思想和核心技术

从本质上说，区块链是一种使数据不可篡改、不可抵赖的数据组织与管理技术。数据库也是一种数据组织与管理技术，但其目标是如何管理一个数据集合，以方便数据的插入、删除、修改、查询等操作，同时保证数据的一致性、完整性和安全性。与数据库不同，区块链的目标是使数据不可篡改、不可抵赖，因此，区块链中的数据只可以添加（插入）和查询，不能修改和删除。所以，从本质上看，区块链不是数据库。

1. 哈希函数

在介绍区块链核心技术之前，先介绍一下哈希（hash）函数。

哈希函数 $H(x)$（又称散列函数、杂凑函数），是指一类函数，它把任意长度的输入 x，通过某个计算过程变换成固定长度的输出 $y=H(x)$，该输出就是哈希值。一般希望不同的输入（$x_1 \neq x_2$），能产生不同的输出（$y_1 \neq y_2$）。由于这种哈希转换通常是一种压缩映射，也就是，哈希值 y 的空间通常远小于输入 x 的空间，所以，不同的输入 x 并不能保证会被映射成不同的输出 y。但是，当 y 的长度（位数）比较大时，不同 x 映射为同一 y（即发生冲突）的概率可以做到极其小。

那哈希函数有什么用呢？哈希函数的典型应用有：

(1) 动态查找。动态查找是指从动态变化的集合中查找指定的元素，即除了查找外，还有插入、删除发生。我们常说的二分查找主要应用于静态查找，即元素集合是固定不变的，比如字典中的单词。哈希查找是解决动态查找问题的重要方法，它把哈希值 $H(x)$ 作为关键词为 x 的元素的存放位置，这样要查找元素 x，只要做个哈希计算 $H(x)$，就可以确定该元素 x 计划存放的位置。当然，由于不能保证不同的 x 都能计算出不同的 y 来，所以哈希查找还需要考虑万一发生冲突（即不同元素映射到相同位置）时怎么办，这就是冲突解决策略。

(2) 数据完整性校验。可以设计合适的哈希函数 $H(x)$ 把任意长度的输入消息串 x 映射为固定长的输出串 $y= H(x)$ 且从输出串 y 难以得到输入串 x，简单来说就是已知 y 求不出 x。这种哈希函数我们称为单向哈希函数，比如，MD5（MD5 message digest algorithm）就是一种单向哈希算法。它可以用来把不同长度的数据块 x 通过计算生成一个 128 位的数值。这个

128位的数值可以看成原消息(数据块 x)的摘要,或者说是 x 的"数字指纹"。由于发生冲突的可能性极小,在实际应用中基本可以看成不同的"指纹"对应不同的消息 x,从而哈希计算可以应用于消息校验、数字签名等方面。如果消息 x 被改变了,那么它的哈希函数值就与之前的计算结果不一样,这样只要保留原消息的计算结果(指纹)就可以验证新的消息 x' 是否与之前的消息 x 一样,这样就达到数据完整性校验的目的。

2. 区块链实现数据不可篡改的主要思想

区块链是如何实现数据的不可篡改、不可抵赖呢?从比特币记账的方法中可以看到,核心思路是以下两个。

(1) 由多方来共同维护数据,即所谓的"去中心化"或者"多中心化"。区块链是靠多个节点共同维护数据,基于共识生成的数据在各参与节点上做备份,以保障数据不可篡改、不可抵赖。基于分布式存储数据,数据的传输不再依赖某个中心节点,而是P2P对等网络的直接传输。全网络的每个节点都依据共识开源协议,自由安全地传输数据。所有交易记录是对全网络公开的,每个节点都可以备份。

(2) 应用哈希计算建立前后数据块之间的关联,组成一种链式数据结构,即"区块链"。数据以区块形式记录(俗称"打包"),并且前后区块之间存在一种关联,即前一个区块数据 m 的哈希值被记录到下一个区块中,这样下一个区块就可以校验上一个区块的数据,可以识别到已有区块数据被篡改。新的数据要加入,必须放到一个新的区块中,而这个区块是否合法必须经过一定的共识机制来使多方在最终选择的区块上达成一致。

以上是区块链的主要思想,在实现中还有许多核心技术,包括共识机制(consensus mechanism)、智能合约(smart contract)、非对称加密、P2P对等网络等。

3. 共识机制

由于区块链数据由多方(多个节点)共同维护,那么确定哪个新数据区块可以加入,以及如何保持区块数据的一致性(防止个别节点被恶意篡改),就变得很重要。由于多方节点是平等的,所以需要有一种事先约定的方法来进行决策,这就是共识机制。共识机制是决定哪个节点产生的区块具有合法性和保持区块链一致性的算法。共识机制需要解决由于有恶意节点存在而导致的信任问题,即能对节点进行拜占庭容错(Byzantine fault tolerance)。有研究表明,假设系统需要满足能够容忍存在f个拜占庭节点(恶意节点)时,系统中至少需要存在3f+1个节点才能保证系统的正常运行。

目前常用的四种区块链共识机制有:PoW(工作量证明,比如通过使用算力等资源来获得区块的打包权)、PoS(权益证明,比如根据拥有的权益多少决定具有打包权的概率)、DPoS(股份授权证明)、PBFT(实用拜占庭容错协议)。

【思考】请进一步查找资料理解拜占庭容错。如果共识方法是少数服从多数,问:如果只有3个节点且其中有1个恶意节点,能够实现拜占庭容错吗?

4. 智能合约

智能合约的概念最早在1994年由密码学家与法学家尼克·萨博(Nick Szabo)教授提出并定义为"一套以数字形式指定的承诺,包括合约参与方可以在上面执行这些承诺的协议”。初衷是在无须第三方可信权威的情况下,作为执行合约条款的计算机交易协议。但是智能合约在提出后并没有得到太多的关注,主要原因是没有寻找到一个不依赖可信第三方的完全可被信任的执行环境。但是区块链技术改变了这个情况,区块链系统可以构建可信的环境,与智能合约能够完美搭配。

在区块链系统中,智能合约表现为代码和数据的一种集合,代码代表了合约的功能,数据则代表状态。区块链通过与智能合约结合,对外提供应用开发与功能扩展的接口,把区块链从数据存储平台扩展成分布式应用平台。用户通过编写智能合约可以支持许多灵活的需求和场景,使区块链的应用范围大为增加。区块链保证基于智能合约执行的业务全过程的可信、可靠与安全,即不可篡改、不可抵赖、可追溯、可校验。例如,在汽车保险理赔业务中,如果相关的证据进入区块链,比如交警出具的交通事故责任认定书、汽车修理店的修理费票据,那么事先设计好的计算机程序(智能合约)就可以在确认这些证据到位后自动将汽车保险理赔金额从保险公司账户转移到被保险车主的账户上。

5. 非对称加密算法

第 7 章中介绍了非对称加密算法。非对称加密算法主要用公钥和私钥对存储和传输中的数据进行加密和解密。在区块链系统中,基于非对称加密算法生成公钥和私钥的密钥对,公钥可用于数据信息加密,对应私钥用于对数据解密。反之,用私钥加密的数据信息进行数字签名,对应的公钥进行解密,即验签。

以比特币底层区块链技术为例,比特币交易过程中,公钥通过哈希计算转化为地址(相当于银行账户)用于接受比特币,私钥用于比特币支付时的交易签名(相当于传统银行业务中的密码验证)。利用支付者提供的公钥和用私钥签名后的交易内容,系统就可确认支付者是否对所交易的比特币拥有所有权。因此,在用户身份识别方面,传统银行需要应用中心数据库来保存每个账户的密码以实现身份验证,而比特币则采用非对称加密技术实现用户身份验证,这也使得比特币的分布式记账方式更容易实现。

6. P2P 对等网络技术

P2P(peer-to-peer)对等网络技术又被称为点对点网络技术。P2P 对等网络技术是区块链系统中连接各对等节点的组网技术,包括区块链各节点通信和交互。P2P 对等网络作为分布式网络,网络上的各个节点可以直接相互访问而无须经过中间实体,同时共享自身拥有的资源,包括存储能力、网络连接能力、处理能力等。在区块链技术出现之前,P2P 对等网络技术已经比较成熟,在分布式科学计算、文件共享、流媒体直播与点播、语音通信及在线游戏支撑平台等多种应用领域得到广泛应用。

总之,区块链是一系列技术的集成创新:利用前后关联的块链式数据结构来验证与存储数据,利用分布式节点共识算法来生成和更新数据,利用点对点网络来传输和交互数据,利用密码学方法保证数据传输和访问的安全,利用智能合约来编程和自动化操作数据。

9.2.4 区块链类型与应用

2009 年 1 月比特币问世。随后几年,支撑比特币记账的区块链技术受到大家关注,并引发了分布式账本(distributed ledger)技术的革新浪潮。2013 年具有智能合约功能的公有链平台以太坊项目面世,区块链技术应用也超出了加密数字货币的范畴,并在金融等领域得以更加广泛地运用。目前区块链技术已在社会各行各业,包括政府、医疗、文化、司法、物流等各个领域开展广泛的应用探索。

1. 区块链类型

根据不同的应用场景,区块链大致可以分为公有链(public blockchain)、联盟链(alliance chain)和私有链(private blockchain)三大类。

公有链,顾名思义,任何人都可以参与使用和维护,通常没有官方组织及管理机构,也无中心服务器,任何人、任何节点按照系统规则可以自由接入网络、参与记账和共识过程,且记账等活动信息可以得到有效确认的区块链。公有链通过非对称加密和共识机制在互为陌生的网络环境中建立共识,形成去中心化的信用机制。公有链主要适用于加密数字货币、面向大众的电子商务、互联网金融等应用场景,典型代表有比特币和以太坊。

联盟链是一种需要注册许可的区块链,仅限于联盟成员参与,加入需要申请和身份验证,并提供对参与成员的管理、认证、授权、监控、审计等安全管理功能。联盟链上的读写权限、参与记账权限按联盟的规则来制定;整个网络由成员机构共同维护,网络接入一般通过成员机构的网关节点接入,共识过程由预先选好的节点控制。一般来说,联盟链适合于行业机构间的交易、结算或清算等应用场景。联盟链对交易的确认时间、每秒交易数都与公有链有较大的区别,对安全和性能的要求也比公有链高。联盟链的典型代表是基于 Hyperledger 项目。Hyperledger 项目是一个旨在推动区块链跨行业应用的开源项目,由 Linux 基金会在 2015 年主导发起,成员包括金融、银行、物联网、供应链、制造和科技行业的领头羊。联盟链也是目前区块链行业应用中最有商业价值的区块链类型。

私有链一般是指建立在某个企业或私有组织内部的区块链系统,只供该企业或私有组织使用。私有链的运作规则根据该企业或者私有组织的具体要求进行设定,应用场景包括数据库管理、办公审批、财务审计、档案管理、企业或私有组织的预算和执行等。私有链的价值体现在提供安全、可溯源、不可篡改的相关数据服务。

2. 区块链典型应用

目前,区块链技术已经脱离开比特币,在全球范围内快速发展,已成为重要的数字化基础设施,其应用已延伸到金融科技、民生服务、社会治理、实体经济等领域,包括数字金融、物联网、智能制造、供应链管理、数字资产交易、防伪溯源、司法存证、政务数据共享等方面,展现出广阔的应用前景。例如,在供应链管理、产品溯源、数据共享等实体经济领域,区块链技术应用可以在优化业务流程、降低运营成本、建设可信体系等方面发挥重要作用,支撑行业数字化转型和产业高质量发展;在政务服务、司法存证取证、智慧城市等公共服务领域,可以加快应用创新,支撑公共服务透明化、平等化、精准化。

金融行业是区块链技术应用最早、需求最多的领域。目前,区块链在全球支付、贸易融资、代理投票、财险理赔、可转债、资产再抵押、自动合规和股权、证券交易等金融领域均有商业落地与推广场景,尤其是在数字资产交易服务领域。区块链技术也在数字人民币体系建设和金融监管方面扮演了重要角色。

在医疗领域，区块链被用于在病人与医生间安全可信地共享医疗电子数据。区块链可编程、匿名性的特征，能在去中心化的环境下保护用户隐私，大幅降低数据泄露风险，提高服务质量和管理效率，在医疗领域应用价值巨大。

在司法服务与社会治理方面，基于区块链的鉴证服务可为机构或个人提供身份信息、资质证明、产权版权、保单保全等方面具有公信力的鉴定、认证服务，其核心价值在于解决由于信息不对称导致的存在性证明问题。目前，区块链在个人和企业身份与资质证明，物权、知识产权、保险等的权益证明和保护，公益捐助去向跟踪，物流源头追溯等方面都有相关应用。

在实体经济方面，区块链在供应链、智能制造、产品溯源等方面都能发挥重要作用。例如，可以应用区块链的不可篡改特点来记录产品从生产到物流，再通过智慧零售到消费者过程中的信息，向消费者提供真实且不可篡改的信息；从而，监管方通过数字化手段轻松监管、消费者基于可信的技术透明消费，而企业构建在链上的可信交易增加企业的美誉度。在智能制造领域，通过在区块链应用层构建供应链、生产线、质检、售后、运维等环节的数据可信传输和共享，实现跨生产线、厂区和上下游企业的生产、销售和服务协同。

习题 9

1. 请查找资料了解信息增益是如何计算的。如果采用信息增益最大化的原则来选取决策树的属性，请针对第9章的例9-1写出决策树的构建过程。

2. 请结合你的专业，分析在你专业相关的领域中大数据应用的典型场景。

3. 如果应用哈希函数将1 MB左右大小的文件映射为128位的二进制数(哈希值)，问：(1) 不同文件产生相同哈希值的概率大概是多少？ (2) 如果有一百万个这样的文件，那相互之间的哈希值都不冲突的概率大概是多少？

4. 试分析区块链在教育领域可能的应用场景。

第四篇　算法与问题求解策略

之前我们介绍了计算机中信息表示和数据组织的基本方法。利用这些方法，我们就可以在计算机中很好地表示客观世界中的问题。接下来，我们还需要制定问题求解的流程对组织好的数据进行处理和分析，以便实现问题求解的目标。这种数据处理的流程就称之为算法。不同问题有不同的算法，比如排序算法、查找算法等。同一个问题也会有不同的算法，当然，不同算法的效率可能会不同。设计一个高效的算法是计算机软件设计的关键，也是计算机应用能力的重要表现。

本篇重点围绕算法设计这个主题，分为三章：

第 10 章重点讲解算法设计最重要的基础：迭代与递归。绝大多数算法最终的实现都表现为程序流程的迭代过程或者函数的递归过程。

第 11 章重点介绍几种算法设计的典型策略，包括：贪心法、分治法、随机化算法等这些典型的算法设计方法。对每种算法设计策略，均以 2 个左右的具体问题(例子)为基础，帮助读者理解相应算法设计策略的核心思想。还有一种典型的问题求解方法——搜索，我们会在“第五篇搜索与人工智能”中介绍。

第 12 章围绕资源调度这类典型的问题，以任务分配和装箱问题为例，介绍相应的问题求解算法。然后，在此基础上介绍云计算的概念、模式，以及典型的云计算资源调度策略，帮助读者从资源整合和调度的角度理解云计算。

本篇基本以具体问题(例子)为引导介绍相应的问题求解算法思想，并提供了相应例子的 Python 程序实现。读者可以运行这些例子，进一步体验算法的效果。

第 10 章

迭代与递归

10.1 问题求解步骤与算法

计算机硬件给人们提供了计算机解决问题的基本能力，其表现形式就是计算机指令；程序设计语言给人们提供了描述计算机解决问题步骤的手段，编写程序就是在告诉计算机解决问题的具体步骤；程序语言的编译或者解释程序就把这个步骤“翻译”为一条条具体的计算机指令序列，计算机就可以按顺序执行这些指令，从而完成所要求的问题求解过程。

10.1.1 问题求解步骤

如果我们要用计算机进行问题求解，基本有以下几个步骤：(1) 分析、理解问题，确定问题求解目标，以及计算机求解时所需的输出和输入的信息；(2) 设计问题需要的数据结构和求解步骤（即算法）；(3) 使用程序设计语言实现，对于熟练的编程人员，此步可以与上一步一并实现；(4) 使用测试数据验证程序的正确性与效率。在上述过程中，最关键的是数据结构设计与问题求解步骤设计，分别涉及数据的组织与处理过程。其中，计算机的问题求解步骤就是我们通常所说的算法（algorithm）。图灵奖获得者尼古拉斯·沃斯（Niklaus Wirth）有一句名言“算法 + 数据结构 = 程序”（algorithm + data structures = programs），可见算法在程序设计中的重要作用。

确定问题求解的步骤并不是计算机领域中独有的。我们在日常生活和工作当中，经常需要对生活或者工作中的细节进行规划。比如，如果计划去北京出差，你需要确定交通方式（乘火车、飞机等），然后预定车票（或者机票）和宾馆，到出差当天需要计划如何去火车站（飞机场），到北京后如何去目的地，等等。这些具体的步骤实际上也是一种算法。

对于同一个问题，我们可以想出不同的算法，不同算法效果可能会不一样。下面我们先看一个例子。

【例 10-1】给定两个整数 n、m，求这两个整数的最大公约数。

下面我们从上述问题求解步骤来分析问题求解的典型过程。

1. 问题分析

所谓公约数就是能同时整除这两个数的整数，比如，3就是18和12的公约数。当然，公约数不一定只有一个，2和6也都是18和12的公约数。所谓最大公约数就是所有公约数里最大的那个。因此，6是18和12的最大公约数。对于这个问题，输入就是两个整数 n 和 m，输出就是我们求出来的 n 和 m 的最大公约数。

2. 数据结构和算法设计

对于这个例子，可以用两个变量 m 和 n 表示输入的两个整数，同时可以根据算法的需要定义一些临时变量，因此，不需要复杂的数据结构。

在算法方面可以有几种方法。有一个简单的方法就是按照最大公约数的定义，从 n 和 m 两个数中较小的一个数开始，比如18和12中较小的数是12，从这个小的数开始并逐步减1去除 n 和 m，直到第一个能同时整除 n 和 m 的整数就是最大公约数。比如，对于18和12，按照12、11、10、9、8、7、6……的顺序去除18和12，第一个能同时整除18和12的数是6，那么6就是18和12的最大公约数。

还有一种著名的方法叫辗转相除法，又叫欧几里得算法。古希腊数学家欧几里得在其著作 *The Elements* 中最早描述了这种算法，所以被命名为欧几里得算法。欧几里得算法主要是应用了最大公约数的一个重要特征，就是 n 和 m 的最大公约数是等于 m 和 $n \bmod m$ 的最大公约数，这里 $n \bmod m$ 表示求余运算，即 n 除以 m 的余数。如果用 $GCD(n,m)$ 表示 n 和 m 的最大公约数，那么就有以下关系：$GCD(n,m)=GCD(m,n \bmod m)$。比如，求 $GCD(18,12)$ 就变成求 $GCD(12,18 \bmod 12)=GCD(12,6)$，再变为求 $GCD(6,12 \bmod 6)=GCD(6,0)=6$，最后答案就是6。

这两种方法都是可行的，但两者的效率是不一样的。比如，对于18和12的例子，前一种方法试探了7次，才找到解6；而后一种方法（辗转相除法）则只试探了2次就找到解了。可以想象，当 n 和 m 比较大时，它们两者的效率差别是很大的。这就是算法的时间复杂性问题。

3. 程序实现

分析了上述两个算法后，我们可以决定选择其中一种方法，比如，辗转相除法。然后，将这个算法应用程序设计语言实现。

下面是一个应用辗转相除法求最大公约数的Python程序。

```
def GCD(n,m):
    """ 参数:n,m 两个整数
    返回:两个整数 m 和 n 的最大公约数
    """
    #保证n大于等于m,若n小于m则交换
    if n < m:
        n,m = m,n
    #辗转相除,直至余数为0
    while m > 0 :
        n,m = m,n%m
```

```
        return n
```

运行体验：

输入参数值：n=18，m=12

```
>>>gcd = GCD(18,12)
>>>print(gcd)
6
```

4. 测试验证

根据算法写出来的程序不一定是正确的，有可能算法本身有错，也有可能算法虽然是对的，但程序实现时没有正确地实现算法的意图。程序验证在任何程序设计中都是需要的。程序验证最基本的方法就是用不同的数据进行测试，检查程序运行结果是否符合预期。比如，对于我们这个例子，我们可能需要用不同数据测试以下场景：n 和 m 一样、一个很大而另一个很小、n 和 m 出现极端值情况（比如 1），等等。

当然，对计算机测试来说，哪怕你用了 100 组数据进行测试，而且都通过了，也不能说明这个程序是百分之百正确的。典型测试方法就是用多组数据对程序可能遇到的各种场景进行验证，希望能尽量遍历到程序的各个语句和分支，而不是在同一个程序语句流程上做多次重复的测试。

10.1.2 算法基础

通过上面这个例子，我们可以进一步理解什么是算法。算法简单来说就是问题求解的步骤。具体来说，算法是针对求解特定问题的一系列清晰的指令序列。不同的问题有不同的算法，算法是有问题针对性的。算法描述了问题求解的过程和方法，而这种描述是基于一种可以理解、清晰的指令。图灵奖获得者高德纳（Donald Knuth）归纳了算法应具有以下特性。

- 确定性（definiteness）：算法的每一个步骤都应是确定的，不会使编程者对算法中的描述产生不同的理解。
- 有穷性（finiteness）：算法步骤应该是有限的，执行是可终止的，不会出现“死循环”。
- 有效性（effectiveness）：算法的每一个步骤都应该能够执行，并应能得到一个明确的结果。
- 可有零个或多个输入（input）：输入是指在执行算法时需要从外界获得的有关信息；当然，有时是不需输入的，如求小于 100 的最大素数。
- 有一个或多个输出（output）：算法的目的是解决问题，并通过输出反映问题求解的结果，故没有输出的算法是没有意义的。

【思考】大家知道操作系统也是一个程序，但有人说操作系统不是算法，为什么？

算法需要用某种形式表述问题求解的步骤，表达的目的就是为了使算法可以被设计者自己和其他人所理解，并在理解的基础上可以用计算机程序设计语言实现。常用的表述算法的方法有：自然语言、流程图、伪代码等。

自然语言作为人类交流的工具，自然也可以作为表述算法的一种方法。但自然语言有时会存在歧义，不能反映算法的确定性，同时自然语言表达抽象问题比较困难，常常需要辅以公式、图形等手段。

流程图是表达某一过程（如工艺流程、管理过程）很好的手段，同样也适合于表示问题求解过程。它通过将箭头线和各种几何图形进行连接，以表达问题求解的步骤。它的主要问题是，当算法比较复杂时这些箭头和图形的组合也会变得很复杂，给理解算法带来困难。按照早期结构化程序设计理论观点，所有的程序都由三种流程结构构成：顺序结构、循环结构和分支结构。第二篇介绍了这三种结构的流程图。

伪代码（pseudo-code）是一种被认为比流程图更好的方法。之所以叫作伪代码，是因为它样子像代码，但又不是任何一种程序语言的代码，是一种介于自然语言和程序语言之间的用文本表达算法的“代码”。它有自然语言的方便性又可以克服自然语言的不准确性，它具有程序语言一样的结构性又不拘泥于程序语言的语法形式。

针对上述求两个整数最大公约数的辗转相除法，图 10–1 中分别给出了自然语言、流程图和伪代码三种算法描述。

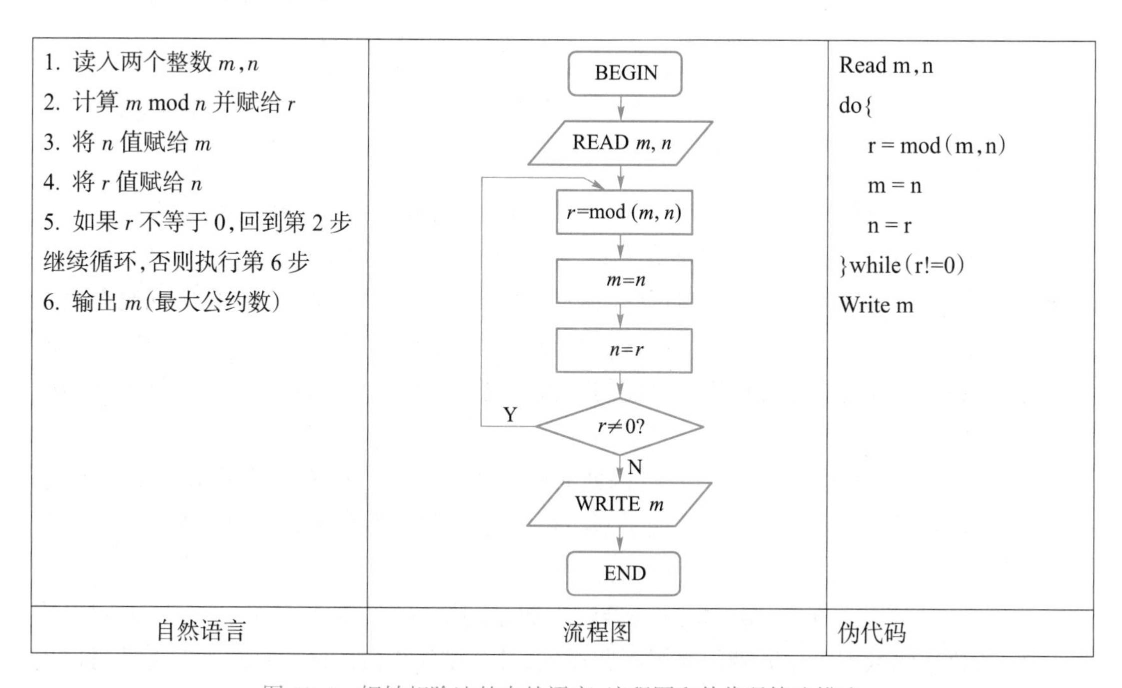

图 10–1　辗转相除法的自然语言、流程图和伪代码算法描述

对于同一个问题，不同算法的效率可能是不一样的。比如，对于求最大公约数的例子，前面提到一种简单的方法是：从 m,n 中较小的一个数开始并逐步减 1 去试探，看能否同时整除 m 和 n。这样一种算法效率显然比辗转相除法差许多。但到底差多少呢？我们需要有一种方法来比较算法的效率。算法的效率可以从算法执行所需要的时间和空间两个方面来

分析，即算法的时间复杂性和空间复杂性。

对于时间复杂性，有两种比较算法效率的方法：评测法和分析法。

评测法就是直接用测试用例测试，利用程序语言提供的捕抓系统时间的函数，计算程序代码段执行前和执行后的时间差，就可以知道执行该代码段所用的时间。这样就可以测试出不同算法（程序）在执行时间上的差异。

图 10–2 是在有序数组中查找给定整数问题，分别采用二分查找和顺序查找两种算法在不同问题规模下所用的时间情况。该问题可以被定义为：在给定的递增的整数数组 arr 中，找到给定整数 num 的位置。图 10–2 中的不同数组长度代表不同的问题规模。

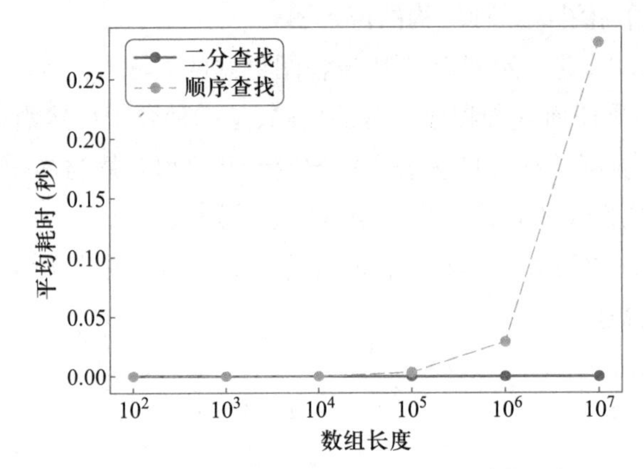

图 10–2 查找问题不同算法的时间效率比较

即使是同一个算法，在不同测试用例上程序的执行时间也会不一样。比如，给定 n 个元素进行从小到大排序的问题，随机的 n 个数、本来就从小到大排好的 n 个数，和已经从大到小排好的 n 个数，排序程序所需要执行的时间也会不一样。所以，这就有平均时间复杂性和最坏时间复杂性的概念。平均时间复杂性是指在所有可能的输入情况下的运行时间度量的平均值，而最坏时间复杂性是指所有可能的输入情况下运行时间度量的最大值，即最坏情况下的时间度量。

评测法经常做不到评测所有情况，因此有时也无法算出运行时间的平均值和最坏值。另外，程序运行时间跟所在机器的性能是密切相关的，程序在高性能计算机上的运行时间与普通计算机上的运行时间显然是不一样的。

如果我们把算法（程序）最坏时间复杂性看成是问题规模 n 的函数 $T(n)$。比如，对于排序问题，待排序的数据个数 n 就代表了问题规模，某个排序算法的最坏时间复杂性就可以用函数 $T(n)$ 来表示；同样，算法的平均时间复杂性也可以用跟问题规模有关的函数来表达。

$T(n)$ 的计算不是通过实际程序的运行来评测，而是通过分析算法（或程序）的流程来总结。为了方便分析 $T(n)$ 的值，我们通常会估计算法所执行操作的数量，并且假设每个操作运行的时间都是相同的。因此，总运行时间 $T(n)$ 和算法的操作数量最多相差一个常量系数。对于 $T(n)$ 我们并不需要过分关心其中这些常量系数，比如，在许多情况下区分算法时间复杂性 $T(n)$ 是 $2n+4$，还是 $3n+2$，意义不大；我们更关心的是 $T(n)$ 跟 n 之间的数量级关系，比如

$T(n)$是 n 这个级别(线性关系),还是 n^2 这个级别,还是 2^n 这个级别。因为,随着 n 增大,不同"级别" $T(n)$之间的差异是巨大的,$2n$ 和 2^n,在 n=64 时的差别就很大了。所以,对算法时间复杂性来说,我们更关心的是 $T(n)$的"级别"和随 n 增长的趋势。这样,在算法时间复杂性分析时可以避免过多地陷入具体的细节,而可以从宏观上进行把握,使算法的复杂性分析变得容易。

如何方便地表述 $T(n)$的"级别"和随 n 的发展趋势呢?一种常用的方法就是用 O 记号来表述。比如,如果 $T(n)=2n^3+4n^2+6$,那么我们就记为 $T(n)=O(n^3)$。

定义:如果存在一个正常数 c 和自然数 N_0,使得当 $N \geqslant N_0$ 时有 $T(N) \leqslant c \cdot f(N)$,则记为 $T(N)=O(f(N))$,表示算法时间复杂性 $T(N)$的上界。

一般地,算法的时间效率是问题规模 n 的某个函数 $T(n)$。从上述定义中大家可以看到,如果 $T(n)=O(f(n))$,实际上是表示了 $f(n)$是 $T(n)$随着 n 增长的一个上界,这也是算法的渐进时间复杂性(asymptotic time complexity),一般简称时间复杂性。空间复杂性也是类似的道理。一般情况下我们主要分析算法的额外空间需求,也就是除了输入数据存储所需要的空间外,算法额外还要求多大的空间。

对于求两个数 m、$n(m>n)$最大公约数的问题,如果采用从 n 开始并逐个减 1 检测是否能同时整除 m 和 n 的算法,它的时间复杂性是 $O(n)$,空间复杂性是 $O(1)$。而辗转相除法的时间复杂性可以证明是 $O(\log_2 n)$,空间复杂性也是 $O(1)$。当 n 为一百万时,n 和 $\log_2 n$ 区别可是一百万和二十的区别。

为了更直观地帮助大家理解不同级别函数的差异,我们分别用表 10-1 中的数据和对应的图 10-3 中的曲线来展示在不同问题规模 n 情况下的函数的增长趋势。

表 10-1　常用函数增长情况

函数	输入规模 n					
	1	2	4	8	16	32
1	1	1	1	1	1	1
$\log_2 n$	0	1	2	3	4	5
n	1	2	4	8	16	32
$n \log_2 n$	0	2	8	24	64	160
n^2	1	4	16	64	256	1 024
n^3	1	8	64	512	4 096	32 768
2^n	2	4	16	256	65 536	4 294 967 296
$n!$	1	2	24	40 326	2 092 278 988 000	2.63×10^{37}

从上面可以看到,随着 n 增大,函数 $\log_2 n$、n 等函数增长比较缓慢,而 2^n 和 $n!$ 则增长非常快。假定某计算机每秒能执行 10 亿个操作步骤,那么当 n=1 000 时,时间复杂度为 $n \log_2 n$、n^3、2^n 的程序运行的时间分别为:9.96 微秒、1 秒和 32×10^{283} 年!

可见,应该避免设计出指数级,如 $O(2^n)$的算法。因此,巧妙的算法设计对问题求解效率来说是很重要的。那如何才能设计出更好的算法来呢?这是本章后面要介绍的主要内容。

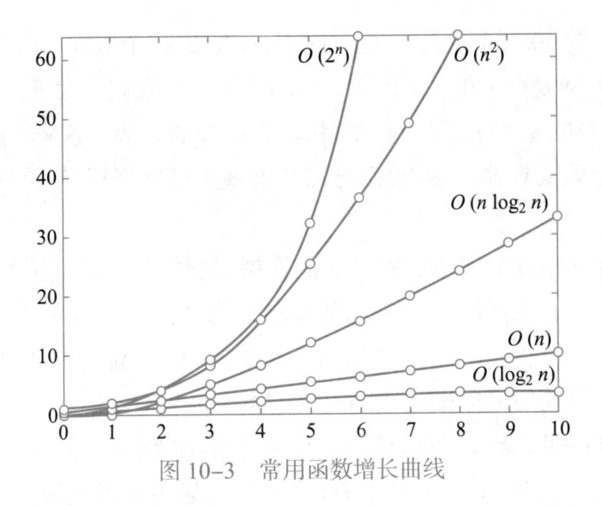

图 10-3 常用函数增长曲线

10.2 迭 代 法

算法是对问题求解步骤的描述，也就是问题求解的流程。前面提到，流程的基本类型就三种：顺序流程、分支流程和循环流程。许多算法的处理过程往往表现为按照某种方式重复地执行某些步骤，其中核心就是循环流程。

这种算法设计的常见思路是：将问题求解过程分为若干个阶段，每个阶段与前一个阶段建立一种递推的关系，然后应用循环实现这个递推过程。这种算法设计思路就叫迭代(iteration)，是一种最基本的算法设计方法。

【例 10-2】求正实数 a 平方根的近似值。

【思路】首先随便猜一个近似值 x，然后不断执行 $x=\dfrac{x+\dfrac{a}{x}}{2}$，使 x 的值越来越接近于 a 的平方根值。这个方法被称为牛顿迭代法。

【算法】给定正实数 a，求 a 的平方根近似值 x，要求 x 的平方与 a 的误差不大于指定的很小的数，比如 1.0e-6。算法的伪代码描述：

```
x=a;
while(x*x 与 a 差值大于 1.0e-6){
    x=(x+a/x)/2 ;
}
Write x
```

【分析】我们需求的根是：$x^2-a=0$，相当于求 $f(x)=0$ 的根，其中 $f(x)=x^2-a$。这种算法的原理很简单，就是不断用过 $(x,f(x))$ 点的曲线 $y=f(x)$ 的切线来逼近方程 $f(x)=0$ 的根。先随便设一个 x_0 作为初始值，然后求 $x_1,x_2,\cdots$。如图 10-4 所示，从 x_n 计算 x_{n+1} 的计算方法是：

$$x_{n+1}=x_n-\frac{f(x_n)}{f'(x_n)}$$

其中，$f'(x)$ 是导数。如果 $f(x)=x^2-a$，导数 $f'(x)$ 是 $2x$。因此，上式就变为：

$x_{n+1}=x_n-\frac{x_n^2-a}{2x_n}$，即：

$$x_{n+1}=\frac{x_n+\frac{a}{x_n}}{2}$$

上式即不断求 x 和 $\frac{a}{x}$ 的平均值。实际上，无论 x 等于什么，x 和 $\frac{a}{x}$ 始终处于 a 平方根的两边，所以，算法执行循环迭代：$x=\frac{x+\frac{a}{x}}{2}$，就是使 x 不断靠近 a 的平方根，如图 10-4 所示。

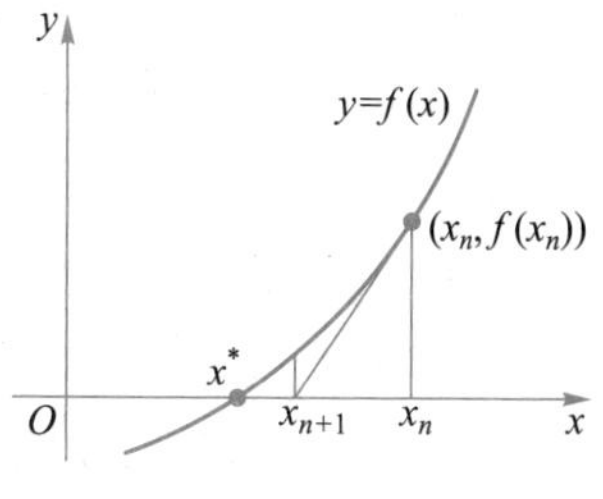

图 10-4　牛顿迭代法

例如，为求根号 2 的值，假如先猜测个值 2，随后迭代过程为：

$x_1=2$

$$x_2=\frac{2+\frac{2}{2}}{2}=1.5$$

$$x_3=\frac{1.5+\frac{2}{1.5}}{2}=1.416\ 7$$

$$x_4=\frac{1.416\ 7+\frac{2}{1.416\ 7}}{2}=1.414\ 2$$

……

下面是牛顿迭代法求正实数平方根近似值的 Python 程序。

```
def Newton_sqrt(a, eps=1e-6):
    """
    参数：
        a：待求平方根的正实数
        eps：误差大小，默认 1e-6
    返回：
        a 的平方根近似值
    """
    x = a
    while abs(x*x-a) > eps:
        x = (x + a/x)/2
    return x
```

运行体验：

输入：a = 2

```
>>>x = Newton_sqrt(2)
>>>print(x)
1. 4142135623746899
```

下面我们看一下查字典的场景。一般字典里有上万个单词，在字典里查找单词是个典型的查找问题：给定一个集合 S，问元素 e 在不在集合 S 里。查找方法有很多种，一种基本的方法是顺序查找：在集合中按顺序一个一个查找。这个方法最坏情况是一直找到最后才找到，需要比较 n 次（n 为集合 S 元素个数）；最好的情况是第一个就找到；平均查找次数是 $\frac{1+n}{2}=O(n)$。如果按照这种顺序方法查找单词，估计谁都不想用字典了。

一种比较好的方法是：将单词按字母顺序排列（即我们目前在字典中所看到的顺序，所以也叫字典顺序），查找时根据经验判断大致在哪个位置，试探打开一页；如果不对，则再往前面部分找，或者往后面部分找，不断重复上述过程。如果我们把每次试探的位置设置在待查找范围的中间位置，那么这种查找就是典型的二分查找。

【例 10-3】假设有一个已事先排好的整数序列，给定任意一个整数 x，问 x 是否在这个序列里，如果是就返回 x 所在的位置（位置从 1 开始），否则就返回 −1。

【思路】可采用二分查找法。

【算法】设从小到大的 n 个数是 $a_1, a_2, a_3, \cdots, a_n$。按下列伪代码描述查找 x。

```
设置查找范围:left=1,right=n;
While(left<right){
    mid=(left+right)/2 ;
    if(a_mid==x)找到,返回 mid
    else if (a_mid>x)right=mid-1   将查找范围设为前半段
    else left=mid+1 将查找范围设为后半段
}
没找到,返回 -1
```

例如，假设有 13 个整数从小到大的顺序为 5，16，39，45，51，98，100，202，226，321，368，456，501，二分查找关键字 K=456 的过程如下。

第一步：要查找范围的左边界（*left*）为下标为 1 的元素，右边界（*right*）为下标为 13 的元素，则此范围内中间元素的下标为 $mid=\frac{left+right}{2}=7$。关键字 K 与 *mid* 单元的关键字（100）相比较，结果为 456>100。因此，下一步查找将在 *mid* 的右边继续进行，所以左边界重新设置为 *left*=*mid*+1，而右边界保持不变。

5	16	39	45	51	98	100	202	226	321	368	456	501
1	2	3	4	5	6	7	8	9	10	11	12	13
↑ *left*						↑ *mid*						↑ *right*

第二步：此时的左边界为 *left*=8，右边界为 *right*=13，此范围内中间单元的下标为

mid=10。*K* 与 *mid* 单元的关键字(321)比较,结果为 456>321。因此,下一步将继续在 *mid* 单元的右边查找。

5	16	39	45	51	98	100	202	226	321	368	456	501
1	2	3	4	5	6	7	8	9	10	11	12	13
							↑ *left*		↑ *mid*			↑ *right*

第三步:此时左边界为 *left*=11,右边界仍然是 13,计算中间单元下标 *mid*=12。*K* 与 *mid* 单元的关键字(456)比较,结果为 456=456,表明已在线性表中找到要查找的元素。

5	16	39	45	51	98	100	202	226	321	368	456	501
1	2	3	4	5	6	7	8	9	10	11	12	13
										↑ *left*	↑ *mid*	↑ *right*

上述过程中灰色单元表示该步中不必考虑的查找范围。经过上述三步(三次比较)找到了关键字为 456 的元素。而如果采用从左到右的顺序查找将需要比较 12 次。

下面是二分查找算法的 Python 程序,读者可以运行体验一下。

```
def binary_search(arr,num):
    """
    参数:
        arr:递增排序的整数数组
        num:待查找整数
    返回:
        如果找到该整数,返回该整数在该数组中第一次出现的下标。
        如果没有找到该整数,返回 -1
    """
    left = 0
    right = len(arr)-1
    while left <= right:
        mid = int((left + right)/2)
        if arr [ mid ]< num:
            left = mid + 1
        elif arr [ mid ]> num:
            right = mid-1
        else:
            return mid
    return -1
```

运行体验:

输入:arr = [1,2,3,4,5],num = 3

```
>>>idx = binary_search([1,2,3,4,5],3)
>>>print(idx)
2
```

接下来介绍二分查找法的时间复杂性。设待查找的数据集大小是 N,因此一开始的查找范围[*left*,*right*]就是 N 个元素,每循环一次查找范围减少一半,因此最坏情况是一直找到只有一个元素,设此时比较了 k 次(也就是循环了 k 次),则有 $\frac{N}{2^k}=1$,即 $k=\log_2 N$。由此可知,二分查找法的最坏时间复杂性是 $O(\log_2 N)$,明显比顺序查找好多了。

以上三个例子有个共同特点就是:针对目标设计一个变量,不断用变量的旧值递推新值,直到整个变量值达到我们所希望的值(获得解或者满意的近似解)。比如,对于查找最大值问题,这个变量是 *max*,代表到当前为止的最大值,迭代的方法是将 *max* 与当前位置值进行比较后再根据情况更新;对求平方根问题,这个变量是 x,代表目前的近似解,迭代的方法是按照切线方向找到更接近根的值;对于查找问题,这个变量是 *mid*,代表当前查找范围的中间位置,迭代的方法是缩小查找范围[*left*,*right*]使 *mid* 更靠近目标。

【思考】二分查找法将比较位置确定为中间位置 *mid*。如果将比较位置确定为前 1/3 的位置是否可行(即是否也能获得正确结果)? 为什么? 如果可行,它的最坏时间复杂性大概是多少?

迭代法基于递推公式和循环算法,利用计算机适合做重复性操作的特点,让计算机重复执行一组步骤,不断从变量的原值推出它的新值,从而更接近目标。当然,迭代的最后结果可能获得精确结果(如求最大值问题),也可能获得近似结果(如求平方根问题)。

10.3 递　归

许多读者可能对在北京举行的第 24 届冬季奥林匹克运动会开幕式印象深刻,特别是其中嵌有所有参赛国家和地区名称的雪花火炬,如图 10-5 所示。其实,可以用计算机程序方便地生成漂亮的雪花形状。

图 10-5 冬奥会开幕式中的雪花火炬

1904 年瑞典科学家科赫(Koch)描述了一种从正三角形开始生成曲线的方法,即不断用一个两段 60 度角的折线取代每条边的中间三分之一段(如图 10-6),最后无限接近理想中的雪花形状。这种曲线被称为科赫曲线(Koch Curve),又称为雪花曲线。具体做法是:针对一个正三角形(等边三角形),取每边中间的三分之一,替换为成 60 度角的两段折线,如图 10-6(a)所示,结果是一个六角形。然后取六角形的每个边做同样的变换,即在中间三分之一接上一个更短的 60 度角折线,以此重复，边界越来越曲折，形状接近理想化的雪花，如图 10-6(b)所示。

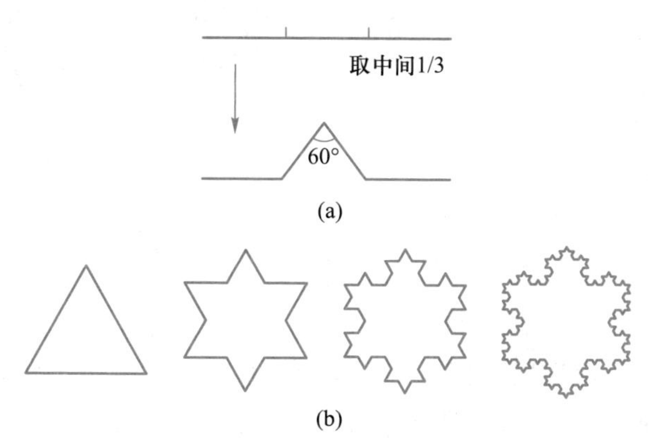

图 10-6　科赫曲线的生成过程

仔细观察科赫曲线，可以发现曲线由若干相似的部分构成，而每一部分又与整体以某种方式相似，这样的图形在数学上称为分形(fractal)。分形图形可以用第 5 章中介绍的递归函数实现。

体验用 python 程序实现科赫曲线的过程，下面程序中 level 只设为 3 层，读者可以修改这个 level 值看看运行的效果。该 Python 程序中的 koch 函数是一个递归函数，在执行函数 koch(size,n)时调用了同样的函数 koch(size/3,n-1)，即边长为原来的 1/3，同时 level 减少一层。

科赫雪花的 Python 程序如下。

```
import turtle
def koch(size,level):
    if level == 0 :
        turtle.fd(size)
    else:
        for angle in [0,60,-120,60]:
            turtle.left(angle)
            koch(size/3,level-1)   # 递归调用

def main( ):
    turtle.setup(800,600)
    turtle.penup( )
    turtle.goto(-200,80)
    turtle.pendown( )
    turtle.pensize(2)
    level = 3
```

```
    koch(400,level)
    turtle.right(120)  #向右旋转 120 度
    koch(400,level)
    turtle.right(120)
    koch(400,level)
    turtle.hideturtle( )
main( )
```

运行程序,一朵雪花徐徐在笔下画出。

递归(recursive)是设计和描述算法的一种有力的工具,也是在复杂算法的描述中经常采用的一种方法。简单地理解,递归就是把问题求解建立在用同样方法求解更简单问题基础上。比如,画边长为 size、level 层的科赫曲线 koch(size,level),可以转换为画若干边长为 size/3、level−1 层的科赫曲线 koch(size/3,level−1)。又如,我们在第二章提出了阶乘 n! 的计算就是采用递归实现:为了计算 n!,我们需要先计算(n−1)!,又需要计算(n−2)!,以此类推。

递归过程在计算机中是如何实现的呢?其实,递归调用也是一种函数调用,理解了函数调用过程就容易理解递归调用。计算机在实现函数调用时,采用了第三篇中提到的堆栈这种数据结构。可以举一个通俗的例子来理解递归函数的调用过程:

假定某学生需要完成化学、物理、数学三门课程的作业。某学生先做化学作业,做了一半时发现需要做完物理作业才能做出化学作业,于是停下化学作业去做物理作业;但物理作业做了一半时又发现,必须把数学作业做完才能做物理作业,于是又停下物理作业开始做数学作业。等完成数学作业,回头做物理作业,待完成物理作业后再回头做化学作业,从而完成全部三门课程的作业。

上述过程的关键是:做完某科作业(比如数学作业)后,怎么知道接下来该回头做什么作业(物理还是化学)?特别是,如果不止三门作业,而是有许多门作业存在类似上述关联的情况。一种可行的方法是:没做完的作业本仍然放在桌子上,新的作业压在老的作业本上;当一门作业完成,把作业本拿开,下面的作业就是接下来要做的作业。把做了一半待完成的作业按上述方法组织,实际上就是一种堆栈。

我们可以把做作业理解为函数调用,不同科目的作业本理解为函数的参数和函数的局部变量。当调用 A 函数时,就把 A 函数有关的变量压入堆栈;如果在 A 函数执行过程中又调用函数 B,则继续把 B 函数有关的变量压入堆栈。当函数 B 结束时就从堆栈顶上撤出相应的变量,此时堆栈顶上的变量就是函数 A 的变量。因此,在不断递归调用过程中尽管执行的都是一样的代码,但相应的变量值是不一样的,通过不断压栈实现一层层的调用,而通过逐步退栈实现有序的函数调用返回。

递归本质上就是算法(函数)自己调用自己,而且每调用一次问题的规模就会减少,一直到问题变得简单到可以直接求解,从而递归调用终止,开始返回。在递归中,代表问题规模的变量一般表现为函数参数,比如第 5 章中求 n! 的递归函数 my_factorial(n)中的 n。

【思考】有一个很著名的数列叫斐波那契数列：1，1，2，3，5，8，13，…。从第 3 项起，每项都是前面 2 项的和，用式子表示就是：$F(n)=F(n-1)+F(n-2)$。如果直接应用这个式子用递归方法来求解 $F(n)$，有没有存在重复计算的问题？请用一个例子来说明，比如求 $F(5)$。

有些递归程序可以直接用循环实现，比如，$n!$ 的计算就可以用循环实现。相比较而言，递归方法由于需要一层层压栈，一般更花费时间和空间（压栈空间），但递归使得编程人员或者程序阅读人员在概念上更加容易理解，也更容易实现，特别是对于一些复杂的问题。比如，对于下面的汉诺塔问题，用递归方式很容易实现，但如果想用循环实现，问题会变得很难。

【例 10–4】汉诺塔问题。

【问题】传说中，古印度贝拿勒斯（在印度北部）圣庙里的僧侣们闲暇时会在三个木杆间移动厚重的金圆盘，这就是汉诺塔（Tower of Hanoi）游戏。

圆盘大小都不相同，按照大小分别标号为 1 到 n，1 号盘最小。每张圆盘正中留有和木杆粗细相匹配的洞口。一开始，他们把圆盘按一定次序叠放，最小的 1 号放最上面，最大的 n 号在最下面（如图 10–7）。接下来的任务就是把盘子一个一个地从第一个柱子移动到第三个柱子，中间的柱子可以用来过渡。盘移动要遵循的准则有三条：(1) 只能移动每根柱子最上面的圆盘，且一次只能移动一个圆盘；(2) 移动圆盘时，只能从一个柱子直接移动到另一个柱子，不可放到其他地方；(3) 无论如何，大圆盘不能放在小圆盘上。

图 10–7　汉诺塔问题

【分析】为了讨论方便，将第一个柱子标记为柱 A（起始柱），第二个柱子为柱 B（过渡柱），第三个柱子为柱 C（目标柱）。如果 $n=3$，不难发现移动顺序为：

- 把圆盘 1 从 A 移至 C
- 把圆盘 2 从 A 移至 B
- 把圆盘 1 从 C 移至 B
- 把圆盘 3 从 A 移至 C
- 把圆盘 1 从 B 移至 A
- 把圆盘 2 从 B 移至 C
- 把圆盘 1 从 A 移至 C

所以，当 $n=3$ 时，只需移动 7 步即可。如果 $n=4,5,6\cdots$时，应该怎么移呢？你很快就会发现，每增加一个圆盘，移动的难度就会加大许多。但是，如果你用递归法思考，问题就会简单许多。“将 n 个圆盘从柱 A，可以借助柱 B，移动到柱 C”的问题，可以分解为三个子问题：

① 先将 $n-1$ 张圆盘从柱 A，借助柱 C，移动到柱 B；

② 再将剩下的 1 张圆盘从柱子 A 移动到柱 C

③ 最后将柱子 B 上的 n-1 张圆盘，借助柱 A，移动到柱 C

第 1 和第 3 步都是递归。在解题中，我们用了两次递归，再加上一次直接把圆盘 n 从 A 移到 C。

汉诺塔问题的 Python 程序如下。

```
def Hanoi(n,A,B,C):
    """
    n 个盘子从 A 移到 C，借助 B
    参数：
        n：圆盘数量
        A：起始柱名称
        B：过渡柱名称
        C：目标柱名称
    输出：
        打印输出移动顺序
    """
    if n == 1 :
        print(A+"移动到"+C)
    else:
        Hanoi(n-1,A,C,B)  #n-1 个盘子从 A 移到 B，借助 C
        print(A+"移动到"+C)
        Hanoi(n-1,B,A,C)  #n-1 个盘子从 B 移到 C，借助 A
```

运行体验，调用函数 Hanoi。

输入参数：n = 3，A ='A'，B ='B'，C ='C'

```
>>> Hanoi(3,'A','B','C')
A 移动到 C
A 移动到 B
C 移动到 B
A 移动到 C
B 移动到 A
B 移动到 C
A 移动到 C
```

我们已经知道移动 3 张盘需要 7 次。如果要移动的盘有 64 张，即 n=64，那需要移动多少次呢？

按照上面的递归方法，n 张盘子的移动次数 $h(n)$ 是 n-1 张盘子移动次数 $h(n-1)$ 的 2 倍加 1，即：

$$
\begin{aligned}
h(n) &= 2\times h(n-1)+1 \\
&= 2\times[2\times h(n-2)+1]+1 \\
&= 2^2\times h(n-2)+2+1 \\
&= 2^3\times h(n-3)+2^2+2+1 \\
&\vdots \\
&= 2^{n-1}\times h(1)+2^{n-2}+\cdots+2^2+2+1 \\
&= 2^n-1
\end{aligned}
$$

因此,当 $n=64$ 时:

$h(64)=2^{64}-1=18\ 446\ 744\ 073\ 709\ 551\ 615$

假如每秒钟移动一个盘子,共需多长时间呢?一个平年 365 天有 31 536 000 秒,闰年 366 天有 31 622 400 秒,平均每年 31 556 952 秒,计算一下是:

18 446 744 073 709 551 615 ÷ 31 556 952=584 554 049 253.855(年)

这表明,僧侣们一刻不停地来回搬盘子,移完 64 张盘需要 5 845 亿年以上!根据天文学知识,太阳系的寿命大约是 150 亿年,也就是移完 64 张盘,那时世界早不复存在了。

能采用递归描述的算法通常有这样的特征:为求解规模为 N 的问题,设法将它分解成规模较小的问题,然后从这些小问题的解可以方便地构造出大问题的解(这个过程叫综合),并且这些规模较小的问题也能采用同样的分解和综合方法,分解成规模更小的问题,并从这些更小问题的解构造出规模较大问题的解。特别地,当规模足够小(比如 $N=1$)时,能直接得解。所以,用递归方法求解问题的一般过程如下。

(1) 递归条件判别:递归函数的开始一般是检查是否需要递归。如果问题非常简单(规模小),可以直接处理,那就返回,否则才需要递归。

(2) 递归求解子问题:将给出的问题分解为一个或者多个相同类型的小问题。每个小问题都可以通过用相同的方法(递归调用)解决,每次调用,参数大小或者复杂度会降低;

(3) 获得原问题的解:从子问题的解中求得原问题的解,算法终止。

任何递归都需要有终止条件,否则会没完没了地递归。大家可能都熟悉一个故事:从前有座山,山里有个庙,庙里一个老和尚;有一天,老和尚对小和尚说,从前有座山,山里有个庙,庙里一个老和尚;有一天,老和尚对小和尚说……这就是一个只有递归调用,没有终止条件的典型例子。

在神奇的大自然中,也经常能见到递归的影子,如图 10-8 所示。

图 10-8　大自然界中的“递归”

习题 10

1. 下列步骤是使用自然语言描述的算法，请问该算法实现的功能是什么？

步骤 1：1 → T

步骤 2：5 → J

步骤 3：T×J → T

步骤 4：J+1 → J

步骤 5：如果 J 不大于 99，返回执行步骤 3，否则执行下一步；

步骤 6：输出结果 T 的值，算法结束。

2. 求 x 的平方根近似解的一种方法是牛顿迭代法。针对求 x=25 的平方根这个例子，假设从初始解 10 开始迭代，请写出前三轮迭代的过程(计算中保留小数点 2 位即可)。

3. 针对“求数组中所有元素的和”这个问题，一般会采用循环来实现，即一开始将变量 sum 初始化为 0，然后遍历数组的每个元素并将这些元素加到 sum 中。当遍历完所有元素时，sum 的值就是我们所需要的结果。这个问题有没有可能使用递归实现，大致思路是什么？

4. 求 N^m 这个问题有没有可能用递归实现？如何递归？跟一般循环实现方法相比，有没有可能通过递归使得乘法运算次数大幅度下降？

第 11 章

算法设计基本策略

计算机科学家在算法研究过程中总结出了一些具有普遍意义的策略，为我们提供了一些有章可循的规律。下面介绍几种典型的算法设计策略，如贪心法、分治法、随机化算法等。这些算法设计策略不是针对某类问题的具体算法，而是隐藏在具体算法背后、具有代表性的算法设计思路，这种设计思路可以应用到许多其他问题中。这些算法策略也体现了计算机科学发展中沉淀下来的智慧结晶。

11.1 贪 心 法

贪婪算法(greedy algorithm)，也称贪心法，顾名思义就是采用一种将每时每刻的目标收益都最大化的贪心策略进行决策的方法。在日常生活中，我们经常用贪心法来寻找问题的解。如，在平时购物找钱时，为使找回的零钱的硬币数量最少，一般会从最大面值的硬币开始，按顺序考虑各硬币。假设有四种面额的硬币：1 分、2 分、5 分和 1 角(10 分)，现在要找给某顾客 4 角 8 分钱。这时，给出的硬币个数是最少的方案是：给顾客四个 1 角、一个 5 分、一个 2 分和一个 1 分的硬币。在这里，使用的就是贪心算法：先尽量用最大面值的硬币，当剩下的找零值比最大硬币值小的时候，才考虑第二大面值额的硬币。当剩下的找零值比第二大面值额的硬币值小的时候，才考虑第三大面额的硬币……

贪心算法并不是从整体最优加以考虑，它所做的每一个选择都是当前状态下某种意义的最好选择(局部最优)，即贪心选择。虽然上述例子中，使用贪心算法得到的结果恰好就是问题整体的最优解。但是，在有些问题中使用贪心算法得到的最后结果并不是整体的最优解，而是一个次优解(suboptimal solution)。比如，当面额有 10 分，7 分，5 分，2 分，1 分五种时，按上述方法兑换一角四分的币值将不能获得最优解。

【思考】如果硬币的面额是 1，2，4，8 时，应用贪心法求解上述最少硬币数兑换问题，是否一定能获得最优解？为什么？

【例 11-1】求整数序列的最大值。

【问题】给定 n 个整数的序列，求这个整数序列中的最大值。

【思路】我们可以用贪心法的思路来解决这个问题，即：一开始假定第一个整数是最大的，记为 Max，然后逐个观察后面的每个整数，如果当前观察的第 i 个整数 a [i] 比已有的最大值 Max 要大，则将当前最大值 Max 改为 a [i]，直到观察完所有整数。那么，最后的 Max 就是所有整数的最大值。

求整数序列的最大值的 Python 程序如下。

```
def find_max(a):
    """
    参数:
        a: 整数序列
    返回:
        整数序列中的最大值
    """
    Max = a [ 0 ]
    for n in a:
        if n > Max:
            Max = n
    return Max
```

运行体验：

输入：a = [1,3,5,4,2]

```
>>>Max = find_max([ 1,3,5,4,2 ])
>>>print(Max)
5
```

我们可以反复应用上述方法实现一个整数序列从小到大的排序，即：从 n 个整数里选一个最大的元素交换到最后，然后再从前 n-1 个整数里选一个最大的交换到倒数第二个位置，依此类推，直到排序完成。排序的例子在日常生活中比比皆是，从小我们就懂得上体育课时按身高从高到矮排队，高年级时老师喜欢从高分到低分公布成绩，渐渐地，我们发现通讯录中的姓名、字典的词汇、邮递员包裹里的信件、计算机的中文件列表等都是排好序的。在网上购书时也可以发现排序——畅销图书榜，按图书销售量排序！

设所有待排序数据元素存放于长度为 n 的列表 v 中，即 v [0],v [1], …,v [n-1],同时假定列表 v 中存放的都是整数，要求从小到大排序。目前常用的排序算法有：选择排序、插入排序、交换排序、归并排序等。上述不断找最大值的排序算法就叫选择排序，读者可以尝试用程序方法实现一下，理解算法思想，当然 Python 中自带了方法 sort，支持直接排序。

【例 11-2】背包问题。

【问题】背包问题(knapsack problem)是一种组合优化问题。问题为：给定一组物品，每种物品都有自己的重量和价值，在限定的总重量内，如何选择才能使选中物品的总价值最高。举例来说，假设有 n 种物品，第 j 件物品的重量为 w_j，价值为 p_j，背包所能承受的最大重量为 w，问应该选取哪些物品装入背包使总价值最大。如果每种物品的选择只能限定 0 个或 1 个，则问题称为 0–1 背包问题。如果允许对物品进行切割，也就是可以选择物品的一定比例 x_i，即可以选取第 i 个物品的 x_i 比例放入背包，其价值是 $x_i \times p_i$ 重量为 $x_i \times w_i$，这个问题就叫可分割的背包问题。0–1 背包问题也可以看成 x_i 必须是 0 或者 1 的可分割背包问题。背包问题有广泛的应用背景，比如已知投资总额，如何选择投资组合。

【分析】对可分割的背包问题，可以采用的一种方法是：每次选取性价比（p_i/w_i）最高的物品，直到达到最大允许的重量。这种思路实际上就是一种贪心法，每次选取最“划算”的物品。可以证明按照这样方法可以获得最优解。对于 0–1 背包问题，如果按照这种贪心策略进行选取：每次都选取性价比最大的物品，直到背包装不下为止，就有可能不是最优解。比如，有 5 个物品，价值（p_1,p_2,p_3,p_4,p_5）分别是（1,6,18,22,28），而对应的重量（w_1,w_2,w_3,w_4,w_5）为（1,2,5,6,7）。如果背包总重量约束 w 为 11，那么按照贪心法获得的解（x_1,x_2,x_3,x_4,x_5）是（1,1,0,0,1），对应总价值是 35，而实际最优解是（0,0,1,1,0），对应总价值是 40。

设总重量约束为 w，当前重量为 n，当前价值为 p，伪代码描述如下。

```
n=0, p=0
将物品按照单位重量价值从大到小排序，设顺序为 a1, a2, a3, …, an
for i in [ a1…an ]
    if n+wi ≤ w
        n=n+wi, p=p+pi
    else break
输出 p
```

贪心法在求解问题过程的每一步都选取一个局部最优的策略，把问题的规模缩小，最后把每一步的结果合并起来形成全局解。贪心法基本步骤如下。

(1) 从某个初始解出发。对上例，就是从空集出发。

(2) 采用迭代的过程，当可以向目标前进一步时，就根据局部最优解策略，得到一个部分解，问题规模缩小。对上例，每次选取一个性价比最高的物品，使总重量的约束和可选物品数量减少。

(3) 将所有解综合起来。对上例，每步同时累加新加入的物品价值，最后输出结果 p。

可分割背包问题的 Python 程序如下。

```
def knapsack(arr, w):
    """
    参数:
        arr: 物品数组，形式为[(p1, w1), (p2, w2), …, (pn, wn)],
其中第 i 个物品价值为 pi，重量为 wi，w: 限定总重量
    返回:
        最大总价值
```

```
    """
    # 对物品数组 arr= [(p1,w1),(p2,w2), …,(pn,wn)]按(pi/wi)倒序排序
    arr = sorted(arr,key=lambda x:x[0]/x[1],reverse=True)
    n = 0
    p = 0
    for a in arr:
        if n + a[1]<= w:
            # 如果添加该物品后重量仍小于约束,则添加该物品全部价值
            n = n + a[1]
            p = p + a[0]
        else:
            # 如果添加该物品后重量大于约束,则按比例添加该物品价值
            p = p + ((w-n)/a[1])*a[0]
            break
    return p
```

运行体验:

输入:arr= [(1,1), (6,2), (18,5), (22,6), (28,7)],w = 11

```
>>>p = knapsack([(1,1), (6,2), (18,5), (22,6), (28,7)],11)
>>>print(p)
42. 666666666666664
```

即按照可分割的背包问题求解,则最大价值为:42.666666666666664。

【例 11-3】银行排队调度问题。

【问题】假设银行一开门 3 位顾客(A、B、C)同时冲进来,办理这 3 位顾客业务所需要的服务时间分别是 10 分钟、5 分钟、15 分钟。这时候只有一个窗口办理业务,问应该按什么顺序安排这 3 位顾客的业务,使得 3 位顾客的平均完成时间(含等待时间)最少?比如,如果按 ABC 顺序,平均完成是((10+0)+(5+10)+(15+15))/3=55/3;而如果按 BAC 顺序,则平均完成时间是((5+0)+(10+5)+(15+15))/3=50/3。

这是一类很典型的任务调度问题:现在有 N 个顾客 $j_1, j_2, \cdots, j_N$,已知各顾客对应业务需要的服务时间为 $t_1, t_2, \cdots, t_N$,现只有一个服务窗口,问:如何安排顾客业务的顺序使完成这 N 个业务的平均完成时间(含等待时间)最少?

【分析】由于每个业务的完成时间等于它的等待时间与它的服务时间的总和,而每个业务的服务时间是固定的,因此要使得所有业务的完成时间最小,就要使得它们总的等待时间最小。如果按照贪心法的思路,可将业务服务时间按从短到长顺序进行排序,优先安排服务时间短的业务,这样就可以使得总的等待时间最小,从而得到最少的平均完成时间。在操作系统 CPU 资源调度中,这种方法就叫"短任务优先"的调度策略。比如,刚才举的银行排队的例子,如果按照 BAC(即 5,10,15)顺序,平均完成时间是最少的。

可以证明，按照这样的贪心策略可以产生一个最优的调度。

假设业务处理顺序为 $j_{i_1}, j_{i_2}, j_{i_3}, \cdots, j_{i_N}$，其中第一个业务以时间 t_{i_1} 完成，第二个业务在时间 $t_{i_1}+t_{i_2}$ 后完成，同样的道理，第三个业务在时间 $t_{i_1}+t_{i_2}+t_{i_3}$ 后完成。因此，总的调度代价 C 为

$$C=\sum_{k=1}^{N}(N-k+1)t_{i_k}$$

即

$$C=(N+1)\sum_{k=1}^{N}t_{i_k}-\sum_{k=1}^{N}k\cdot t_{i_k}$$

在上述式子中，第一个求和项与业务的次序无关，只有第二个求和项影响总的开销 C。设在一个排序中存在 $x>y$ 使得 $t_{i_x}<t_{i_y}$，此时，如果交换 j_{i_x} 和 j_{i_y}，那么第二个和将增加，从而降低了总的开销 C。因此，按照最小服务时间最先安排的调度是所有调度方案中最优的。

短业务优先调度的 Python 程序如下。

```
def schedule(time):
    """
    参数:
        time: 业务服务时间的数组
    返回:
        最小的平均完成时间
    """
    time = sorted(time)# 对业务服务时间从小到大排序
    s = 0
    for t in time:
        s = s + (s + t)
    return s/len(time)
```

运行体验：

输入：time = [5,50,12,35,46]

```
>>>avg = schedule([5,50,12,35,46])
>>>print(avg)
91.6
```

运行结果显示对于任务队列[5,50,12,35,46]，按"短任务优先"的调度策略，最终的时间开销为 91.6 个单位。

11.2 分治法

分治法(divide and conquer)的基本思想是：将大问题(原问题)分解为若干小问题，并递归求解这些小问题，然后在小问题解的基础上获得原问题的解，即将大问题的求解归约为若

干小问题的递归求解。

【例 11-4】快速排序

【问题】将 n 个元素的集合排列成从小到大的有序序列。

【思路】快速排序(quick sort)是 C.R.A.Hoare 于 1962 年提出的一种采用分治策略的排序算法。假设拟排序的元素集合是 S,快速算法 Quicksort(S)由以下四个步骤组成:

(1) 如果 S 中的元素的数目为 0 或 1,就返回;

(2) 选择 S 中的任意一个元素 v,v 叫作支点(pivot);

(3) 将 $S-\{v\}$(S 中扣除 v)分成两个分开的部分:$L=\{x\in S-\{v\}|x\leqslant v\}$ 和 $R=\{x\in S-\{v\}|x>v\}$;

(4) 按 Quicksort(L)、v 和 Quicksort(R)顺序组合的结果就是最后的排序结果。

从上面可以看到,快速排序算法采用递归方法,其中关键要点是:如何选择支点和如何基于支点进行分组。现假设支点元素随机选,支点把数组分为两组:小于等于支点的元素和大于支点的元素。图 11-1 展示了在一组数上进行的快速排序。

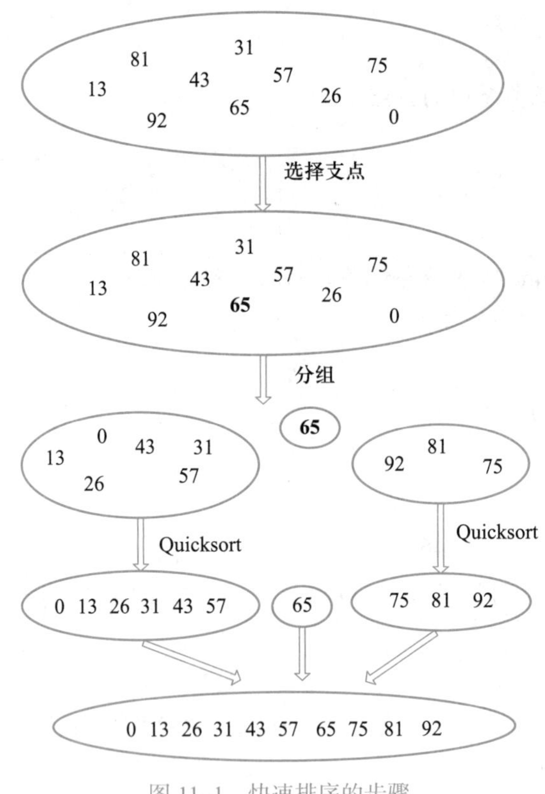

图 11-1 快速排序的步骤

另一种支点的选择方法是把中间元素作为支点。如果待排序元素是放在数组 arr[left…right]上,那么中间元素就是 arr[(left+right)/2]。当然,更好的方法是在第一个元素、中间一个元素和最后一个元素三者中选择一个中间值作为支点。下列程序简单地采用中间元素作为支点,读者可以运行体验一下。

快速排序的 Python 程序如下。

```
def quicksort(arr):
    """
    参数:
        arr:待排序数组
    返回:
        排好序的数组
    """
    if len(arr)<= 1 :   #递归出口
        return arr
    mid = int(len(arr)/2)
    pivot = arr[mid]  #取中间值作为支点
    left = [x for x in arr if x < pivot]         #左序列
    middle = [x for x in arr if x == pivot]  #中序列
    right = [x for x in arr if x > pivot]        #右序列
    #左序列、右序列递归调用 quicksort
    return quicksort(left)+ middle + quicksort(right)
```

运行体验:

输入:arr = [6,4,12,11,3,5,7,9]

```
>>>print(quicksort([6,4,12,11,3,5,7,9]))
[3,4,5,6,7,9,11,12]
```

在算法的时间复杂性方面,快速排序的最好情况是支点把集合分成两个同等大小的子集,并且在递归的每个阶段都这样划分。然后我们就有了两个一半大小的递归调用和线性的开销。在这种情况下运行的时间是 $O(n\log_2 n)$。快速排序最坏的时间复杂性是 $O(n^2)$。

【拓展资料】快速排序最坏时间复杂性分析。

假设在每一步的递归调用中,支点都恰好是最小的元素。这样小元素的集合 L 就是空的,而大元素集 R 拥有除了支点以外的所有元素。设 $T(n)$ 是对 n 个元素进行快速排序所需的运行时间,并假设对 0 或 1 个元素排序的时间刚好是 1 个时间单位。那么对于 $n>1$,当每次都运气很差地选择最小的元素作为支点,我们得到的运行时间满足 $T(n)=T(n-1)+n$。即对 n 个数进行排序的时间等于递归排序大元素子集中的 $n-1$ 个数所需要的时间加上进行分组的 n 个单位的开销。最终得出:

$$T(n)=T(1)+2+3+\cdots+n=\frac{n(n+1)}{2}=O(n^2)$$

【例 11-5】奖励金块问题。

【问题】假设老板有袋金块想奖励两名优秀雇员:排名第一名的雇员得到最重的金块,排名第二的雇员得到最轻的金块。现有一台比较重量的仪器,如何用最少的比较次数找出最重和最轻的金块?

【分析】这个问题抽象一下,实际上就是:给定 n 个整数,如何用最少的比较次数找出这些整数的最大值和最小值,有以下两种方法。

(1) 逐个比较的常规方法。可以把所有整数遍历一遍,通过 $n-1$ 次比较找到最大的整数;同样方法,在剩下的 $n-1$ 个整数里,通过 $n-2$ 次比较找到最小的整数,所以总的比较次数是 $2n-3$。

(2) 分治法。当 $n \leqslant 2$ 时,一次比较就够了;当 $n>2$ 时:

第一步,(分解问题)把一袋金块 S 按块数平分成两个小袋金块 A 和 B;

第二步,(递归求解)分别找出在 A 和 B 中最重和最轻的金块。设 A 的最重和最轻的金块分别为 Ha 与 La,B 的最重和最轻的金块分别为 Hb 和 Lb;

第三步,(从子问题解求原问题解)比较 Ha 和 Hb,可以找到所有金块中最重的;比较 La 和 Lb,可以找到所有金块中最轻的。

当 $n=16$ 时,如果用简单的逐个比较的方法,需要比较 $2n-3=29$ 次。但如果采用上述的分治法,总的比较次数是:10+10+2=22 次。

【思考】如果采用分治法,为什么从 16 个整数中找出最大整数和最小整数的比较次数是 22？如果整数个数是 32,比较次数是多少?如果个数是奇数,上述方法应如何改进?

分治法奖励金块问题的 Python 程序如下。

```
def find_max_min(arr):
    """
    参数:
        arr: 整数数组
    返回:
        返回一个元组,形式为(数组最大值,数组最小值)
    """
    if len(arr)<= 2 :
        return max(arr),min(arr)
    mid = int(len(arr)/2)
    A = arr[:mid]
    B = arr[mid:]
    Ha,La = find_max_min(A)
    Hb,Lb = find_max_min(B)
    return max(Ha,Hb),min(La,Lb)
```

运行体验:

输入:arr = [4,5,15,12,3,10]

```
>>>print(find_max_min([4,5,15,12,3,10]))
(15,3)
```

运行结果显示,指定的这袋金块[4,5,15,12,3,10],最大值 15,最小值 3。

11.3　随机化算法

前面介绍的几种算法都是确定性的算法。在算法的某些步骤中可以加入某种随机性，这种算法叫随机化算法（randomized algorithm）。

使用随机化算法常见的场景有：(1) 有的问题用确定性算法很难解决，用随机化算法却很简单，且有较好的时间复杂性，但不能保证算法百分之百正确（得到最优结果），算法结果可能是正确的或者几乎是正确的（即正确的概率很大）；(2) 可以大大降低最坏情况（最坏时间复杂性）出现的概率。

【例 11–6】求圆周率。

【问题】圆周率是圆的周长与直径的比，即 π，其值是 3.141 592 65…，它是一个无理数，即无限不循环小数。古今中外数学家都一直为求得圆周率而努力。古希腊大数学家阿基米德开创了通过理论计算圆周率近似值的先河。阿基米德实际上采用了一种迭代算法：从单位圆出发，先用内接正六边形求出圆周率的下界为 3，再用外接正六边形并借助勾股定理求出圆周率的上界小于 4。接着，他对内接正六边形和外接正六边形的边数分别加倍，将它们分别变成内接正十二边形和外接正十二边形，再借助勾股定理改进圆周率的下界和上界。他逐步对内接正多边形和外接正多边形的边数加倍，直到内接正九十六边形和外接正九十六边形为止。最后，他求出圆周率的下界和上界分别为 223/71 和 22/7，并取它们的平均值 3.141 851 为圆周率的近似值。南北朝时期的中国数学家祖冲之求得 π 精确到小数点后 7 位的结果，并在之后的 800 年里祖冲之计算的结果一直保持全世界最准确 π 值的记录。请设计一种计算机随机实验的方法来求解圆周率。

【思路】在图 11–2 的单位正方形中有一个内切圆，正方形面积是 1，内切圆半径是 1/2，面积是 π/4。我们可以在该正方形中随机投入 n 个点，观察有多少个点落在圆内，即与圆心的距离是否小于 1/2。假设有 k 个点落在圆内，那么 k/n 的比就代表了圆面积与正方形面积的比例，也就是 π/4。因此，π 的估计值就是$\frac{4k}{n}$。当我们实验次数越多（即 n 越大），这个估计值就越准确，即概率意义上的准确。

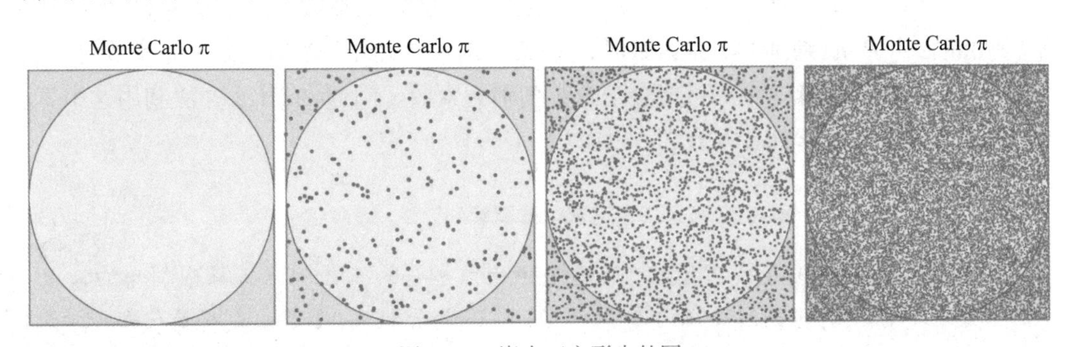

图 11–2　嵌在正方形中的圆

用随机化算法求 π 的 Python 程序代码如下(设半径为 1,坐标原点为圆心)。

```
from random import random
from time import perf_counter   #计算机当前时间
darts=1000*1000*10
hits=0.0
start=perf_counter( )
for i in range(1,darts+1):
    x,y=random( ),random( )
    dist=pow(x**2+y**2,0.5)
    if  dist <= 1.0 :
        hits=hits+1
pi=4*(hits/darts)
print("运行时间是:{:.5f}s".format(perf_counter( )-start))
print("圆周率的值是:{}".format(pi))
```

运行结果:

```
运行时间是:7.59855s
圆周率的值是:3.1426824
```

这种随机实验方法又被称为蒙特卡罗方法(Monte Carlo method),也称统计模拟方法。1777 年,法国数学家布丰提出用投针实验的方法求圆周率 π。这被认为是蒙特卡罗方法的起源。

蒙特卡罗方法通过某种随机实验,以这种事件出现的频率估算相应随机事件的概率,或者得到相应随机变量的某些数字特征,并将其作为问题的解。蒙特卡罗方法总能得到问题的答案,偶然产生不正确的答案。但是,重复运行,每一次都进行随机选择,可使不正确答案的概率变得任意小。

另外一种随机化算法叫拉斯维加斯算法(Las Vegas algorithm),它不像蒙特卡罗方法可能会给出不正确的答案,而拉斯维加斯算法如果获得问题的正确答案就结束,否则会反复求解直到得到正确答案,也就使得得不到答案的概率任意小。

【思考】如果有一个算法 $P(n)$,它能以很快的速度判别整数 n 是不是素数,可是这个算法不准确:当 $P(n)$ 判别 n 不是素数时,n 确实不是素数,但当 $P(n)$ 判别 n 是素数时,只有 1/2 的概率是对的,即有一半的可能会把合数判别为素数。问:你有什么办法利用这个算法 P,使得误判的概率能降到百万分之一以内?

习题 11

1. 针对书上给的"可分割背包问题的 Python 程序",有没有可能做很简单的修改就变为求不可分割背包问题(0–1 背包问题)的 Python 程序(不要求获得最优解)?如果可以,用不同的数据测试,包括同一数据的不同顺序,比较算法结果和最优解的差距。

2. 有以下若干任务 $S=\{a_1,a_2,\ \cdots,a_{11}\}$，每个任务在时间段 $[s_i,f_i)$ 内执行。如果两个任务不重叠，即满足 $s_i \geqslant f_j$ 或者 $s_j \geqslant f_i$，则称这两个任务是兼容的。请从下列 11 个任务（s_i 和 f_i 为对应的起始时间和结束时间）中选择最多任务，使相互之间兼容。请说明你的算法思路（策略），并给出答案。

i	1	2	3	4	5	6	7	8	9	10	11
s_i	1	3	0	5	3	5	6	8	8	2	12
f_i	4	5	6	7	9	9	10	11	12	14	16

3. 最大子序列和问题。给定 n 个整数的序列 $\{a_1,a_2,\ \cdots,a_n\}$，求该序列中的一个子序列（即其中的一段）使该子序列所有整数的和最大，即求函数 $f(i,j)=\max\left\{0,\sum_{k=i}^{j}a_k\right\}$ 的最大值；如果所有元素都是负数，则结果为 0。例如，给定序列 $\{-2,11,-4,13,-5,-2\}$，其最大子列为 $\{11,-4,13\}$，和为 20。请尝试用分治法求解该例子，请说明你的算法思路和计算过程。

4. 我们知道快速排序算法的一个关键问题是支点（pivot）的选择，不好的支点可能会使算法的最坏时间复杂性达到 $O(n^2)$。有没有可能将随机化算法的思路应用于支点的选择中，使得快速排序出现最坏时间复杂性 $O(n^2)$ 的概率任意小？请说明你的算法思路。

第 12 章

资源调度与云计算

资源分配与调度是一类很典型的计算问题。资源分配与调度是指多个对象竞争少量的资源,需要对各种资源进行合理有效地测量和调节。比如,操作系统中处理机(CPU)资源的分配与调度,网络系统中网络带宽的分配与调度,数据库系统中缓存资源的分配与调度等。在我们社会系统中,也存在种种调度问题,比如:水资源、电力资源、应急抢险物资的分配与调度,等等。

资源调度也是云计算的核心技术。云计算把众多的计算资源集合起来,形成计算资源共享池,即所谓的“云”,使用者可以随时获取“云”上的资源,按需求量使用,并按使用量付费。云计算将计算资源虚拟化,并通过高效的资源调度,把计算能力作为一种商品,像水、电、煤气一样,向社会方便地提供计算服务。

12.1 资源调度策略

复杂系统,无论是计算系统还是社会系统,往往会涉及资源调度问题。资源调度是指对各种资源进行合理有效地调节、测量及分析。比如,操作系统处理机(CPU)管理的核心功能就是进程调度。进程调度面临的一个焦点问题是:用户进程数一般都多于 CPU 数,导致它们互相之间争夺 CPU。这就要求进程调度程序能够按一定的策略,动态地把 CPU 分配给处于就绪队列中的某一个进程,使之执行。类似这种因为资源竞争而导致的调度问题,普遍存在于许多复杂系统中,比如:计算机网络、云计算、铁路运行、机场运行、物流系统等。

各种系统的资源调度一般会有不同的调度目标,而不同的目标导致可以采用不同的资源调度策略,即调度算法。比如,在第 11 章介绍贪婪算法的银行排队例子中,银行服务窗口数量少于顾客数量时,就会产生服务窗口调度问题。在现实世界中,银行服务窗口调度采用的基本调度策略就是先来先服务,即按照时间顺序排队的策略,这是一种基于公平规则的调度策略,它满足了社会对公平性的要求,但系统效率并不一定好。所谓系统效率指的是排队等待服务的整体，总体的等待和服务时间之和（又叫完成时间、周转时间）并不是最好。第 11 章的银行排队例子中，采用服务时间最短优先的原则来选择下一个服务对象（即先服务需要时间少的顾客），而不是按照先来先服务的原则，系统效率会更好。

在第 11 章银行排队例子，我们假设顾客是同时到达的，而实际生活中顾客到达时间是不一样的。在顾客到达时间不一样的情况下，如果需要系统整体效率高，也可以采用服务时间最短优先的方法进行调度。资源调度还有一种常用的方法是优先级调度，即每个任务根据某种方法（比如任务类型）被计算出一种优先级，并按照优先级别高低选择下一步需要执行的任务。一般情况下，我们讨论的是一种非抢占（non-preemptive）调度，也就是服务一旦开始便会一直执行下去，直至任务完成。与此对应的是抢占（preemptive）调度，即任务在处理过程中可以被打断，暂时搁置起当前正在处理的任务，优先处理其他任务。

【思考】假设例 11-3 中，3 位顾客（A、B、C）到达的时间分别是第 0 分钟、第 5 分钟、第 8 分钟，办理这 3 位顾客业务所需要的服务时间分别是 10 分钟、15 分钟、5 分钟。那么，如果采用短任务优先原则调度（非抢占式），问：平均完成时间是多少？

前面所讨论的资源调度基本是基于对服务时间的争夺，还有一种常见的资源调度是基于对空间的争夺。比如，远洋货轮一般采用集装箱装货，按照集装箱装运。为了提高货轮运输效益，一般希望能装尽量多的集装箱。或者说，希望同样一批货物能用尽量少的集装箱装入。类似地，在计算系统中，每个计算任务都需要占用一定的服务器资源，当我们面临一批计算任务需要运行，如何用尽量少的服务器来运行这些任务。这些问题就是典型的装箱问题（bin packing）。

【例 12-1】装箱问题。

【问题】给定 N 个物品，大小分别为 $S_1, S_2, \cdots, S_N$，　其中 $0 < S_i \leqslant 1$，要将这些物品放置在空间大小为 1 的箱子中。请设计一种策略，能使用最少的箱子装下所有物品。例如，$N=7$；S_i 分别为 0.2，0.5，0.4，0.7，0.1，0.3，0.8，最优结果是用 3 个箱子。

【思路】这是比较典型、同时也是比较简单的装箱问题，只考虑了物体的体积。即便比较简单，但这类装箱问题却也是 NP 完全问题，即目前还没有找到多项式算法解决这个问题。因此，目前装箱问题算法主要是一些近似算法。所谓近似算法指该算法可以求得与最优解接近的结果，但不一定得到最优解。

下面我们采用三种贪心算法来解决这个问题。

（1）Next-Fit 算法：按照物体给定的顺序装箱，如果当前物品能放入当前的箱子中，则把该物品放入；如果不行，则取一个新箱子（并成为新的“当前箱子”）。然后选下一个物品放，如此循环，直到所有物品都放好。该算法的特点是只检查能不能放入当前箱子，而不再检查以前的箱子，因此算法时间复杂性是线性的，但效果不一定好。针对给出的例子，按照这个算法装箱的结果如图 12-1 所示，用了 5 只箱子。

（2）First-Fit 算法：按照物体给定的顺序装箱，对于每个物品都从第一个箱子开始往后检查，寻找最先一个能装下的箱子并放入。如果所有的箱子都装不下，则取一个新箱子放入。然后，选下一个物品放，如此循环，直到所有物品都放好。该算法的特点是每次都需要从头开始检查,因此算法时间复杂性是 $O(n^2)$,当然如果设计巧妙点可以做到 $O(n\log n)$。针对给出的例子,按照这个算法装箱的结果如图 12-2 所示,用了 4 只箱子。

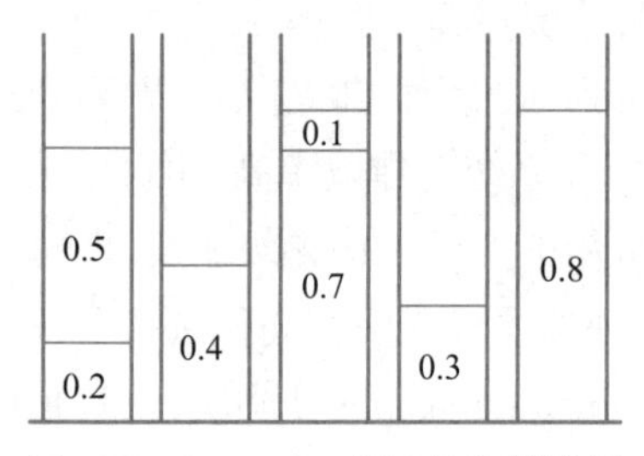

图 12-1 Next-Fit 算法的装箱结果

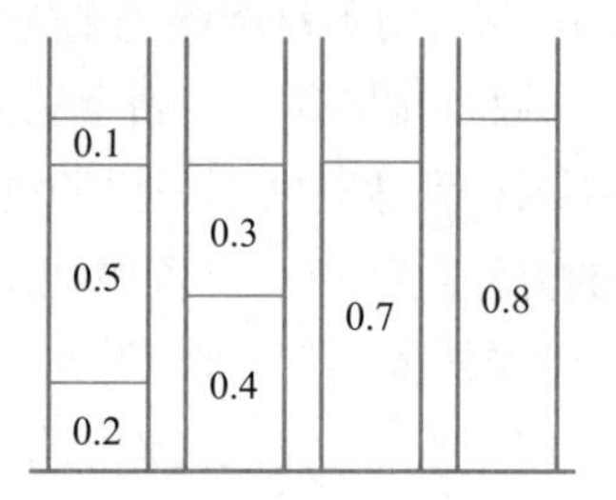

图 12-2 First-Fit 算法的装箱结果

(3) Best-Fit 算法:按照物体给定的顺序装箱,对于每个物品都从第一个箱子开始往后检查,在所有能装下的箱子中寻找一个"效果"最好的箱子并放入。所谓"效果"最好是指装入后箱子空余的空间最少。如果所有的箱子都装不下,则取一个新箱子。然后,选下一个物品装箱,如此循环,直到所有物品都放好。该算法的特点是每次都需要从头开始检查,而且还需要从中选择一个"效果"最好的箱子,因此算法时间复杂性是 $O(n^2)$,同样如果设计巧妙点也可以做到 $O(n\log n)$。针对给出的例子,按照这个算法装箱的结果如图 12-3 所示,用了 4 只箱子。

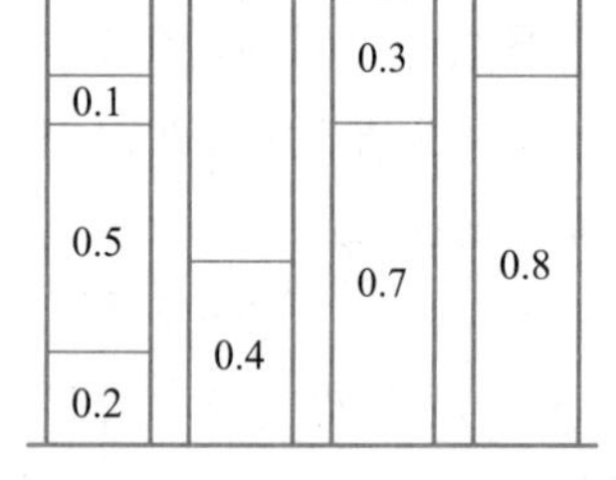

图 12-3 Best-Fit 算法的装箱结果

可以看到,这三种算法都没有找到最优解,其中 Next-Fit 效果最差,需要 5 个箱子,其他两种算法都只需要 4 个箱子,而最优解是 3 个箱子。近似解与最优解的比就称之为近似算法的近似比(approximation ratio)。对于我们这个例子,Best-Fit 算法的近似比是 4/3。

前面讨论的装箱问题是一种在线(online)装箱问题,也就是每次只告诉你当前物品的信息,你需要马上决定怎么装,而不知道后继物品的任何信息,即按照物品到达顺序随到随装。另一种情况是离线(offline)装箱问题,也就是所有物品的信息都一口气告诉你了,之后由你来统一处理。显然,在线装箱问题更难获得最优解,事实上可以证明不存在一个算法对任意输入都能找出最优解。解决离线装箱问题的方法是:先将物品从大到小排列,然后按照前面的三种算法装箱,此时,装箱效果比在线要好。读者可以自己试,将上述例子中的物品从大到小排好后,First-Fit 和 Best-Fit 方法都可以获得最优解。当然,这只是针对这个例子,一般情况下还是无法保证获得最优解的。但有人证明对于离线装箱问题,如果采用 First-Fit 方法,计算出的箱子数不会超过 11M/9 + 6/9,其中 M 是最优解。下面把这三种贪心算法用 Python 程序模拟,体验解决问题的思想方法。

1. Next-Fit 算法

```
def next_fit(s):
    """
    参数:
```

```
        s:待装箱物体大小数组
    返回:
        装箱结果
    """
    bins = [ ]        #装箱结果
    cur_bin = [ ]  #当前箱子
    cur_size = 0     #当前箱子大小
    for si in s:
        if si + cur_size <= 1 :
            #当前箱子可以装下
            cur_bin.append(si)
            cur_size = cur_size + si
        else:
            #当前箱子不能装下,用一个新箱子装
            bins.append(cur_bin)
            cur_bin = [si]
            cur_size = si
    bins.append(cur_bin)
    return bins
```

运行体验:

输入:s = [0.2,0.5,0.4,0.7,0.1,0.3,0.8]

```
>>>bins = next_fit([0.2,0.5,0.4,0.7,0.1,0.3,0.8])
>>>print('装箱结果为{},需要{}个箱子'.format(bins,len(bins)))
装箱结果为[[0.2,0.5],[0.4],[0.7,0.1],[0.3],[0.8]],需要5个箱子
```

2. First-Fit 算法

```
def first_fit(s):
    """
    参数:
        s:待装箱物体大小数组
    返回:
        装箱结果
    """
    bins = [ ]  #装箱结果
    sizes = [ ]  #每个箱子大小
    for si in s:
```

```
        packed = False
        # 从头遍历每个箱子,判断是否能装下
        for i,b in enumerate(bins):
            if sizes [ i ]+ si <= 1 :
                b.append(si)
                sizes [ i ]= sizes [ i ]+ si
                packed = True
                break
        # 没有能装下的箱子,用一个新箱子装
        if not packed:
            bins.append([ si ])
            sizes.append(si)
    return bins
```

运行体验:

输入:s = [0.2,0.5,0.4,0.7,0.1,0.3,0.8]

```
>>>bins = first_fit([ 0.2,0.5,0.4,0.7,0.1,0.3,0.8 ])
>>>print('装箱结果为 {},需要 {} 个箱子'.format(bins,len(bins)))
装箱结果为[[ 0.2,0.5,0.1 ],[ 0.4,0.3 ],[ 0.7 ],[ 0.8 ]],需要 4 个箱子
```

程序中的 enumerate( )函数用于将一个列表对象组合为一个索引序列,即同时列出数据下标和数据。如 enumerate(['a','b','c']),将产生一个迭代对象,包含:[(0,'a'),(1,'b'),(2,'c')]。

3. Best-Fit 算法

```
def best_fit(s):
    """
    参数:
        s:待装箱物体大小数组
    返回:
        装箱结果
    """
    bins = [ ]  # 装箱结果
    sizes = [ ]  # 每个箱子大小
    for si in s:
        best_bin = None   # 最优箱子
        best_bin_id =-1   # 最优箱子 id
        #遍历寻找最优箱子
```

```
        for i,b in enumerate(bins):
            if sizes[i]+ si <= 1 :
                if best_bin is None or(sizes[i]> sizes[best_bin_id]):
                    best_bin = b
                    best_bin_id = i

        if best_bin is not None:
            # 找到最优箱子
            best_bin.append(si)
            sizes[best_bin_id]= sizes[best_bin_id]+ si
        else:
            # 没有找到合适的箱子,则选择一个新的箱子
            bins.append([si])
            sizes.append(si)
    return bins
```

运行体验:

输入:s = [0.2,0.5,0.4,0.7,0.1,0.3,0.8]

```
>>>bins = best_fit([0.2,0.5,0.4,0.7,0.1,0.3,0.8])
>>>print('装箱结果为{},需要{}个箱子'.format(bins,len(bins)))
装箱结果为[[0.2,0.5,0.1],[0.4],[0.7,0.3],[0.8]],需要4个箱子
```

12.2　云计算与资源调度

早在19世纪中叶人类发明了发电机,从此电成了经济发展和人民生活中的重要能源,引发了第二次工业革命,人类进入了"电气时代"。早期用电的方式是以一台台发电机发电的模式。试想一下,如果现在家家户户自己买发电机,自己发电自己用,这会是什么场景!不仅维护发电机麻烦,而且发电机的电力输出和动态的电力需求不匹配,有时家里只需要一个灯泡亮就可以了,有时需要开空调、用电饭煲等。电力公司的出现解决了这一系列问题:电力公司整合发电端的资源,通过电力网络给各行各业、家家户户等用电端提供按需用电服务,并采用按用电量计费的模式。电力公司的电力服务模式很像今天的云计算服务模式,即对用户来说从买设备变到买服务,无非一个是电力服务,一个是计算服务。

云计算(cloud computing)是一种基于互联网的计算服务模式,通过将物理资源虚拟化,从而实现为终端用户提供按需分配的动态、实时、可扩展的计算资源服务。云计算有着如下显著的特征。

(1) 超大规模的服务。云计算中心通常拥有数十万、上百万的高性能服务器,并以网络为主要途径向全球各地的用户提供更加便捷、优质的服务。

(2) 灵活配置的虚拟化资源。为了满足不同用户异构的资源需求,采用虚拟化技术将云计算中心的异构的物理资源转化为逻辑上的可管理资源,形成统一的虚拟资源池,并在服务过程中动态、灵活地分配虚拟化资源,从而有效地优化资源利用率。

(3) 按需的弹性服务。借助于虚拟化技术,满足用户的动态资源请求和服务请求,就像购买水电一样随时随地购买计算、存储资源服务,为用户带来了极低的使用成本和极高的使用灵活度。

(4) 高扩展性服务。可以根据用户应用需求动态调节需要的服务器数量,通过虚拟化技术分别地扩展数据中心集群规模,增强服务能力。

(5) 高可用性服务。云计算中心可以有效检测发生故障或失效的物理节点,利用虚拟机(Virtual Machine)迁移机制有效保证云计算中心的服务可靠性,同时虚拟机管理机制实现用户间资源隔离确保数据安全性,从而实现云平台服务的高可用性。虚拟机迁移(Virtual Machine Migration)是指把源主机从虚拟机移动到目的主机,并且能够在目的主机上正常运行。

作为一种新型、商业化的计算服务模式,云计算使用户如同使用水、电一般,可以随时随地租用各种云服务。云服务提供商提供的服务模式主要有三种:基础设施即服务(infrastructure as a service,IaaS)、平台即服务(platform as a service,PaaS)、软件即服务(software as a service,SaaS)。

基础设施即服务(IaaS)是指通过整合底层的网络、服务器、存储等硬件资源,实现按需使用信息基础设施的服务提供方式,它也是构建 PaaS 层和 SaaS 层的基础。目前 IaaS 是云计算的主要服务类型,典型产品或服务有:阿里云、华为云、OpenStack 等。

平台即服务(PaaS)则是将软件平台通过服务的形式展现给用户,用户可以通过调用云服务提供商提供的软件接口在软件平台上运行自己的应用程序。用户或企业可以通过 PaaS 服务更加快速地开发出应用软件,极大地提高了开发效率。目前典型的 PaaS 产品或服务有:Google App Engine、Windows Azure、Hadoop 等。

软件即服务(SaaS)将应用程序直接部署在云平台上,通过互联网为用户提供按需使用、按需付费的软件应用服务,用户无须对软件的底层实体资源和运行环境进行维护管理,也无须管理软件运行过程中产生的数据。目前典型的 SaaS 应用包括:Microsoft Office、Gmail,以及国内的钉钉、WPS 办公等。

随着云计算技术的快速发展和不断成熟,越来越多的企业开始利用云计算部署业务,以支撑爆炸式增长的用户需求量。近年来,全球云计算市场的平均年增速达到了 20%,根据预测,到 2022 年,全球云计算市场规模将达到 2 700 亿美元,我国整体规模也将达到 1 731 亿元人民币。

虚拟化技术是云计算的关键技术之一。虚拟化技术的实质就是将底层的物理资源转化为虚拟资源,改变网络、存储、数据和应用中的物理设备的划分,并通过虚拟机管理器创建不同的虚拟机,为上层软件应用提供多样化运行环境(如操作系统),如图 12-4。通过虚拟化技术可以灵活地分配服务资源,扩充的虚拟化资源不受限于现有的资源架构,从而实现资源的动态扩展。同时,虚拟化技术使得多种服务整合在一台服务器上,这样避免了传统数据中心物理资源无法分割导致资源分配后只能被单一用户占用的问题,极大地提高了资源利用率。

这种通过虚拟化技术构建的计算环境就是虚拟机,也是承载用户任务的计算环境。虚拟机可以运行在不同的物理服务器中,并可以在不同物理服务器之间迁移。因此,就产生了云计算资源调度的问题,也就是按照某种资源或某种规则分配,为用户提请的任务安排部署虚拟机,使云计算资源在用户间进行转移,以实现对用户提请任务的最优调度。

云计算资源调度可以有不同的优化调度目标,如:能耗优化、网络优化、成本效益优化、性能效率优化等。例如,如果要保证良好的运行性能(如用户要求快速响应,并愿意支付高的费用),可能就会将虚拟机分散到多个物理服务器中;如果需要节约成本(如用户对系统响应速度要求不高,但对服务价格比较敏感),可能就将多个虚拟机尽量分配到一个物理服务器中。

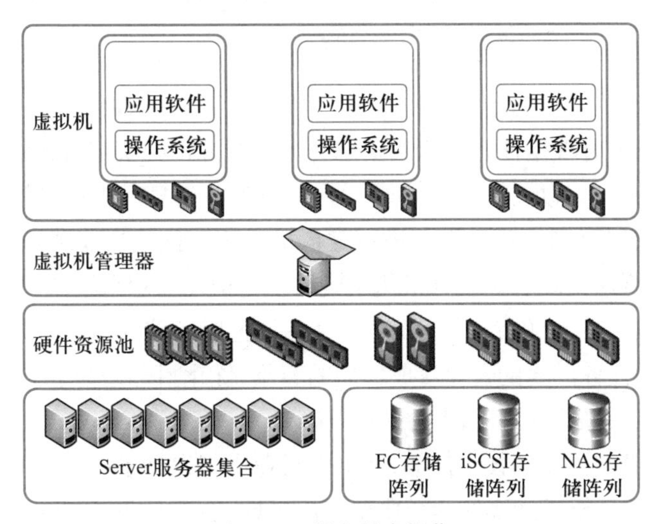

图 12-4　服务器虚拟化

表 12-1 列举几个云计算中典型的资源调度目标(策略)和内涵。

表 12-1　典型的资源调度目标(策略)和内涵

调度目标(策略)	内涵
打包 (packing)	• 应用程序在尽量少的物理服务器上运行 • 每个被使用的服务器利用率最大化,减少资源碎片,减少能源消耗。
分条 (striping)	• 应用程序分散在尽可能多的物理服务器上运行 • 减少机器故障带来的影响,提高应用程序的运行效率
负载感知 (load-aware)	• 新的应用程序总是运行在负载最轻的物理服务器上 • 获得更高的应用程序运行效率
高可用性感知 (HA-Aware)	• 将支持高可用性(HA)的服务器资源分配给关键业务 • 提供更高的资源可用性

续表

调度目标(策略)	内涵
节能感知 (energy-aware)	• 根据节能指数和数据中心热点运行应用程序 • 减少能源消耗
亲和性感知 (affinity-aware)	• 将任务分配到与关键资源关联度最高的服务器上,例如将任务分配到与存储系统直连的服务器上 • 保证应用程序运行效率
服务器型号感知 (server model-aware)	• 根据服务器类型分配资源 • 尽可能利用性能好的、昂贵的资源,使投资回报最大化
拓扑感知 (topology-aware)	• 尽量使用连接到同一个交换机、背板、刀片中心的服务器运行用户任务 • 提高应用程序运行效率

云计算资源调度主要有初始放置和动态优化两个阶段。初始放置是指针对调度优化目标,在一开始运行任务时根据任务要求的资源和现有资源情况决定放置的方法,即将哪些任务分配到哪些物理机上。动态优化则实时对物理机负载信息和虚拟机配置信息进行监测,并且结合调度优化目标,判断是否需要进行虚拟机迁移以优化当前结果。云计算资源调度中常用的资源分配算法主要有确定性最优求解算法(如线性规划法)、启发式算法、近似算法等。其中,有些初始放置问题就很像装箱问题:如果把服务器(物理机)资源(如 CPU、内存)看成箱子的容量,而任务需要的资源看成物品的容量,优化目标是为了节约成本把尽可能多的任务放置到尽量少的物理服务器上。

云计算技术凭借其独特的技术优势,在众多行业中都得到了广泛的应用,产生了巨大的社会价值。下面简单分析云计算的两个典型应用场景:智慧城市、工业互联网。

智慧城市是现代社会的重要发展方向,其利用先进的信息技术采集城市数据,并对数据进行处理与分析,对政务、民生、交通、公共安全等城市服务进行智能响应和决策。智慧城市通过对城市的系统和资源进行集成和优化,以更高效地进行城市管理,提供更便捷的城市服务,从而提高市民的生活质量。

云计算是智慧城市发展建设过程中的一项关键技术,对推进智慧城市建设进程具有极大的促进作用。首先,云计算可以全面整合城市中的数据资源,对城市数据中心的多源异构数据进行集成和融合,消除数据孤岛,让城市中各领域数据得到共享。其次,云计算具有按需获取、弹性伸缩的存储和计算资源,可以支持动态增长的城市数据的存储和管理。然后,基于云计算公共服务平台 SaaS,可以根据变化的需求,动态地修改软件,或者添加新的应用系统,实现应用系统的集成。

工业互联网是新一代信息通信技术与制造业深度融合的生态体系,以数据为核心,将人、机器、物、系统全面连接,构建起包含全要素、全产业链、全价值链的新制造体系和产业生态,是制造业企业实现数字化转型的必经之路。工业互联网通过传感器采集数据,对物理资产进行全面深入地感知,并对大规模的工业数据进行高效管理与分析建模,产生智能优化的决策并向物理系统反馈，实现制造业的智能化，从而降低成本、增加效益，带来实际的业务价值。

云计算技术是工业互联网的一项重要基础技术。制造业企业在生产经营的各个环节存在大量的业务数据孤岛，而且包含设备数据、应用数据、视频媒体数据等多样的数据类型，需要对多源、异构的数据进行汇聚和存储。基于云计算技术在云端构建统一的数据平台，使得数据可以共享和全局治理，还能进行高性能的数据计算和分析决策，从而更有效地支持企业业务经营。

习题 12

1. 一个装箱问题：有 18 个物体，前 6 个大小均为 1/7+ε，随后 6 个大小均是 1/3+ε，最后 6 个大小均是 1/2+ε，这里 ε 是非常小的数。问：(1) 如果采用 First-Fit 策略进行在线装箱需要几个箱子？ (2) 该例子的最优解是多少？

2. 请针对 5 组以上数据（越多越好），分别应用 Next-Fit、First-Fit、Best-Fit 三种方法，并分别考虑在线装箱和离线装箱场景，分析比较三种装箱方法的效果，并与最优解相比。需要考虑如何产生一些可知最优解的测试数据，以及如何应用图表分析。

3. 云数据中心是基于云计算架构，提供超大规模数据存储、计算、服务的新型数据中心，也是云计算的典型形式。请查找资料分析一下云数据中心的能源消耗问题，并分析现有解决方案。

第五篇　搜索与人工智能

之前介绍的问题求解都属于有确定算法的平凡问题求解，比如：排序问题、查找问题，以及一些数值计算类问题（如求平方根近似解）等。针对这些问题，我们可以找到具体的问题求解算法。然而，有许多问题我们无法事先给出确定的算法求解，但可以确定基本的问题求解策略，让计算机在问题求解探索过程中针对当前具体的场景进行“动态决策”。搜索（search）就是这样的一种方法，它也是早期人工智能（artificial intelligence）所采用的一种基本方法，目前搜索仍然是问题求解的一种有效方法。作为人工智能的核心技术——机器学习（machine learning），也可以理解为是一种搜索，即根据已知信息和可获取的资源，寻找从输入到输出的最好的映射。早在 1982 年，机器学习领域的先驱者 Tom Mitchell 就认为：泛化（机器学习的重要方式）是一种搜索（generalization as search）。

本篇包括以下三章。

第 13 章介绍树的概念及树遍历的基本方法，以井字棋为例介绍零和博弈、极小极大策略、博弈树，以及博弈树搜索与 $\alpha-\beta$ 剪枝。

第 14 章介绍图的概念及图遍历的基本方法，以八数码问题为例介绍启发式搜索方法，以及 A* 搜索算法。

第 15 章介绍人工智能的发展历程、研究领域和典型应用，以及机器学习的基本类型，并以神经网络和强化学习为例介绍机器学习的基本方法。

第 13 章

博弈树与搜索剪枝

自 20 世纪 50 年代，人机对战博弈成为人工智能研究的重要内容。1962 年，阿瑟·塞缪尔（Arthur Samuel）研制的西洋跳棋人工智能程序（Checker）击败了当时全美最强的西洋棋选手之一的罗伯特·尼雷；1997 年，IBM 开发的国际象棋超级计算机深蓝（Deep Blue）两次打败当时的世界国际象棋冠军加里·卡斯帕罗夫，成为人工智能发展史上的又一个里程碑；2016 年由谷歌（Google）旗下 DeepMind 公司开发的阿尔法围棋（AlphaGo）战胜了围棋世界冠军、职业九段棋手李世石。在早期人工智能博弈研究中，博弈树的 $\alpha-\beta$ 剪枝是一项核心的技术，在西洋跳棋和国际象棋中均得到成功的应用。

13.1 引　言

有一种游戏，叫“井字棋”，又叫“tic-tac-toe”。设有一个三行三列的棋盘，两个棋手轮流走步，每个棋手走步时往空格上摆一个自己的棋子（比如，一个打圈，一个打叉），谁先使自己的棋子成三子一线（横、直、斜均可）为赢。

图 13-1 所示为由打叉棋手先下的一个博弈过程，最后打叉棋手先形成三子一线，获胜。如果采用人机对战方式下这个棋，由计算机先下，那么计算机的策略是什么？

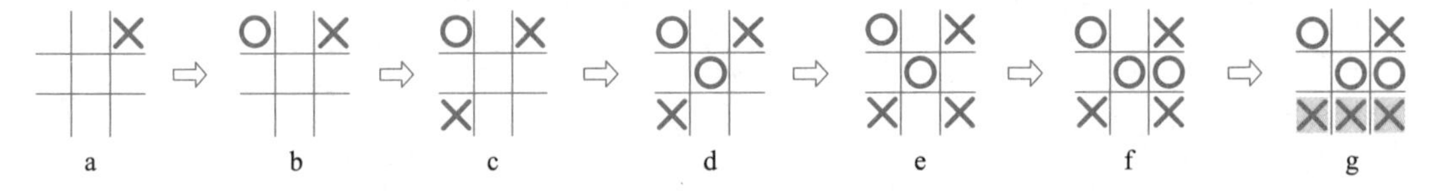

图 13-1　打叉棋手先下的一个博弈过程

这是一个简单的博弈问题，并且是一种双人零和博弈。所谓零和博弈（zero-sum game），是指参与博弈的各方，在严格竞争下，一方的收益必然意味着另一方的损失，博弈各方的收益和损失相加总和永远为“零”，双方不存在合作的可能，又叫非合作博弈。日常生活中的许多棋类就是零和博弈，比如：象棋、围棋、五子棋等。非零和博弈的典型例子是著名的"囚徒困境（prisoner's dilemma）"，有兴趣的读者可以在网络上找相关资料进一步了解。

零和博弈是完全对抗性博弈，它的特点是：任何使对手获得最好收益的策略，都会使你获得最坏的结果。由于双方都具有这样的理性，因此需要获得一种"均衡"，这就是零和博弈中的极小极大策略（minimax strategy）。举例来说，假设甲、乙双方进行一场简单的博弈：双方同时举左手或右手，根据不同的举手情况双方有不同的收益。比如，如果甲、乙都举左手，那么乙要给甲 8 元钱；如果甲乙都出右手，那么甲要给乙 10 元，等等，具体如图 13-2 所示的博弈收益矩阵，其中的数字代表甲的收益，有正、有负，正数代表甲收入，负数代表甲付出。

甲＼乙	左手	右手
左手	8	4
右手	10	−10

图 13-2 一个简单博弈收益矩阵（数字代表甲的收益）

对甲方来说，他希望能赚 10 元（出右手），而乙方也希望能赚 10 元（即收益矩阵中的 -10 元，也出右手），但如果大家都出右手，最后结果是甲亏 10 元。所以，对双方来说，理性的考虑结果应该是从最坏情况里选择最好的结果，这就是极小极大策略。对于上例，甲方的策略是从每行最小值（4，-10）里选最大的值，即（甲出左，乙出右）的 4；乙方的策略是从每列最大值（10，4）里选最小的值（矩阵中的值是甲方收益，对乙方来说越小越好），也是（甲出左，乙出右）的 4。所以，（甲出左，乙出右）是这个博弈的最优解，也是双方的均衡点。这个点也叫矩阵的鞍点。

那么，对于任意一个矩阵，每行最小值的最大值和每列最大值的最小值是否一定一样呢？也就是是否一定有鞍点？这是不一定的，读者很容易可以举出不存在鞍点的例子。大数学家冯·诺伊曼（也是现代计算机之父）于 20 世纪 20 年代证明了二元函数 f(x，y) 极小极大不等式等号成立的条件的定理，被称为极小极大定理，成为博弈论的基本定理。1944 年，冯·诺依曼和经济学家莫根施特恩合作的《博弈论与经济行为》一书的出版，标志着博弈论的创立。

前面这个例子是一种矩阵博弈（matrix game），即博弈由一个收益矩阵完全决定，这是一种最简单的博弈。而我们一开始提到的"井字棋"游戏，涉及多步决策，无法用简单的矩阵表示博弈。

为了更好地分析"井字棋"游戏的博弈策略，我们可以把这个博弈过程"展开"，即往前各看一步，分析所有的可能。我们可以得到如图 13-3 所示的结果。

下图展示了博弈双方可能轮流采取的动作。顶上是初始结点，代表博弈的起始状态；打叉一方先下，有九个位置可以下，但实际上可以归纳为三种不同的选择：正中、正上方和角落，对应图中第二层，其他选择跟这些是等价的。对于打叉方的任何一种下法，打圈方也有多种选择，即下图中的第三层。像图 13-3 这样展示博弈双方可能采取的动作的图，叫博弈树（game tree）。对于稍微复杂一点的博弈问题，我们很难展现双方在一系列博弈过程中所有可能的动作，因为这样的博弈树会非常庞大。图 13-3 也只是展示了双方各下一步的状态。

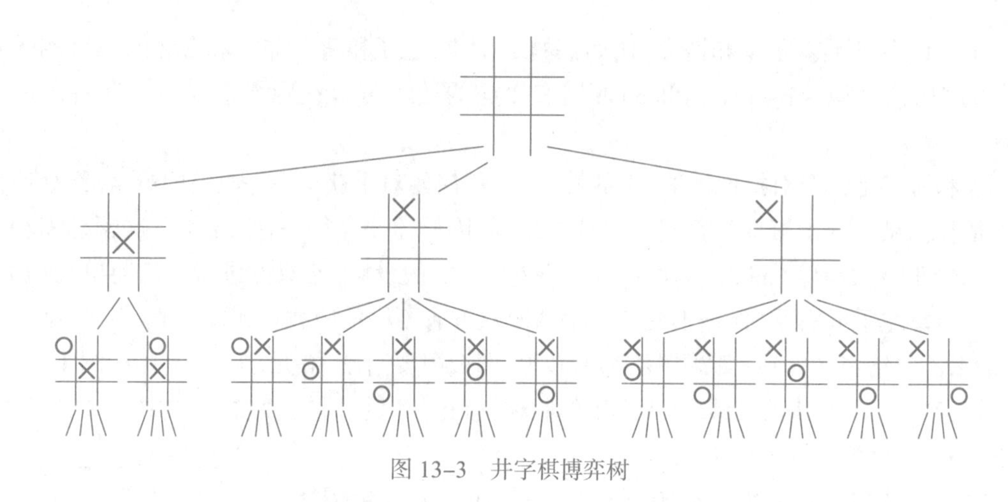

图 13-3 井字棋博弈树

既然很难展现所有步骤内的所有可能动作，那有没有可能根据有限的前瞻步数（比如，图 13-3 往前各看一步），帮助打叉一方（机器方）分析出最优的决策？

为了做好这样的决策，显然还需要一些信息，比如，棋局有利程度的评价信息。为此，我们可以设计一个函数 $f(P)$ 代表棋局 P 对机器（先手打叉方）的有利程度（棋局评价值，相当于矩阵博弈中的收益估值），其中 P 代表一个棋局。

对于"井字棋"，可以采用的一种棋局评价方法是：

$$f(P)=W_{\mathrm{Computer}}-W_{\mathrm{Human}} \tag{13-1}$$

其中，W 是计算机（computer）或者人（human）在棋局 P 下可能的赢数（即最多可能达到三子一线的线数）。比如，对于图 13-4 所示的棋局 P，$f(P)=6-4=2$。因为对于机器方（打叉），在该棋局里，最多在两横、两竖和两斜，共 6 条线上可能赢，因此，$W_{\mathrm{Computer}}=6$。而人（打圈）则最多在两横、两竖上赢，因此，$W_{\mathrm{Human}}=4$。

依据上述方法，我们可以给图 13-3 中博弈树中所有第三层结点打个分数（结点评价值），如图 13-5 所示。

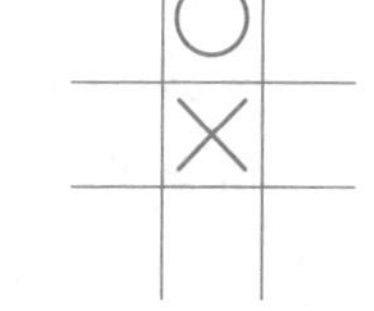

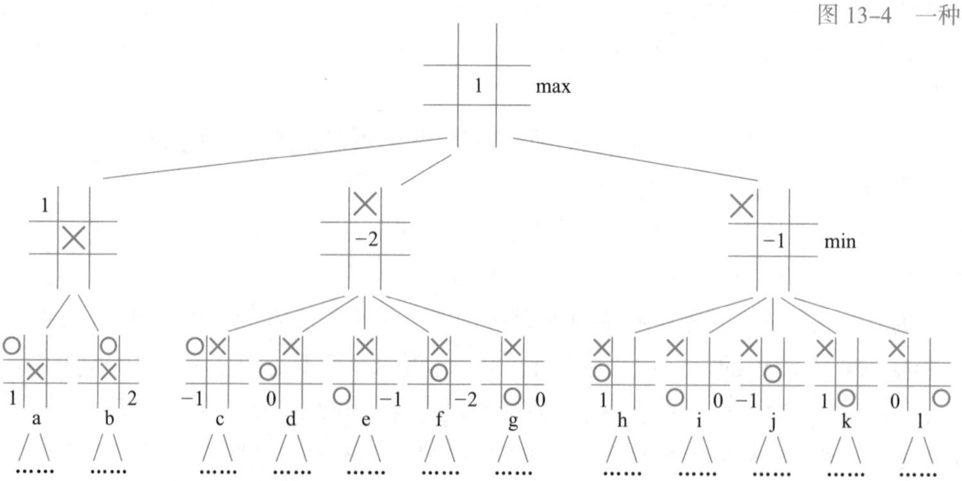

图 13-4 一种棋局

图 13-5 井字棋博弈树中的结点评价值

在这里我们可以看到,第一层(机器方)的决策和第二层(人方)的决策目标是不一样的。由于是零和博弈,棋局评价值是用来衡量机器方的收益,也就是评价值越大,越有利于机器方,所以第一层机器方的选择是值越大越好。反过来,第二层人方的选择是值越小越好。因此,我们就标注第一层为 max 层,机器方也称为 max 方;第二层为 min 层,人方也称为 min 方。

在上图中,第三层的最大值结点是 2,这并不意味着 max 层的选择就可以往这边选(也就是叉放在中间位置),因为轮到 min 层下时,会选择另外的路径(即下左上方,如第三层的第一个结点所示),使得 max 想达到 2 这个结点的计划落空。

我们可以倒过来分析,先看看第二层如何决策。对于第二层结点,它的目标是往评价值小的方向走。因此,就用第二层结点所对应的第三层结点的最小值代表第二层结点的评价值,这也是为什么叫 min 层结点的原因。这样,第二层从左往右三个结点的评价值分别是 1,-2,-1。这三个值也代表了,如果继续博弈,人方(min 方)可以保证的最小损失值(如果负数就代表最大收益值)。那么,第一层机器方的决策就很明显了,那就是三种选择(1,-2,-1)的最大值,也就是 1,即意味着在中间位置打叉。

从前面这些例子中我们可以看到,当博弈问题比较简单(比如:单步决策、决策动作少)时,可以应用收益矩阵来求最优博弈策略。当博弈问题比较复杂时,收益矩阵方法就难以解决问题了,这时候需要用类似博弈树这样复杂的数据结构来表示问题。

从上面例子可以看到,博弈树问题求解的核心要点是:(1) 可以采用搜索的方法,尽量往前探索可能的博弈状态(棋局),形成 max 和 min 交替决策的博弈树;(2) 由于很难穷尽所有的博弈状态(棋局),需要设计一种评价函数对一定深度的棋局(结点)进行评价,避免进行更深入地搜索;(3) 按照极小极大策略自底往上计算博弈树中各结点的评价值。这个计算过程实际是在博弈树上自底向上的搜索过程。

当然,对于复杂的游戏,比如国际象棋,肯定需要往前看非常多步才能获得比较好的效果。这样,博弈树的搜索工作量将呈几何增长:如果这个游戏每一步都有 n 个选择,那么涉及 x 步的博弈树的结点规模将达到 n^x 这样的数量级。为了减少搜索工作量,我们就需要剪枝,即在搜索过程中根据我们掌握的信息可以剪掉博弈树中的一些分支,从而减少搜索工作量。

下面先给大家介绍树这个数据结构。

13.2　树与树的遍历

每个人的计算机硬盘里都有许多各种类型的文件。操作系统是如何管理这些数量庞大的文件的呢?大家都知道,计算机里的文件是按照目录组织的:计算机硬盘分 C 盘、D 盘、E 盘等;每个盘里又分若干目录,每个目录里可能又有若干子目录,子目录里可能还是子目录……计算机的文件就存放在这些目录或者子目录下。这种组织方式就是一种层次化的组织方式，方便我们进行存放、查找等操作。

客观世界中还有许多事物也具有层次关系，例如，人类社会的家族谱、各种社会组织机构、图书馆中图书的分类存放等。这样一种层次关系在计算机里怎么表示？树就是表示事务之间层次关系的一种数据结构。

13.2.1 树的概念

树（tree）是 n（$n \geqslant 0$）个结点构成的有限集合。当 n=0 时，称为空树；当 n>0 时，它是由一个称为“树根（root）”的特殊结点 r，和若干不相交的“子树（subtree）”所构成。每棵子树的根结点都与 r 有一条相连接的边，r 是这些子树根结点的“父结点（parent node）”，反过来这些子树根结点称为 r 的子结点（child）。

由于子树是不相交的，那么除了根结点外，树中每条边将某个结点与其父结点连起来。因此，除了根结点外，每个结点有且仅有一个父结点。由此可见，一棵 n 个结点的树有 n–1 条边。

图 13–6 展示了几种树的例子。树的结点用圆圈表示，圈内用一个数字或字母等符号代表该结点的数据信息，而树的边用结点之间的连线表示。图 13–6（a）是一个具有 13 个结点的树的逻辑表示形式，根结点 A 有 4 个子树（即树的一部分），假设命名为 T_{A1}、T_{A2} 和 T_{A3}、T_{A4}（见图中的（b）、（c）、（d）、（e）子图），4 个子树的根结点分别是 B、C、D 和 E。B 结点又有两个子树，依此类推，树中的每个结点都是其子树的根结点。

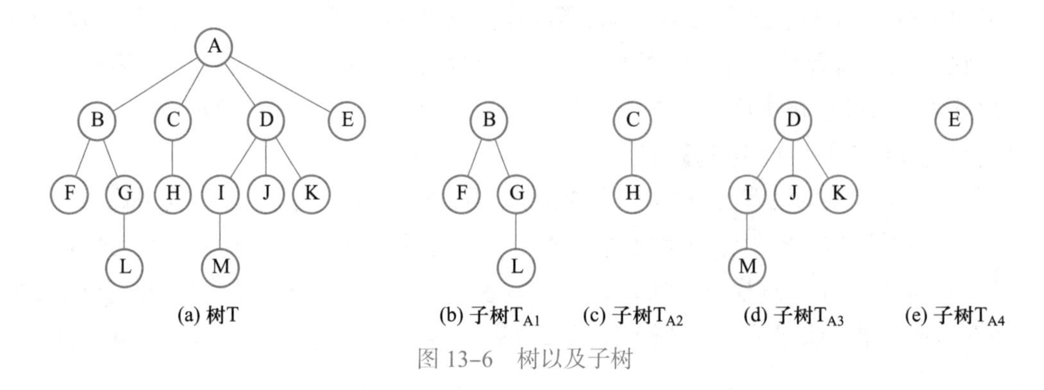

图 13–6 树以及子树

13.2.2 树的遍历

可以用树表示事物的层次关系，但更重要的目标是对这些层次关系的数据进行处理。比如，我们想统计一个目录下所有文件以及目录本身所占用硬盘空间的大小。对于这样的问题可以先求该目录下所有子目录（及相应文件）占用空间的大小，然后把这些子目录空间大小和该目录自身信息占用的空间大小加起来，就得到我们所要的结果。

算法思路如下。

```
def SizeofDir(D):          # 求目录 D 占用空间大小
    TotalSize = 0
```

```
if(D 是文件或者目录):
    TotalSize = FileSize(D)   # 求 D 自身大小:文件大小或者目录块信息大小
if(D 是目录):
    for( 对 D 的每个子目录 C):
        TotalSize =TotalSize + SizeofDir(C)        # 递归求子目录 C 大小
return TotalSize          # 返回结果值
```

这样的计算过程需要把该目录及其下面的所有子目录和文件全部"看"一遍,称为遍历(traverse)。一般来说,树的遍历是指访问树的每个结点,且每个结点仅被访问一次。访问是一个抽象的概念,实际上可以是对结点数据的各种处理,比如输出结点信息,或者计算该结点占用的空间大小。

树的遍历可分宽度优先遍历(又叫层次遍历)和深度优先遍历两种。一般树的深度优先遍历又分前序遍历和后序遍历等。

层次遍历(宽度优先遍历)按树的层次,从第 1 层的根结点开始向下逐层访问每个结点,对某一层中的结点是按从左到右的顺序访问。因此,在进行层序遍历时,完成某一层结点的访问后,再按它们的访问次序依次访问各结点的左右孩子,这样一层一层进行下去,先遇到的结点先访问。比如,对于图 13-6(a) 中的树 T,如果按照层次遍历,其结果是:ABCDEFGHIJKLM。

树的前序遍历是先访问根结点,然后再逐个访问其下的各个子树。要注意,这个过程是递归的:访问每个子树时又是先访问子树的根结点,然后递归访问子树的各个子树……比如,对于图 13-6(a) 中的树 T,如果按照前序遍历,其结果是:ABFGLCHDIMJKE。图 13-7 显示了前序遍历树 T 第一棵子树的过程。

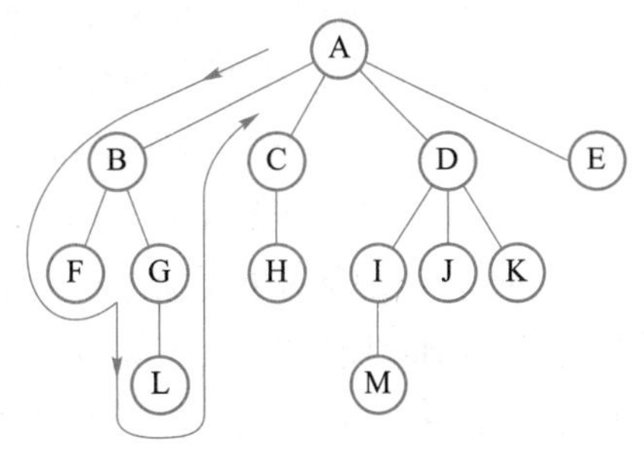

图 13-7　树 T 完成第一棵子树前序遍历的过程

树的后序遍历是先逐个访问其下的各个子树,最后再访问根。同样要注意,这个过程也是递归的:在访问各个子树时,也是先递归访问该子树下的各个子树,然后再访问该子树的根。比如,对于图 13-6(a) 中的树 T,如果按照后序遍历,其结果是:FLGBHCMIJKDEA。

有一种很典型也很重要的树叫二叉树(binary tree)。所谓二叉树是指,树上任何一个结点最多只有左右两棵子树 T_L 和 T_R 的树。比如:图 13-8(a) 和图 13-8(b) 中的树都是二叉树。

二叉树中的结点由于分左右两个子树,且最多只有两个子树。它的遍历除了层次遍历、前序遍历和后序遍历外,还有中序遍历。

中序遍历指对二叉树中任一结点的访问先遍历其左子树,然后访问该结点,最后遍历其右子树。遍历从根结点开始,遇到每个结点时,其遍历过程为:

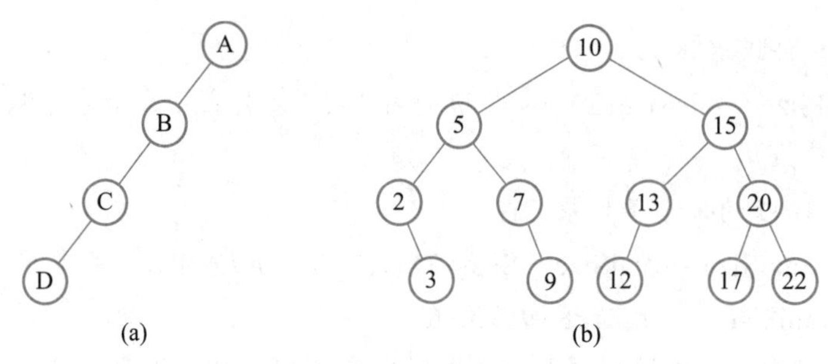

图 13-8 二叉树

① 中序遍历其左子树；

② 访问根结点；

③ 中序遍历其右子树。

简单地说，中序遍历顺序是：左子树 – 根 – 右子树；而前序遍历是：根 – 左子树 – 右子树；后序遍历是：左子树 – 右子树 – 根。

对于图 13-8 中的二叉树(b)，它的前序遍历、中序遍历和后序遍历的结果分别是：

前序遍历：10 5 2 3 7 9 15 13 12 20 17 22

中序遍历：2 3 5 7 9 10 12 13 15 17 20 22

后序遍历：3 2 9 7 5 12 13 17 22 20 15 10

不知大家有没有注意到，图 13-8(b)二叉树中结点数值的分布是有规律的：任何结点的数值比其左子树中任何结点的数值都要大，比其右子树中任何结点的数值都要小。满足这种条件的二叉树叫二叉查找树(binary search tree)。对于任意的二叉查找树，对其进行中序遍历将得到一个从小到大的有序序列。比如，前面我们看到的图 13-8(b)二叉树的中序遍历结果就是从小到大的有序序列。

二叉查找树是解决动态查找问题的重要方法。所谓动态查找问题就是指：想管理一个集合，对这个集合的主要操作有：插入、删除和查找。如果对于一个集合只进行查找操作，没有插入和删除操作发生，意味着这个集合是固定不变的，那么我们可以使用效果很好的二分搜索(binary search)法。但当有插入和删除操作时，这个集合就不再是固定不变的了，我们管这种情况下的查找叫动态查找。

【思考】如果想在二叉查找树中查找关键字为 X 的结点，其查找过程应是怎样的？

13.3 博 弈 树

本章 13.1 节以“井字棋”为例，初步讨论了通过博弈树的方法来分析零和博弈问题的求解策略。本节将继续讨论双人零和博弈问题。

我们拟讨论的双人零和博弈具有以下特点。

(1) 结果零和：博弈过程由甲乙双方轮流采取行动，博弈的结果只有三种：甲胜，乙负；

乙胜，甲负；双方战平。

(2) 信息完全：任何一方都了解对方过去的历史、当前的格局，以及未来可能的走步。

(3) 决策理性：任何一方都会根据已经掌握的信息，进行得失分析，采取对自己最为有利而对对方最为不利的行动，不会随机碰运气。

现实生活中许多博弈游戏都满足上述特点，比如：井字棋、西洋跳棋、中国象棋、国际象棋、围棋等。但也有一些博弈是信息不完全的，比如：桥牌游戏、三国中诸葛亮的空城计、拍卖商品或工程招投标等。

由于博弈的信息是完全的，我们可以用一棵树把这些博弈信息表示出来：

(1) 博弈的初始格局作为博弈树的根（初始结点）；

(2) 从根开始及以下各层中博弈双方交替出现；

(3) 各结点的子结点，是该层决策方可以一步行动达到可能的格局（棋局）。

对于像井字棋这样比较简单的博弈问题，如果按照上述方法简单地把所有可能的博弈过程都构造出来，将会达到含有 19 683（3^9）种可能棋局（结点）的规模，362 880（9!）种可能的博弈（博弈树的分枝数）。对于更复杂的棋类，比如，西洋跳棋、中国象棋，甚至围棋，相应博弈树的规模更是惊人。例如中国象棋，假设每个棋局平均有 40 种不同的走法（即结点的平均儿子数是 40），如果一盘棋双方平均走步是 50 步（即博弈树层次是 100），那么博弈树结点数量将达到 $(40^2)^{50}$，约 10^{160}。这么大的博弈树显然不可能被构造出来，更无法被分析。

所以，在许多情况下我们不可能构造出一棵完整的博弈树，即列出所有可能的棋局。一种可行的方法是“往前看几步”，也就是从初始状态开始只构造双方最先的若干步骤，然后再进行分析。由于此时只走了几步，双方的博弈还没有结束，还不知道双方胜负的结果，这样就没办法进行分析、评价。因此，我们需要有种方法对还未结束的棋局的有利程度进行评估，这些评估值就作为决策分析的依据。

在博弈分析的时候，这些评估值一般位于博弈树的最下端，即博弈树叶结点（指没有儿子的结点）的位置。

接下来，我们继续以井字棋为例子。图 13–5 展示了博弈双方各走一步情况下的博弈树，并采用 $f(P)$ 作为评价函数。根据极小极大方法，先下的一方（max 方）正确的决策是在正当中的位置打叉；如果 min 方也很理性，那他应该选择在左上角打圈。下面，在此基础上继续各往前看一步，得到如图 13–9 所示的博弈树。该博弈树的树根是双方各下第一步后的结果，即本章 13.1 节中根据极小极大策略达到的状态。

我们可以继续应用本章 13.1 节中的评价函数 $f(P)$ 对图 13–9 博弈树的最底层棋局进行评价，评价值标注在每个棋局的下方。$f(P)$ 的计算方法同式（13–1）。

$$f(P)=W_{\text{Computer}}-W_{\text{Human}}$$

其中，W 是计算机（computer）或者人（Human）在棋局 P 下可能的赢数（即最多可能达到三子一线的线数）。

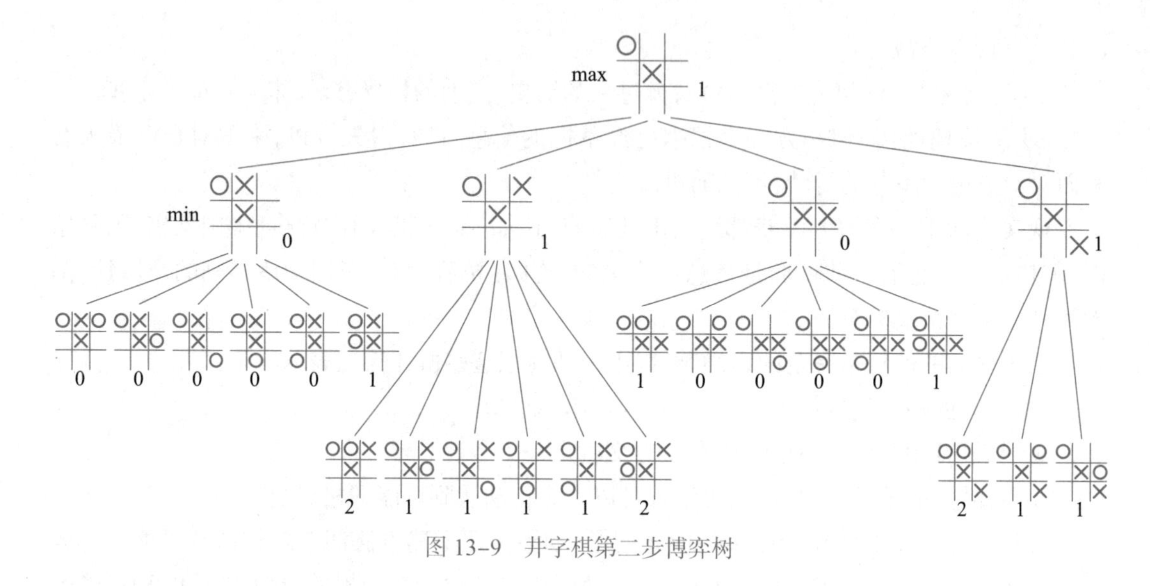

图 13-9 井字棋第二步博弈树

根据这些评价值,我们可以根据极小极大策略,计算出第二层(即 min 层)各结点的评价值(标注在这些结点的边上,取其子结点的极小值),进而计算出第一层(max 层)的评价值(取其子结点评价值的最大值),即 1。具体计算过程类似于树的后序遍历,先按顺序计算最左边分支下 6 个分支结点的评估值,从而计算出最左边结点的评估值(取最小值),然后再计算左边第二个结点的下面 6 个分支的评估值,以此类推,直到完成 min 层 4 个结点的计算。

最后发现,对于 max 层来说,共有四个选择(其他选择跟这些是等价的),其中有两个选择(第二个和第四个)都是当前的最优策略。当 max 根据上述分析做出相应选择后,接下来不管 min 做什么选择,max 都可以在 min 选择的基础上继续用上述的方法遴选出下一步的走法。

【思考】如果先后手双方都按照上述策略决策,大家可以发现最后是个平局。有人发现,先下的一方可以在左上角打叉(而不是在中间位置打叉),这样先下的一方保证不会输,反过来还有可能能赢。为什么?

前面我们是采用各往前看一步的方法来构造相应的博弈树。可以想象,如果我们能各往前看两步,也就是博弈树总共有 5 层,决策的准确性肯定会更好。但博弈树规模将会大好多(不是扩大到原来的两倍,而是扩大到四倍)。类似中国象棋这类游戏,如果想往前多看几步,博弈树将变得极其庞大,以至于一般的计算机无法处理。因此,我们需要有高效的博弈树搜索方法,其中一个重要的思路就是在搜索的过程中,跳过不可能作为最后选择的分枝,这就是博弈树的剪枝(pruning)。

13.4 α－β 剪枝

博弈树的问题求解过程基本分两个主要步骤:(1) 博弈树生成,根据需要往前看的步数,生成博弈树;(2) 博弈树遍历,根据某种评价方法对博弈树的末端棋局(博弈树叶结点)进行评估,然后由底向上应用极小极大策略推算 max 和 min 层各结点的值(推算值),从而得到问题的解。步骤(2)实际上是在进行博弈树的后序遍历:在计算完成所有子结点评估值(或者推算值)的基础上,再根据该结点处极大层还是极小层算出该结点的评估值(推算值)。

1. 博弈树的 α－β 剪枝

实际上,我们也没有必要把博弈树的问题求解过程严格分为博弈树生成和博弈树遍历两个阶段,而是可以合二为一,即:一边生成博弈树结点,一边对结点进行评估和推算。这样做的好处是可以及时裁剪掉不可能是解的分枝,以提高整体效率。

例如,对图 13–10,按照后序遍历方法,A、B、C 三个子树的遍历顺序是按从 A → B → C 分别遍历的。

首先,通过遍历子树 A,假设推算出子树 A 根结点的评估值为 4,从而可以确定其位于 max 层的父结点的评估值一定大于等于 4,即下界是 4。max 层结点的这种推断下界值称为该结点的 α 值。

接下来在遍历子树 B 后,假设知道子树 B 根结点的评估值为 2,从而可以确定其位于 min 层的父结点评估值一定小于等于 2,即上界值是 2。min 层结点的这种推断上界值称为该结点的 β 值。

观察图 13–10 中边上标注 max 和 min 的两个结点。已知 max 结点的评估值要大于等于 4,而 min 结点的评估值不可能超过 2,因此,可以断定无论子树 C 根结点的推断值是多少,都不会影响 max 结点的值。所以,没有必要继续去遍历子树 C,从而实现对子树 C 的剪枝!也就是说,当发现 max 层结点当前 α 值大于等于其某个子结点的 β 值时,就可以停止对该子结点对应子树的遍历,这种剪枝方法称为 α 剪枝。

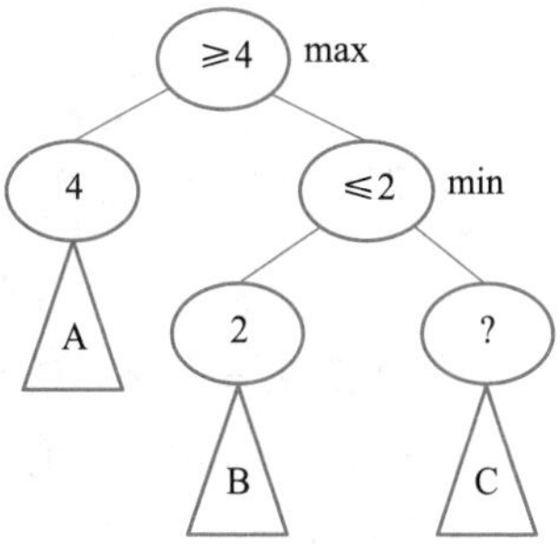

对应的还有 β 剪枝。例如,对图 13–11,首先通过遍历子树 A,假设推算出子树 A 根结点的评估值为 2,从而可以确定其位于 min 层的父结点的 β 值是 2,即上界是 2。接下来在遍历子树 B 后,假设知道子树 B 根结点的评估值为 4,从而可以确定其位于 max 层的父结点的 α 值是 4,即下界值是 4。

图 13–10 α 剪枝

因此,可以断定无论子树 C 根结点的推断值是多少,都不会影响 min 结点的推断值。所以,没有必要继续去遍历子树 C。也就是说,当发现 min 层结点当前 β 值小于等于其某个子结点的 α 值时,就可以停止对该子结点对应子树的遍历,这种剪枝方法称为 β 剪枝。

应用 α－β 剪枝技术，我们就可以整体上按照后序遍历博弈树的策略，边生成博弈树的结点，边对结点进行评估和剪枝。这样一个过程就不是在已经有博弈树的基础上简单地遍历，而是在未知（或者部分未知）的基础上，边生成边评价的一种行为，这就是搜索。搜索不同于遍历，遍历需要按某种顺序访问所有结点，而搜索是针对目标按照某种策略访问结点，并不需要是全部结点，达到目标就可以结束搜索。

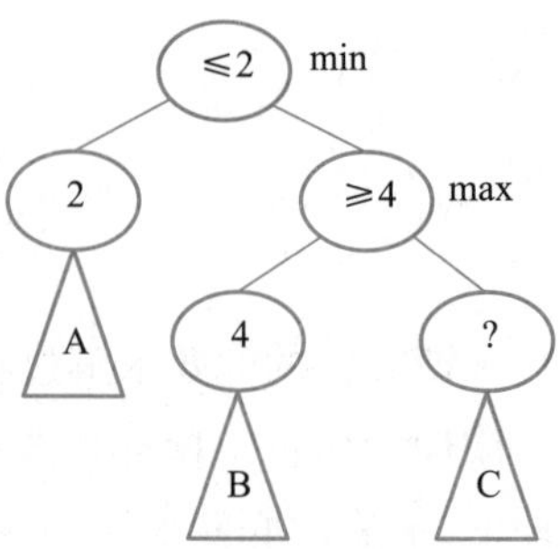

图 13-11 β 剪枝

2. 井字棋的博弈树剪枝过程

再回去看看图 13-5 的井字棋第一步决策时的博弈树剪枝过程。首先，从空白棋局开始（博弈树的根）沿左边结点（第一个子结点）向下搜索，应用评估函数 f(P) 计算出 a、b 两个结点的评估值（1 和 2）后，得到第一个 min 层结点的推断评估值为 1，因而，其父结点（根结点）的 α 值为 1；继续搜索结点 c，计算出结点 c 的评估值为 –1，因此得到第二个 min 层结点的 β 值为 –1，而该值小于等于其父结点的 α 值 1，所以此时发生剪枝：第二个 min 结点的其他子结点 d、e、f、g 均不需要进一步搜索和评估。接下来搜索结点 h，计算出其评价值为 1，因而其父结点（第三个 min 结点）的 β 值为 1，还是小于等于根结点的 α 值 1，再次发生剪枝：第三个 min 结点的其他子结点 i、j、k、l 均不需要进一步搜索和评估。搜索结束，得到根结点的推算评估值为 1。因此，获得 max 层（根结点）决策解，即在正当中位置打叉（选择第一个分枝）。

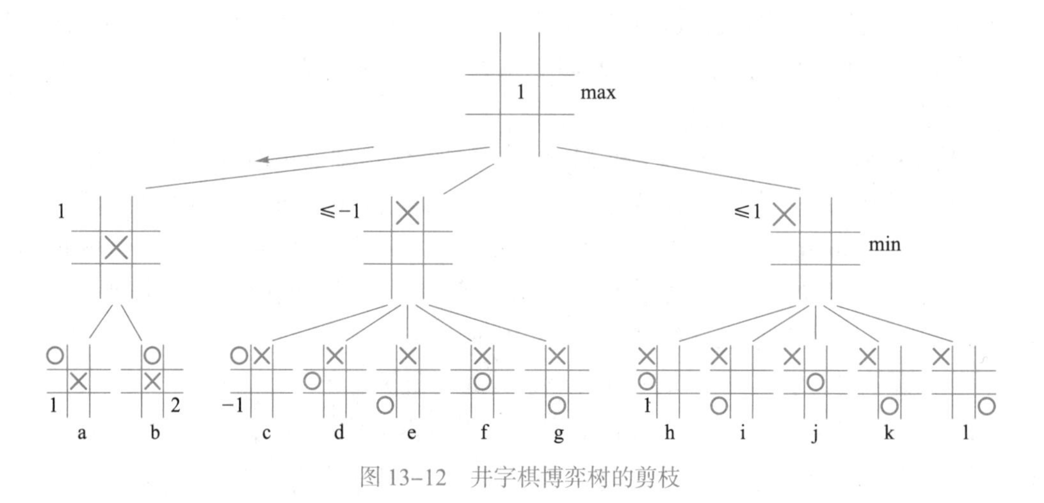

图 13-12 井字棋博弈树的剪枝

下面总结一下 α－β 剪枝的基本方法。

（1）max 结点的 α 值为当前子结点的最大推算评估值。

（2）min 结点的 β 值为当前子结点的最小推算评估值。

（3）α－β 剪枝规则：

α 剪枝：任何 min 结点的 β 值小于或等于它父结点的 α 值，则结点 n 以下的分枝可停止搜索，并令结点 n 的推算评估值为 β；

β 剪枝：任何 max 结点 n 的 α 值大于或等于它父结点的 β 值，则结点 n 以下的分枝可停止搜索，并令结点 n 的推算评估值为 α。

α–β 剪枝实际上是算法设计中的分支定界法(branch and bound method)。分支定界法是一种问题求解的搜索与迭代方法，通常把全部可行解空间反复地分割为越来越小的子集，称为分枝；并且对每个子集内的解集计算一个目标下界或者上界，称为定界。在每次分枝后，凡是界限超出已知可行解集目标值的那些子集不再进一步分枝，即许多子集可不予以考虑，这称为剪枝。

α–β 剪枝的效果如何呢？在图 13–12 例子中，如果不采用剪枝技术，直接使用极小极大方法求解，需要遍历上述博弈树的所有结点，包括用 $f(P)$ 函数计算最底层所有结点(共 12 个)的评估值。而采用剪枝技术后，需要计算的最底层结点数只有 4 个，效率大大提高。

【扩展阅读】博弈树的剪枝效果

如果一棵博弈树的层次是 D，平均分枝数是 B，那么整个博弈树的叶子结点数约为 $N=B^D$。1975 年，克努特和摩尔证明，若使用 α–β 剪枝技术，在理想条件下所生成的叶子结点数减少到原先的约 $2\sqrt{N}$ 个。或者说，使用 α–β 剪枝技术后所生成的叶结点数，约等于不用 α–β 剪枝技术在 D/2 处时所生成的叶子结点数。反过来说，在生成同样结点数的情况下，应用 α–β 剪枝在理想条件下可以把博弈中往前考虑的步数提高一倍。

影响 α–β 剪枝效果的另一个重要的因素就是搜索结点的顺序。比如，对图 13–9 井字棋博弈树，根结点下面有四个子结点，对相应四棵子树不同的搜索顺序(比如，从左到右，或者从右到左)，α–β 剪枝效果差别是比较大的(大家可以试着做做看)。因此，应用 α–β 剪枝技术对博弈树进行搜索时，可以先对子结点进行排序，优先搜索权重(也许要设计一种评估方法)最大的结点，甚至能够做到排除不需要的结点，以达到优化效果。

习题 13

1. 对于井字棋，除了 13.3 博弈树一节所提到的棋局评价函数 $f(P)$ 外，还有没有其他的棋局评价方法？如果有，请分析一下该方法的效果。

2. 对图 13–13 所示博弈树采用 α–β 剪枝方法进行搜索(左到右)，请：

(1) 在图中用 X 标注被剪枝的结点。

(2) 说明博弈的最佳路径(最佳博弈的结点顺序)。

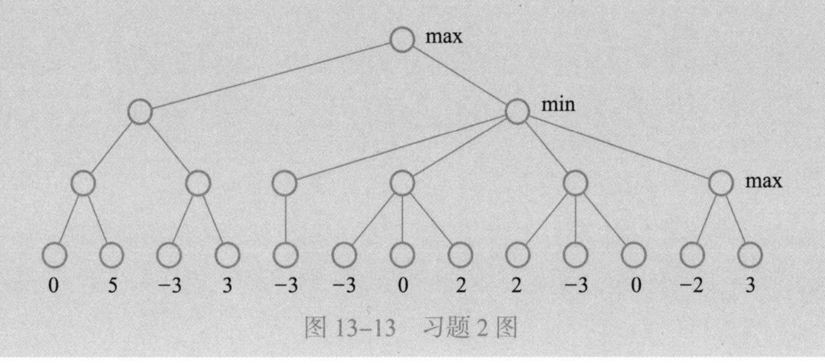

图 13–13　习题 2 图

3. 余一棋的规则如下：两棋手从5个钱币中轮流拿走1个、2个或者3个币，捡起最后一个钱币的算输。问：在双方均理性决策的前提下，是否有必胜方？或者是和局？请利用博弈树进行分析。

第 14 章

启发式搜索

有一类问题表现为从某个状态出发,通过若干步骤达到希望的状态。比如,有 n 个城市,城市之间有不同长度的道路连接,希望从某个城市出发,能不重复地把所有城市走一遍并回到起点,且总路线长度最短。这就是著名的"旅行商问题"(或称"货郎担问题")。问题的初始状态是空集(无城市),每次尝试增加一个可能的城市,目标状态是 n 个城市的一个有序序列。在这个问题中,每个状态是一个可能的由若干城市组成的序列,每增加一个城市,就从一个状态转换为另一个状态,也就是状态之间形成关联,从而构成所谓的状态空间。问题求解就表现为从一个初始状态出发,寻找目标状态的搜索过程。状态之间的关系,可以用图(graph)来表示,搜索过程就可以抽象为图搜索。

简单的图搜索方法就是深度优先搜索和宽度优先搜索,这是一种无信息的搜索,带有盲目性。如果在问题求解过程中有好的启发信息引导时,搜索的效率就可以大幅度提高,这就是启发式搜索(heuristic search),它利用问题拥有的启发信息来引导搜索,达到减少搜索范围、降低问题复杂度的目的。

14.1 图与图的遍历

在 13 章中,我们把比较复杂的博弈问题用树的形式来表示,使得我们可以借助树这样一种数据结构来分析问题,找到解决问题的方法。另一种表达复杂问题的方法就是图。

旅行商问题(traveling salesman problem,TSP)的表述:给定一组城市和每两个城市之间的距离,哪一条线路是访问每个城市并回到初始地点的最短路径?图 14–1 展示了一个示例,其中有 10 个城市,城市之间有道路相连,图中的整数代表道路长

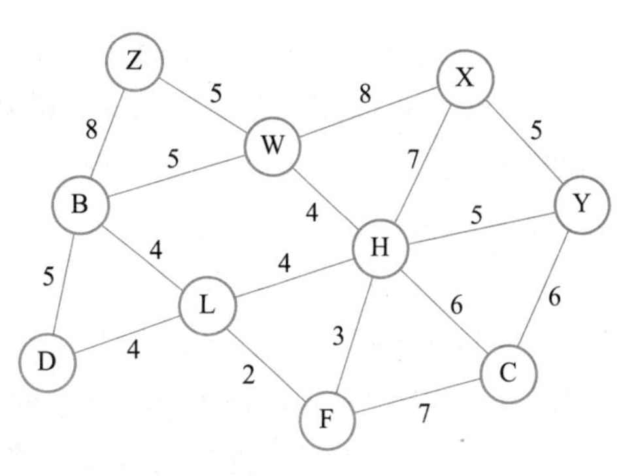

图 14–1 城市道路示意图

度(百公里)。这个图表示的是城市之间的关系,还不是前面说的状态之间的关系。

为解决旅行商问题,一种简单、直接的方法就是任意选一个起点城市,计算经过其他 n-1 个城市各种排列再回到起点的路径长度,然后从中找出最短的路径。这种方法有 $(n-1)!$ 个可能路径要检查。显然,当问题规模 n 增长时,该方法时间复杂性将随着 n 呈现指数增长。旅行商问题是计算机图论中最著名的问题之一,也是典型的 NP 完全(NP-complete)问题之一。NP 完全问题是非确定性多项式(non-deterministic polynomial,NP)类问题中最难的一类,目前还找不到多项式时间复杂性的算法,只能采用包括本节要重点讨论的启发式方法在内的近似算法。

14.1.1 图的基本概念

图 14-1 就是计算机学科领域所研究的复杂数据结构——图的具体例子。相比于树,图是一种更复杂的数据结构。树表现了一对多的关系,即结点只能和上一层中的至多一个结点相关,但可能和下一层的多个结点相关。而在图结构中,任意两个结点之间都可能相关,即结点之间的邻接关系可以是任意的,是一种多对多的关系。

图(Graph)是由顶点(vertex)集合 V 和边(edge)的集合 E 所构成,因此,图可以表示为 $G=<V,E>$。图中顶点通常也称为结点,每条边是一顶点对 (v,w) 且 $v,w \in V$,同时称 v 和 w 是相邻的或者邻接的(adjacent)。

如果图中的边是没有方向的,则称图为无向图(undirected graph);如果边是有方向的,则称为有向图(directed graph);如图 14-2。有时,图的边还带有权值(weight),可以用于表示两个顶点之间的距离、代价等关系强度的信息;图 14-1 就是这种有权图,其中的权就代表城市之间的距离。

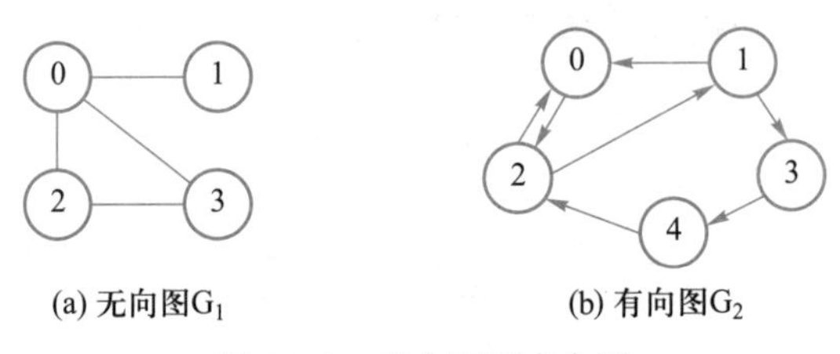

图 14-2 无向图和有向图

顶点的度(degree)是指依附于该顶点的边数。在有向图中,顶点的度还要分为入度与出度,入度是指以该顶点为终点的边的数目,出度是指以该顶点为起点的边的数目。比如,在图 14-2(a)中:顶点 0 度为 3,顶点 1 度为 1;而图 14-2(b)中,顶点 0 入度为 2、出度为 1,顶点 1 入度为 1、出度为 2。

图中的一条“路径(path)”是一顶点序列 $v_1,v_2,\cdots,v_N$,序列中任何相邻的两顶点都能在图中找到对应的边,即 $(v_i,v_{i+1}) \in \boldsymbol{E}(1 \leqslant i <N)$。一条路径的长度是这条路径所包含的边数。比如,图 14-2 中的无向图 G_1,顶点序列 1,0,2,3 是从顶点 1 到顶点 3 的一条路径,该路径长度是 3。对于有权图,路径长度就是路径上各个边的权值的和。

在无向图中，如果从一个顶点 v_i 到另一个顶点 $v_j(i \neq j)$ 有路径，则称顶点 v_i 和 v_j 是"连通的（connected）"。如果图中任意两顶点都是连通的，则称该图是"连通图（connected graph）"。

所谓连通图 G 的"生成树（spanning tree）"，是 G 的包含其全部 n 个顶点的一个极小连通子图。它必定包含且仅包含 G 的 n–1 条边，也是拥有保证 G 连通所需要的最少边数，当然也没有回路。显然，生成树有可能不唯一。

14.1.2　图的遍历

对于用树表示的问题，许多问题求解的算法是建立在树遍历的基础上，比如前面提到的博弈树问题，进行 α–β 剪枝所做的搜索实际上是一种后序遍历的改进和优化（不需要将所有结点全部遍历完）。同样地，对于图相关问题，许多算法也是建立在图遍历的基础上。"图的遍历"是指从图中的任一顶点出发，访问图中的所有顶点且每个顶点只访问一次。比如，对于图 14–2（a）的 G_1，一种遍历序列是：$1 \rightarrow 0 \rightarrow 3 \rightarrow 2$，即从顶点 1 出发，通过边（1,0）达到顶点 0，再通过边（0,3）达到顶点 3，接着通过边（3,2）达到顶点 2。这样就把所有顶点都访问了一遍，这就是遍历。

【例 14–1】图 14–3 是北京各城区的示意图。请从"主城六区"出发，根据各区之间接壤的情况，按接壤关系顺序列出除主城六区之外的其他所有区域。当有多个区域可选择时，按区名称首字拼音顺序。

图 14–3　北京各城区示意图

【分析】我们可以用北京城区的接壤关系列张表，每行列出了各城区和它的接壤城区。当有多个接壤时，按区首字拼音顺序排列。第一行从"主城六区"开始，并按照第一行的顺序，开始列第二行、第三行、第四行的内容，直至列出所有城区。

表 14–1　北京城区接壤关系表

城区名称	接壤城区					
主城六区	昌平	大兴	房山	门头沟	顺义	通州
昌平	怀柔	门头沟	顺义	延庆	主城六区	
大兴	房山	通州	主城六区			
房山	大兴	门头沟	主城六区			
门头沟	昌平	房山	主城六区			
顺义	昌平	怀柔	密云	平谷	通州	主城六区
通州	大兴	顺义	主城六区			
怀柔	昌平	密云	顺义	延庆		
延庆	昌平	怀柔				
平谷	密云	顺义				
密云	怀柔	平谷	顺义			

如果需要按照接壤关系把各区名称列出来,有两种方法:

按照表 14–1 中行的顺序排列,先列第一行,然后第二行,直至列出所有城区。需要把与前面重复的删除,得到顺序:主城六区(0)、昌平(1)、大兴(2)、房山(3)、门头沟(4)、顺义(5)、通州(6)、怀柔(7)、延庆(8)、密云(9)、平谷(10)。具体过程见表 14–2 备注的顺序,这是一种称之为宽度优先的顺序。

表 14–2 宽度优先顺序

城区名称	接壤城区					
主城六区(0)	昌平(1)	大兴(2)	房山(3)	门头沟(4)	顺义(5)	通州(6)
昌平	怀柔(7)	门头沟	顺义	延庆(8)	主城六区	
大兴	房山	通州	主城六区			
房山	大兴	门头沟	主城六区			
门头沟	昌平	房山	主城六区			
顺义	昌平	怀柔	密云(9)	平谷(10)	通州	主城六区
通州	大兴	顺义	主城六区			
怀柔	昌平	密云	顺义	延庆		
延庆	昌平	怀柔				
平谷	密云	顺义				
密云	怀柔	平谷	顺义			

另一种方法是每次找出接壤且第一个未列出的区,并以此方法“递归”地找:从“主城六区”找到接壤的第一个(拼音顺序)未列出的“昌平”,然后找“昌平”接壤的第一个未列出的“怀柔”,再找“怀柔”接壤的第一个未列出的“密云”,“密云”接壤的第一个未列出的是“平谷”,“平谷”之后是“顺义”,“顺义”之后是“通州”,“通州”之后是“大兴”,“大兴”之后是“房山”,“房山”之后是“门头沟”。然而,“门头沟”接壤的三个区均已列出过,此时要退回到“房山(8)”看“房山”之后还有没有未列出的接壤的区;如果没有,再回到“大兴(7)”位置,……,最后回到“密云(3)”位置时,发现后面有个“延庆”未列出,因此“延庆”就作为最后一个。所以,得到的顺序是:主城六区(0)、昌平(1)、怀柔(2)、密云(3)、平谷(4)、顺义(5)、通州(6)、大兴(7)、房山(8)、门头沟(9)、延庆(10)。具体过程见表 14–3 备注的顺序,这是一种称之为深度优先的顺序。

表 14–3 深度优先顺序

城区名称	接壤城区					
主城六区(0)	昌平(1)	大兴	房山	门头沟	顺义	通州
昌平	怀柔(2)	门头沟	顺义	延庆	主城六区	
大兴	房山(8)	通州	主城六区			

续表

城区名称	接壤城区					
房山	大兴	门头沟(9)	主城六区			
门头沟	昌平	房山	主城六区			
顺义	昌平	怀柔	密云	平谷	通州(6)	主城六区
通州	大兴(7)	顺义	主城六区			
怀柔	昌平	密云(3)	顺义	延庆(10)		
延庆	昌平	怀柔				
平谷	密云	顺义(5)				
密云	怀柔	平谷(4)	顺义			

对于上述区域图,我们可以根据接壤关系用数据结构图的形式来表示,如图 14–4 所示。顶点集合 V 就是 11 个城区(“主城六区”算一个顶点);顶点之间的边代表两个区之间有接壤。所有边的集合就是 E。【例 14–1】中根据接壤关系列出区名的过程实际上是对图的遍历,其中第一种方法叫作图的宽度优先遍历,第二种方法叫图的深度优先遍历。

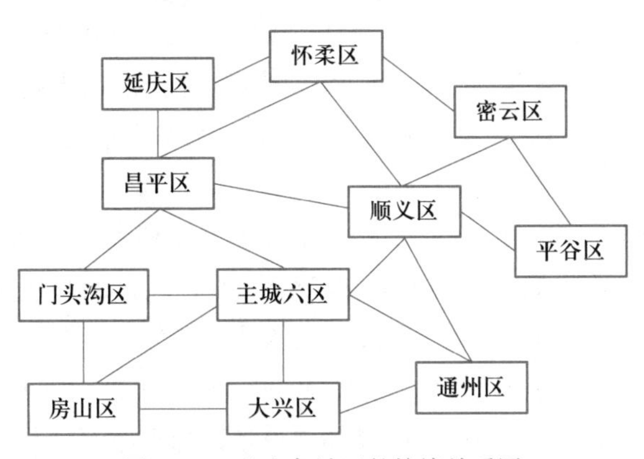

图 14–4　北京各城区的接壤关系图

无论树的遍历还是图的遍历,都是从树或者图的一个顶点出发,借助于边,以某种顺序逐步访问所有点。树和图遍历的本质是把树或者图所反映的二维关系进行序列化的过程,即变为一维序列。在将二维关系变为一维序列的过程中,需要解决的关键问题是:如果当前访问的顶点是 v,跟顶点 v 邻接的顶点有 k 个:$w_1, w_2, \cdots, w_k$,那么该选择哪个顶点作为下一个访问的顶点?其他顶点怎么办?假设选择了其中一个顶点作为下一个访问顶点,如果同时放弃其他顶点,那么被放弃的那些顶点可能永远访问不到了(那些顶点可能只跟 v 邻接)。假如“平谷区”只与“顺义区”有接壤,当列出“顺义区”时“忘掉”了“平谷区”,那么其他区也不会知道有个“平谷区”,这样“平谷区”就被漏掉了。因此,需要用一个数据结构来暂时保存目前还来不及处理的顶点,以便后续处理。该数据结构作为二维关系到一维序列化转变的“中转站”。这样的数据结构可以是队列,也可以是堆栈。

假设用来暂时保存待处理对象的数据结构采用队列 Q。作为队列,它有以下 2 个基本操作(见本书“8.4 队列”):

(1) addQ(Q,v):将顶点 v 插入到队列 Q 中,即交队列 Q 暂存;

(2) deleteQ(Q):从队列 Q 中取出一个顶点,即将以前暂存的一个顶点取出。

有了上述用来暂存待访问顶点的队列 Q,图 G 的一种遍历过程大致是这样:

假设 G 是个连通图(非连通图可以通过多次访问不同的连通分量实现),图遍历的起始顶点是 v_0。用伪代码描述图的宽度优先搜索如下。

```
初始化 Q 为空                    #Q 为空队列
addQ(Q,v0)                      # 将 v0 暂存到队列 Q
While(Q 不空 ):                  # 如果还有暂存的顶点
        v=delete(Q)              # 取一个暂存的顶点
        访问 v
        for(v 在 G 中的所有邻接点 w):  # 将与 v 邻接的未访问过的顶点暂存
                如果 w 没有访问过,则 addQ(Q,w)
遍历结束
```

读者可以按照上述过程,将图 14–4 遍历一遍,当有多个接壤的顶点需要加入队列 Q 时,按照区名首字的拼音顺序加入。你可以发现,算法输出的结果就是例 14–1 第一种方法的输出结果。一般来说,如果采用队列作为顶点的缓存,整个遍历过程就表现为对图一层一层的遍历,这就是通常所说的图宽度优先搜索。

图的宽度优先搜索(breadth–first search,BFS)类似于树的按层次遍历。假设从图中某顶点 v_0 出发,在访问了 v_0 之后依次访问 v_0 的各个未曾访问过的邻接点,然后再从这些邻接点出发依次访问它们的邻接点,并使“先被访问的顶点的邻接点”先于“后被访问的顶点的邻接点”被访问,直至图中所有已被访问的顶点的邻接点都被访问到。为了能够使得这种访问次序得以实现,需要一个队列把访问过的顶点依次保存下来,以便下次依次访问它们的邻接点。利用队列先进先出的特性,可以保证这样的访问次序。

同样,用来暂时保存顶点的数据结构也可以是堆栈。我们可以把上述宽度优先搜索的算法改造一下,把其中的队列 Q 改为堆栈 S,相应地把进队操作 AddQ(Q,v)改为入栈操作 Push(S,v),出队操作 deleteQ(Q)改为出栈操作 Pop(S),这样图的遍历算法就类似于通常所说的图深度优先搜索。它表现为由顶点出发,逐步深入的过程。

【思考】针对图 14–4 北京各区接壤关系图,请尝试用堆栈方式来暂存还来不及处理的顶点,并应用上述过程从“主城六区”开始遍历,看看输出结果是什么。你可能会发现输出结果跟例 14–1 的第二种方法输出结果不一样。其实,在有多个接壤顶点的情况下,只要规定合适的入栈顺序,应用堆栈的输出结果就可以跟图 14–3 的第二种方法一样。想想应该是什么样的入栈顺序?

图的深度优先搜索(depth–first search,DFS)也类似于树的深度优先遍历(前序遍历或者后序遍历),具体实现时常采用递归方式,而递归最终是依靠堆栈实现。所以,本质上,深度优先搜索是依靠堆栈来暂时保存待访问的结点。图深度优先搜索的基本过程：从图中顶点 v_0 出发，访问此顶点，然后依次从 v_0 的未被访问的邻接点出发递归地进行同样的深度优先搜索，直至图中所有和 v_0 有路径相通的顶点都被访问到。

无论宽度优先搜索还是深度优先搜索，都是对图所有顶点的遍历过程，只是搜索顶点的顺序不同而已。我们后面要讨论的启发式搜索的问题求解方法，把问题求解过程变成在问题状态空间（一个隐含的图）中，寻找一条从问题初始状态到目标状态的路径的过程。搜索过程也是不断扩展顶点的过程，已扩展过的顶点形成一棵不断延伸的树，但不一定是生成树，因为启发式搜索不需要遍历所有顶点，只要达到目标状态（目标顶点）就可以了。

在介绍启发式搜索方法之前，我们先分析一个典型的启发式搜索问题：八数码问题。

14.2　八数码问题

八数码游戏是在一个 3×3 的九宫格棋盘上进行的。棋盘上放置数码为 1 至 8 的八个棋牌，剩下一个空格，游戏者只能通过将棋牌向空格移动（上下左右）来不断改变棋盘的布局。这个游戏需要完成的任务是：给定初始布局（初始状态）和目标布局（目标状态），移动棋牌使其从初始布局变为目标布局，如图 14-5。显然，这个问题求解的目标是找到合法的走步序列。

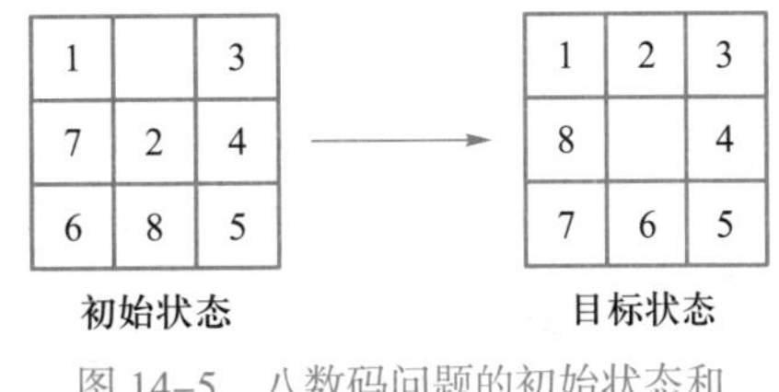

图 14-5　八数码问题的初始状态和目标状态

为了用图搜索方法求解这个问题，我们可以把棋盘的布局理解为一种状态，所有可能的布局就构成一个状态空间。状态之间并不是孤立的，而是存在着一种可达关系：如果通过一次移动棋牌的操作，就可以把一个状态变为另一个状态，则称这两个状态是一步可达的；当然，如果一个状态可以通过多次一步可达，达到另外一个状态，那么这两个状态也是可达的。一个八数码问题是否有解，也就决定于初始状态和目标状态是否是可达关系。

【思考】对于八数码问题，是否任意两个状态都是可达的，也就是八数码问题是否都有解？

14.2.1　八数码问题的一种图搜索过程

我们可以把八数码的棋局（状态）看成图中的顶点；如果两个状态之间是可以通过操作一步可达的，就可以用连接这两个状态的边代表一步可达的关系。这样，状态空间就是巨大的图，当然这是一个隐含的图，需要通过搜索发现状态之间的一步可达关系，从而将隐含图中的边显式化。从图的角度看，八数码的问题求解就转换为：如何找到一条从初始状态到目标状态的一条路径，这就是一个图搜索问题。

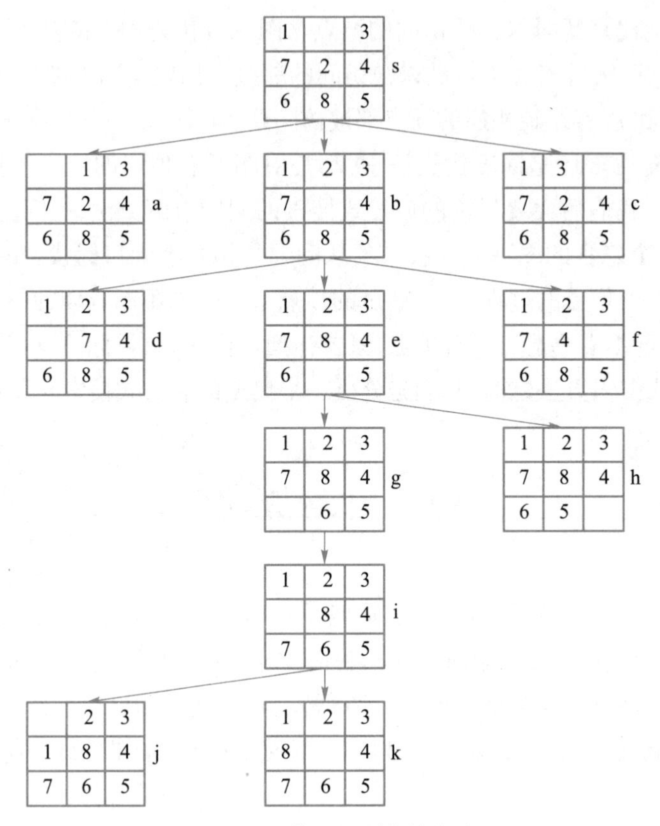

图 14–6　八数码问题的搜索过程

图 14–6 展示了求解图 14–5 中八数码问题的一个搜索过程。在一开始，初始棋局（初始状态）s 有三个数码（1，2，3）可以移动，即 1 向右，2 向上，3 向左；这相当于空格分别向左、下、右移动。为了方便表述，以后我们就用空格的移动方向代表数码的移动动作。

起始状态（根结点）s 有一步可达的三种状态（a，b，c），这些作为起始状态 s 的三个子结点。假定我们“运气”足够好，选择了中间那个结点 b 进一步搜索，它后继状态（子结点）有 d、e、f；再假定我们“运气”还是足够好，又选择了中间那个结点 e 做进一步搜索，它又有两个后继状态（子结点）g 和 h。此时，假设又很“运气”地选取了 g，g 的后续状态只有 i（其他状态在之前都走过了），i 的后续状态有两个 j 和 k，其中 k 就是目标状态，至此找问题的解。

图 14–6 展示了非常理想，也非常“运气”的一种搜索过程。实际上，一般来说没有这样的“运气”。对于八数码问题，可能的棋局（问题状态）总共有 9!=362 880 个。在这么大的状态空间里，如果用图宽度优先搜索方法盲目地搜索，问题求解的效率是相当差的。

例如，针对图 14–5 这个问题，解路径长度只有 5，也就是通过 5 步移动就可以达到目标状态。假设搜索树中每个结点平均的子结点个数是 3，n 层搜索树的总结点数就是：$3^0+3^1+3^2+\cdots+3^n$。如果采用宽度优先遍历方法，那么找到路径长度为 5 的解所需要搜索的结点数大概是 $(3^5-1)/2$ 到 $(3^6-1)/2$，即 121 到 364 之间。而图 14–6 的搜索则只遍历了 12 个结点，只有宽度优先搜索遍历结点数的 1/10 都不到。

那如何有效地进行搜索呢？一种思路就是对准备要进一步扩展的结点进行评估，选择最合适的结点进行扩展，这就是启发式搜索的基本思路。

14.2.2　八数码问题的结点评估与优先扩展策略

类似于博弈树搜索，为了提高搜索效率，一种思路就是设计一个对进一步扩展的结点的评估函数，然后选择最合适的结点进行扩展。比如，对图 14–6 中的例子，根结点下有三个子结点，到底优先选择哪个结点进行扩展比较好呢？所谓“扩展”指根据该结点所允许的操作（比如图 14–6 根结点三个合理的空格移动），生成其所有子结点，即搜索到一批新的结点。

我们可以对 a、b、c 三个候选结点进行评估，看哪个结点最有可能属于最短路径（也就是最优解）。从初始状态到目标状态的路径是由两段组成的：初始状态到当前结点的路径和当前结点到目标状态的路径。可以用一个函数 $f(n)$ 对结点 n 进行评估：

$$f(n)=d(n)+p(n)$$

其中，$d(n)$ 是当前被评价结点 n 到根结点的距离（称为结点的深度）；$p(n)$ 是当前结点 n 到目标状态的预估距离。

在结点评估函数 $f(n)$ 中，$d(n)$ 是已知的，而 $p(n)$ 就是需要我们自己设计的预估函数。这个到目标状态的预估函数 $p(n)$，我们可以设计为：每个错位数码（不在目标状态位的数码）在假设不受阻拦的情况下，移动到目标位置所需移动次数的总和。比如图 14–7 中，状态 a 不在位数码数是 5 个（1，2，6，7，8），“1” 移动到目标位置需要移动 1 次，“2” 需要 1 次，……，“8” 需要 2 次（先左移，再上移；或者先上移，再左移），总共需要 6 次，即 p(a) 是 6。而状态 b 有 3 个数码不在位（6，7，8），p(b)=1+1+2=4。状态 c 不在位数码是 5（2，3，6，7，8），p(c)=1+1+1+1+2=6，如图 14–7。

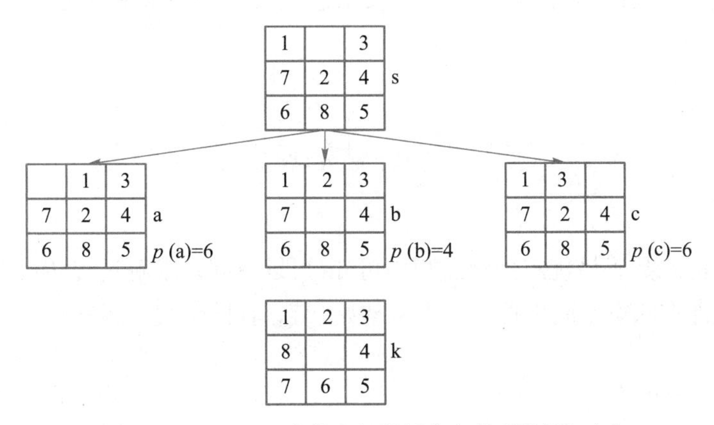

图 14–7　a、b、c 三个状态与目标状态的“距离”$p(n)$

由于初始状态到 a、b、c 三个结点的距离 $d(n)$ 都是 1，所以 f(a)、f(b)、f(c) 的值分别是 7、5、7，因此选择状态 b 优先扩展。同样道理，我们可以继续用类似思路，在 b 的 3 个子结点 d、e、f 中选择 e 结点进行扩展……如图 14–8 所示。在图 14–8 中，我们在每个状态边上标明了该状态的评价值 $f(n)$。

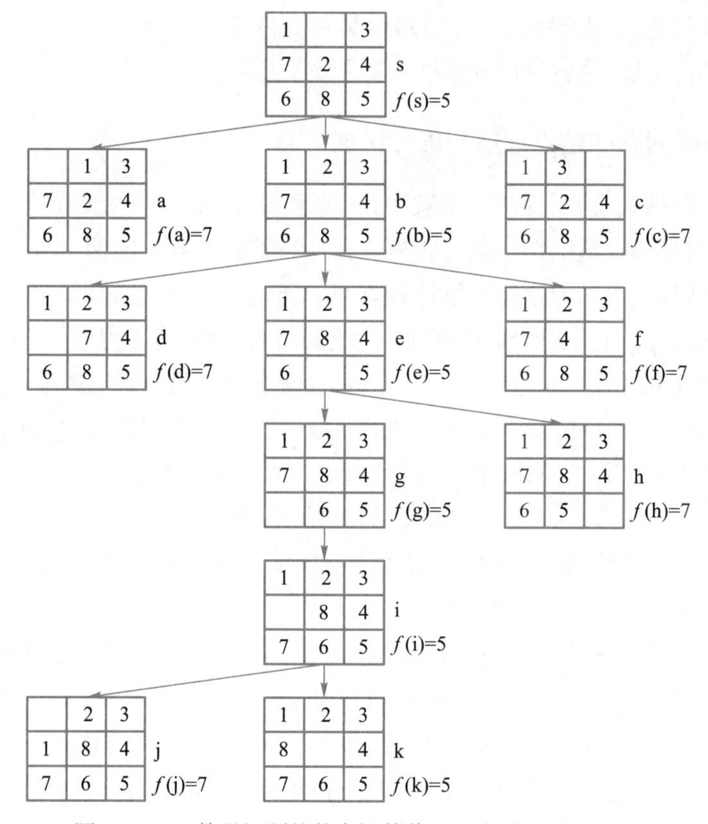

图 14-8 八数码问题的状态评估值 $f(n)$ 与扩展结点选择

从这个例子可以看到，我们可以利用问题拥有的启发信息来引导搜索，以达到减少搜索范围、降低问题复杂度的目的。利用启发信息的搜索过程就称为启发式搜索(heuristic search)。

14.3 基于结点评估信息的启发式搜索

从图 14-8 的八数码最优解搜索过程中可知，可以将问题求解过程转换为在状态空间中的图搜索过程，即在状态空间中搜索一条从初始状态到目标状态的路径。

14.3.1 启发式搜索的基本思路

与图的遍历一样，图搜索也需要维护一个待扩展(待处理)的结点集合，我们把这个集合称为 Open 结点集合。不管是图遍历还是下面要介绍的启发式图搜索，其基本过程都一样，即：不断从 Open 集合中选取下一个扩展结点，并把该结点相邻接的新结点加入 Open 集合中，直到达到目标(所有结点都遍历完，或者达到目标状态)。

简单图遍历与图启发式搜索的区别在是否有信息来指导搜索。图搜索策略大致可以分为以下两类。

无信息的搜索策略，即盲目搜索策略。根据事先确定的生成次序进行扩展，不考虑结点的特征，比如简单的宽度优先搜索和深度优先搜索。如果以队列或者堆栈的方式组织 Open 集合，也就是 addQ(Open) 是入队(或者入栈)操作，deleteQ(Open) 是出队(或者出栈)操作，那么图搜索就是简单的宽度优先搜索(或者深度优先搜索)。

有信息的搜索策略，即启发式搜索。在选择扩展结点时，部分依赖于事先确定的顺序，部分依赖于启发式信息，从而优先选择那种有利于迅速找到目标结点的结点来扩展。比如，可以设计函数 deleteP(Open)，根据 Open 集合中待扩展结点的评估函数值来选择下一步扩展结点，那么图搜索就演变为启发式搜索。有一种数据结构叫最小堆(min-heap)，它需要管理一个集合，只有两个最基本的操作：插入任何值的元素、删除最小值。如果我们用最小堆方式来组织 Open 集合(而不是用队列或者堆栈)，结点评估值是代表路径长度的启发式信息，那图搜索就是寻找最短路径的启发式搜索。

图搜索与图遍历的主要区别是：(1) 图结构信息不一样。图遍历中的图 G 是一个显式结构，即结点和边都是已知的；而图搜索中的图有可能是隐含的，需要在搜索过程中通过结点扩展显式化，而且采用搜索树方式来表示已经显式化的结构；(2) 终止条件不一样，图遍历是要走遍图的所有结点，直到暂存数据结构中的结点为空，而图搜索是搜索到目标状态就终止；(3) 搜索策略(或者遍历策略)不一样，图遍历根据事先确定的简单策略(宽度优先或者深度优先)选择下一个结点，而图搜索则根据某种优先策略(比如评价值最好的结点)来选择下一个结点。

基于结点评价值(启发式信息)的启发式搜索的基本思路是：

(1) 已知初始状态和目标状态，图搜索的目标是在状态空间中搜索一条从初始状态到目标状态的路径。搜索过程对应一棵搜索树，反映了图搜索的轨迹。

(2) 搜索树的根结点就是初始状态，即搜索的起点；搜索的过程就是在搜索树原有结点的基础上，不断生成新的结点，新结点也因此成为原有结点的子结点。当一个结点的所有子结点均被生成时，我们称此结点已被扩展。可以简单地把搜索树上的结点分为两类：已被扩展的结点(又叫 Closed 结点，指其子结点已全部生成)、已生成的结点(又叫 Open 结点，还未被扩展)。从树的角度看，Open 结点相当于是搜索树的叶结点，Closed 结点相当于非叶结点。

(3) 图搜索过程需要有搜索策略，即如何选择下一步要进行扩展的结点。搜索策略负责在当前有许多结点可以扩展时，选择其中之一作为当前被扩展结点，从而通过对该结点进行所有可能的操作，将它的所有子结点展现出来。搜索策略主要表现在如何维护 Open 集合。启发式搜索通过设计对结点的评价函数 $f(n)$，并应用类似最小堆的方法来维护 Open 结点集合，即每次扩展 $f(n)$ 值最小的结点。

一种典型的启发式评价函数设计方法是：

$$f(n)=g(n)+h(n)$$

其中：

(1) n 代表当前待扩展的结点；

(2) $f(n)$是从初始状态结点 s，经由结点 n 到达目标状态结点 g 估计的最小路径代价；

(3) $g(n)$是从初始状态 s 到 n 估计的最小路径代价；

(4) $h(n)$是从 n 到目标 g 估计的最小路径代价。

通常可以用已经发现的从初始状态 s 到 n 的最短路径作为 $g(n)$值；而 $h(n)$代表了到目标最小路径代价的估计值，需要根据问题的特点进行专门设计，这个函数也称为启发式函数。

14.3.2 不同启发式函数的影响

启发式函数 $h(n)$的好坏会影响搜索的效率。在 14.2 节的八数码问题中，我们采用启发式函数 $p(n)$是各个错位数码移回目标位置所需要的移动步数之和。接下来，我们采用另外一种启发式函数 $w(n)$，即不在目标位的数码个数，看看不同启发式函数对搜索效率的影响。

我们取结点 n 评估函数 $f(n)=d(n)+w(n)$，其中，$d(n)$是结点 n 的深度，$w(n)$是结点 n 中不在目标位的数码个数。如图 14-9 中，状态 a 不在目标位的数码数是 5(1,2,6,7,8 不在位)，而状态 b 不在目标位数码数是 3(6,7,8 不在目标位)，状态 c 不在目标位数码是 5(2,3,6,7,8 不在目标位)。因此，$w(\mathrm{a})=5$，$w(\mathrm{b})=3$，$w(\mathrm{c})=5$，而三个状态的 $d(n)$值都等于 1，所以优先 $f(\mathrm{b})$的值最小，优先扩展结点 b。

图 14-9 显示了以 $f(n)=d(n)+w(n)$为结点评估函数的扩展过程，各个结点的 $f(n)$值标注在结点的边上。第 14.2 节的图 14-8 以 $f(n)=d(n)+p(n)$为结点评估函数，那个搜索总共生成了 12 个结点；而图 14-9 共生成了 14 个结点，多 2 个结点，主要是结点 d 和结点 e 的评估值都是 5，因此对结点 d 做了一次无效的扩展。

对于评价函数 $f(n)=g(n)+h(n)$，$g(n)$可以通过计算从初始状态到当前结点 n 的路径长度而获得，但 $h(n)$是需要事先设计的函数。从前面例子知道，不同的启发函数 $h(n)$会产生不同的搜索效率。而且，好的启发函数能够保证搜索到最优的解，即最小代价的路径，比如著名的 A* 搜索算法。

【扩展资料】A* 搜索算法

在搜索图存在从初始状态到目标状态路径的情况下，如果一个搜索算法总能找到最小代价的路径，则称该算法具有可采纳性(admissibility)。启发式函数 $h(n)$是对结点 n 到目标结点路径值的一个估计，如果对于任何结点 $h(n)$均满足：$h(n)\leq h^*(n)$，其中，$h^*(n)$为结点 n 到目标状态 t 的最小路径代价。即估计值小于等于实际最小值，满足上述启发式函数条件的启发式算法也就称为 A* 算法。

20 世纪 60 年代，尼尔森等人提出了启发式搜索的 A* 算法，并证明了 A* 算法具有可采纳性，即能找到最小代价路径。

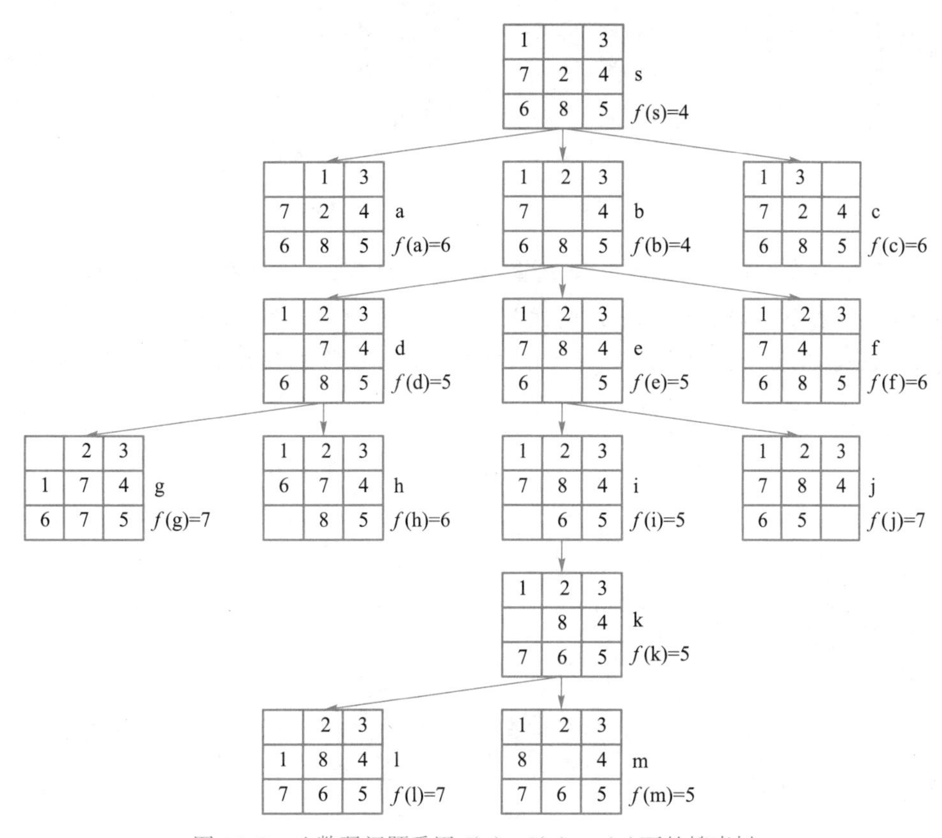

图 14-9　八数码问题采用 $f(n)=d(n)+w(n)$ 下的搜索树

A* 算法的搜索效率在很大程度上取决于 $h(n)$，在满足 $h(n)\leqslant h^*(n)$ 条件下，$h(n)$ 值是越大越好。$h(n)$ 越大，表明它蕴含的启发式信息越多，搜索时扩展的结点数就会越少。例如，在八数码问题中，前面提到的两个启发式函数 $w(n)$（不在位数码数）和 $p(n)$（移动到目标位步数和）都满足 $h(n)\leqslant h^*(n)$ 条件，但 $w(n)\leqslant p(n)$，因此采用启发式函数 $p(n)$ 的搜索结点数要少。

习题 14

1. 请针对 n=3 的汉诺塔问题，画出其状态空间图。圆盘在不同柱子上代表不同的状态，如果移动一个圆盘就可达的状态之间存在一条边。

2. 针对以下初始状态和目标状态的重排九宫图问题，如果采用启发式搜索且评价函数为：$f(x)=g(x)+h(x)$，其中 $g(x)$ 代表节点深度（$\geqslant 1$），$h(x)$ 代表所有不在位数码到达目标位需水平、垂直移动的步数（每一数码与目标之间距离之和）。(1) 请画出按照上述启发式函数的启发式搜索过程（搜索树），并在每个结点上标出该节点的评价函数值；(2) 如果将初始状态中的“2”和“8”调换一下位置，结果又如何？

2	8	3
1		4
7	6	5

初始状态

1	2	3
8		4
7	6	5

目标状态

3. 采用启发式搜索方法求解下列重排九宫图问题，评价函数为：$f(x)=g(x)+h(x)$，其中 $g(x)$ 代表节点深度（$\geqslant 1$），$h(x)$ 代表不在位数码个数。请在启发式搜索时碰到的每个结点上标出该节点的评价函数值（未遇到节点不需要标注），并画出最优解路径。

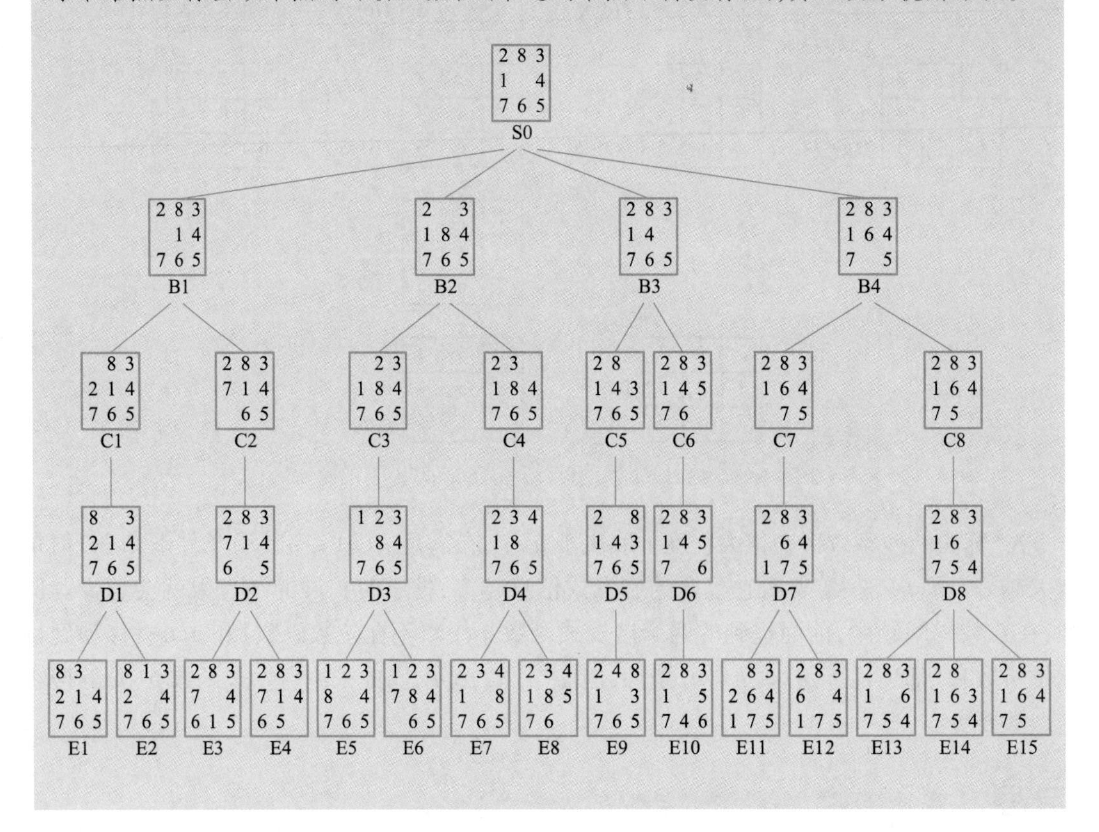

第 15 章

人工智能与机器学习

搜索是一种可应用于求解复杂问题的通用问题求解方法。它通过在问题状态空间的试探过程中,捕捉信息,进而引导下一步决策。这种在试探中寻找答案的问题求解方法表现出一定的“弱智能”行为,因此也成为早期人工智能研究的主要方法之一。

早期人工智能研究不仅包括通用问题求解方法,而且还研究模拟人类神经结构的神经网络方法。随后,以专家系统为代表的知识系统方法兴起;但是,由于知识获取的瓶颈问题,专家系统研究也逐渐衰弱。机器学习技术的深入发展将人工智能带到了一个新的高潮。机器学习研究计算机怎样模拟或实现人类的学习行为,以获取新的知识或技能,并不断改善自身的性能。目前广受关注的深度学习就是一种机器学习技术。

15.1 人工智能

人工智能(artificial intelligence,AI)是研究、开发用于模拟、延伸和扩展人的智能的理论、方法、技术及应用系统的技术科学,涉及计算机科学、心理学、哲学和语言学等学科领域。

15.1.1 人工智能发展历程

人工智能的发展缘起于 1956 年 8 月美国达特茅斯学院的夏季研讨会,发起人是:东道主约翰·麦卡锡(John McCarthy)、哈佛大学的马文·明斯基(Marvin Minsky)、IBM 的纳撒尼尔·罗切斯特(Nathaniel Rochester)、信息论的创始人克劳德·香农(Claude Shannon)等人。与会者共同研究和探讨用机器模拟智能的一系列有关问题,并提出“人工智能”这一概念,标志着人工智能作为一门新兴学科正式诞生了。

实际上,在达特茅斯会议之前,人们就一直在探索用机器来代替人的部分脑力劳动。比如,德国数学家莱布尼兹认为大量的人类推理可以被归约为某类运算,可以通过建立一种通用的符号语言以及在此符号语言上进行推理的演算,开创了数理逻辑的研究工作;英国逻辑学家布尔创立了布尔代数,在他的《思维法则研究》(*An Investigation of the Laws of Thought*)

一书中首次用符号语言描述了思维活动的基本推理法则；美国神经生理学家麦卡洛克与皮茨在 1943 年设计了第一个神经网络模型（M-P 模型），奠定了人工神经网络的研究基础；英国数学家图灵在 1936 年提出图灵模型奠定了现代计算机的理论基础，1950 年他发表论文《计算机器与智能》（*Computing Machinery and Intelligence*），为后来的人工智能科学提供了开创性的构思，并提出著名的“图灵测试”：如果第三者无法辨别人类与机器之间反应的差别，则可以论断该机器具备人工智能。

在达特茅斯会议之后的十多年里，人工智能在计算机博弈、机器定理证明、神经网络等方面取得了进展，代表性技术有计算机逻辑推理、启发式搜索等。阿瑟·萨缪尔 1956 年研制出西洋跳棋程序，1962 年击败了当时全美最强的西洋跳棋选手之一；美籍华人数理逻辑学家王浩于 1958 年在机器定理证明方面证明了《数学原理》中有关命题演算的全部定理（220 条）；艾伦·纽厄尔于 1960 年通过心理学实验总结了人类问题求解的思维规律，设计了通用问题解决者（general problem solver，GPS）。罗森布拉特 1957 年发明了感知机（perceptron），是神经网络的雏形，同时也是支持向量机的基础，在当时引起了不小的轰动。

随着人工智能研究的深入，各种困难和问题也接踵而来：萨缪尔的西洋跳棋程序在与世界冠军的对弈中，五局败了四局；通用问题求解、启发式搜索等弱方法（weak methods）由于片面强调算法的通用性，而忽视问题域特别信息的指导作用，容易引起所谓的组合爆炸问题，因而在求解现实世界问题中困难重重；机器翻译也出现了许多“低级错误”。在此情况下，人工智能研究受到了一些人的怀疑和指责，研究经费也被削减，人工智能研究进入了低谷。

1970 年前后，一些人将人工智能的研究方向从对一般思维规律的探索转向了以知识为中心的专家系统的研究。专家系统是一种特定领域内具有大量知识与经验的程序系统，并可应用这些知识进行推理和判断，模拟人类专家的决策过程，以便解决那些需要人类专家处理的复杂问题。专家系统的主要构成是知识库和推理机。美国斯坦福大学的费根鲍姆自 1965 年开始研究应用于化合物分子结构的专家系统 Dendral，并于 1968 年投入使用，为专家系统的研究树立了样板。在 20 世纪 70 年代，一批著名的专家系统也相继问世并投入应用，代表性的有：地矿勘探专家系统 PROSPECTOR，细菌感染性血液病诊断专家系统 MYCIN，应用于 DEC 公司大型计算机配置的专家系统 XCON。随着这些研究成果的推出，不确定知识的表示与推理也伴随着取得了一系列突破，包括：主观贝叶斯理论、证据理论、不确定性推理、非单调推理等。

随着专家系统的初步成功，日本、美国、英国等国都拟定了庞大的投资计划，大力发展人工智能和新一代计算机系统。然而，专家系统的发展随后遇到“知识获取瓶颈”的问题，即人类专家的一些经验很难显式化表示为计算机系统中的知识或者规则，专家系统的实用程度大打折扣，同时人类专家所拥有的“常识”也很难让计算机系统掌握。因此，进入 20 世纪 80 年代中期专家系统热大大降温，人工智能发展再次进入低谷。

既然人类专家很难表达某些知识，那就让计算机直接从具体事例中学习。进入 20 世纪 80 年代以后，机器学习方法越来越成为人工智能的核心方法。1980 年，在美国的卡内基梅隆大学召开了第一届机器学习国际研讨会，标志着机器学习研究已在全世界兴起。机器学习方法实际上是一直伴随着人工智能成长而发展,不同时期机器学习关注的重点不同。早期的机器学习研究受人工智能符号主义(symbolicism)学派影响,主要集中在符号主义学习,代表性技术有:基于示例归纳的概念学习、决策树学习、基于解释的学习等。到 20 世纪 80 年代中后期,基于神经网络的联接主义(Connectionism)学习再度兴起,代表性技术有 Hopfield 神经网络模型、反向传播算法等。到了 20 世纪 90 年代中期,以支持向量机(support vector machine)为代表的统计学习(statistical learning)开始成为机器学习的主流。到了 21 世纪,以深度学习(deep learning)为代表的联接主义学习方法,又一次卷土重来,并且在视觉技术、自然语言技术等方面得到广泛应用,推动全球人工智能发展进入一个新高潮,使人工智能成为引领新一轮科技革命、产业变革、社会变革的战略性技术。

15.1.2　人工智能研究领域

人工智能研究领域比较广,主要集中在以下这些领域:计算机视觉、自然语言理解、机器学习、机器人学、知识系统、机器定理证明、计算机博弈等。

1. 计算机视觉(computer vision)

计算机视觉是计算机或者相关设备对生物视觉的一种模拟,是计算机或者相关设备感知外部世界的基本途径。计算机视觉通过对获得的视频、图片等外部信息进行处理,从而获得对外部世界的感知和理解能力。跟计算机视觉密切相关的技术有:图像处理、模式识别、景物分析、图像理解、三维重建等。近年来,新兴的神经网络方法(如深度学习)在计算机视觉中产生了很好的应用效果,有着巨大的发展潜力。

计算机视觉有广泛的应用场景,比如:人脸识别、花草识别、自主车辆视觉导航、生产过程的产品质量自动检测、患者 CT 影像自动分析等。有款叫"形色"的 App,用户只需要将植物的照片上传到应用中,形色 app 系统会自动识别出植物的品种。

2. 自然语言理解(natural language understanding)

如何让计算机"听懂""看懂"人类自身的语言(如汉语、英语、法语等),是人工智能研究的主要方向,这就是自然语言理解,包括文本理解和语音理解。另一种常见的叫法是自然语言处理(natural language processing),它实际上包含了自然语言理解和自然语言生成。自然语言理解是研究如何让计算机理解人类自然语言的一个研究领域,包括人机对话、自动摘要、自动翻译、语言识别、说话人识别等研究目标。

自然语言理解是语言学、逻辑学、计算机科学、心理学、生理学、数学等多学科融合发展的成果。关于自然语言理解的研究可以追溯到 20 世纪 50 年代初期,当时主要研究目标是机器翻译。机器翻译最早的方法是"词对词"的翻译,20 世纪 70 年代采用句法语义分析技术的自然语言理解系统脱颖而出,20 世纪 80 年代则更强调知识在自然语言理解中的重要作用,20 世纪 90 年代语料库语言学(corpus linguistics)开始崛起。语料库语言学认为语言学知识来自语料,人们只有从大规模语料库中获取理解语言的知识,才能真正实现对语言的理解。近年来,深度学习方法开始成功应用于自然语言理解,并且产生了非常好的效果。

自然语言理解技术已经广泛应用于客户服务中的语言自动服务、智能家居设备的语音控制、中英文作文的自动批改、网络舆情分析与观点挖掘、自动机器翻译等场景。相信不少读者也见过具有聊天、点歌等功能的智能音箱,比如百度公司的“小度”、小米公司的“小爱同学”,阿里巴巴公司的“天猫精灵”等都是典型的基于自然语言理解技术的智能产品。

3. 机器学习(machine learning)

学习是获取知识、发现规律、改善行为、适应环境的过程,也是人类智能的重要体现。机器学习就是使计算机自身具有学习能力,可以直接向书本、教师学习,也可以在实践过程中不断总结经验、吸取教训,实现自身的不断完善。机器学习是人工智能的核心,机器学习的发展水平也决定了人工智能的整体发展水平。

机器学习也是跨度较广的研究领域,与脑科学、神经心理学、计算机视觉、计算机听觉、概率与统计等都有密切联系。机器学习方法主要有归纳学习、分析学习、发现学习、遗传算法、连接学习(神经网络)、统计学习、强化学习、集成学习等。基于学习方式,机器学习还分为监督学习和无监督学习,见“15.2.2 监督学习与无监督学习”。

前面提到的计算机视觉技术、自然语言理解技术,其背后的支撑技术就是机器学习技术,比如作为一种神经网络技术的深度学习就广泛应用于计算机视觉识别和自然语言理解。目前有种深度伪造技术 Deep Fake,用一种“生成对抗网络(generative adversarial network, GAN)”的机器学习模型将图片或视频合并叠加到源图片或视频上,将个人的声音、面部表情及身体动作拼接合成虚假内容,比如,AI 换脸、语音模拟、人脸合成等。深度伪造技术可以篡改或生成高度逼真且难以甄别的音视频内容,一般人无法通过肉眼明辨真伪。

机器学习在大型数据库和大数据场景中的应用就是数据挖掘,用于数据的关联分析、分类、聚类、时序分析等等,典型应用包括:金融领域的风险防控、电信公司及银行的客户流失预测、股票行情的实时预测、新药研发中的候选药物挖掘和化合物筛选等等。金融领域的风险防控(简称智能风控)通过数据采集、行为建模、用户画像、风险核定等流程建立信用风险量化模型,提升对客户的评估精准度,有效识别欺诈客户。“花呗”“借呗”背后支撑的重要技术即智能风控技术。

4. 机器人学(robotics)

机器人是指可模拟人类行为的机器。人工智能的所有技术几乎都可在它身上得到应用,因此它可被当作人工智能理论、方法、技术的试验场地。反过来,对机器人学的研究又大大推动了人工智能研究的发展。

自 20 世纪 60 年代初研制出尤尼梅特和沃莎特兰这两种机器人以来,机器人的研究已经经历了三代发展历程:(1) 程序控制机器人(第一代),完全按照事先装入到机器人存储器中的程序安排的步骤进行工作;(2) 自适应机器人(第二代),自身配备有相应的感觉传感器(如视觉、触觉、听觉传感器),并用计算机对之进行控制,又被称为自适应机器人;(3) 智能机器人(第三代),具有类似于人类智能的机器人,具有感知环境的能力、控制自己行为的思维能力,以及适配环境的行为能力。

目前机器人已经广泛应用于各行各业,比如:汽车总装车间的焊接机器人、农业领域的采摘机器人、用于老年人护理的服务机器人、北京冬奥会期间大火的炒菜机器人和调酒机器人等等。

5. 知识系统(knowledge system)

知识系统以知识为基础,进行知识的管理、基于知识的问题求解等活动的智能系统,包括:专家系统、智能决策支持系统等。

自费根鲍姆等在 20 世纪 60 年代末研制出第一个专家系统 Dendral 以来,专家系统在当时获得了迅速发展,广泛地应用于医疗诊断、地质勘探、石油化工、教学、军事等各个方面。专家系统是一种具有特定领域内大量知识与经验的程序系统,它模拟人类专家求解问题的思维过程进行领域问题的求解。专家系统主要包括两大组成部分:知识库和推理机。知识库表示和存储相关领域的事实、知识和专家经验;推理机则围绕问题求解目标,在知识库基础上进行基于事实和知识(规则)的推理,不断形成结论,最终满足目标。

智能决策支持系统是在管理信息系统基础上发展起来的一种知识系统。除了领域知识外,许多领域的决策往往还依赖于相关的数据和决策模型。因此,智能决策支持系统一般由数据库、模型库、知识库等组成,实现知识、数据、决策模型的有机融合。

与人类智能相比,人工智能一个很大的欠缺是缺乏人类智能所依赖的常识(commonsense knowledge)。常识是人类在观察世界和外界互动中不断积累的经验与知识,在人类智能表现方面发挥重要作用,比如"一叶知秋",我们通过观察个别现象就可以凭常识感知背后的原因。从 1984 年起,里南领导了致力于构建人类常识库并能在上面进行高效推理的 CYC 项目。CYC 项目目前已经包含了 30 万个概念,但大部分的事实是通过手工添加到知识库中,而且这种百科全书式的知识库目前也没有得到高效的应用,该项目也被誉为"人工智能历史上最有争议的项目"之一。

近年来,知识图谱(knowledge graph)的研究为知识的组织和利用提供了一种新的研究方向。知识图谱是刻画概念之间关联关系的网络,是一种对海量数据有效的组织方式和利用手段。现有代表性知识图谱包括 Wordnet、DBpedia、Freebase、百度百科和维基百科等。

知识图谱的典型应用包括提供智能搜索和数据可视化服务,比如搜索一个人姓名,智能搜索引擎可以基于知识图谱构建的关系,返回与这个人相关的所有历史借款记录、联系人信息、行为特征等等关联的信息,并用可视化方式显示。知识图谱的应用也可增强人工智能系统的推理能力,与基于大数据的机器学习形成互补。

6. 定理机器证明(mechanical theorem proving)

定理机器证明是人工智能中最先进行研究并得到成功应用的一个研究领域,同时它也为人工智能的发展起到了重要的推动作用。定理机器证明就是从事实(公理)和规则中利用机械化的方法推导出结论或者定理的过程。1956 年鲁宾逊(Robinson)提出了归结原理,使定理证明得以在计算机上实现,对机器推理做出了重要贡献。

机器定理证明的开创性工作是西蒙和纽厄尔在 20 世纪 50 年代研究的"逻辑理论家"(logic theorist)系统,以及此后的"通用问题求解"(general problem solving)程序。美籍华人王浩证明了《数学原理》中有关命题演算的全部定理;中国科学家吴文俊院士于 20 世纪 70 年代末期提出用计算机证明几何定理的方法("吴方法"),首次实现了高效的几何定理自动证明，被称为自动推理领域的先驱性工作。

7. 计算机博弈(computer game)

诸如下棋、打牌等一类竞争性的智能活动称为博弈。博弈是一个既能体现人类智能，又相对单纯、相对封闭的智能活动场景。对博弈的研究既可以检验某些人工智能技术是否能达到对人类智能的模拟，也可以促进人工智能技术进一步深入发展。人们对博弈的研究一直抱有极大的兴趣，早在1956年萨缪尔就研制出了西洋跳棋程序，1962年战胜了美国西洋跳棋州冠军；1997年IBM“深蓝”战胜了国际象棋世界冠军卡斯帕罗夫；2016年由谷歌旗下DeepMind公司开发的阿尔法围棋(AlphaGo)战胜了围棋世界冠军、职业九段棋手李世石，2017年战胜了当时排名世界第一的围棋世界冠军柯洁。DeepMind公司还先后开发了从空白状态学起、“无师自通”的AlphaGo Zero，以及通杀围棋、国际象棋和日本将棋三大棋的AlphaZero。

【思考】萨缪尔成功应用了 α-β 剪枝技术研制出了西洋跳棋程序，1962年战胜了美国西洋跳棋洲冠军。为什么IBM开发的国际象棋超级计算机深蓝也应用了 α-β 剪枝技术，但直到1997年才战胜当时的世界国际象棋冠军加里·卡斯帕罗夫，而阿尔法围棋(AlphaGo)不再采用 α-β 剪枝？

近年来，人工智能研究的重要力量是一些国内外著名IT公司，比如：谷歌、微软、Meta、百度、华为、腾讯、阿里巴巴等。这些公司不仅掌握人工智能先进技术，而且也将人工智能应用不断推向新高度，特别是深度学习应用。为了繁荣人工智能发展生态，不少公司把自己开发的深度学习架构开源，比如谷歌公司的TensorFlow、Meta公司的PyTorch、百度公司的PaddlePaddle、华为公司的MindSpore、阿里巴巴公司的MNN、腾讯公司的TNN等，都是深度学习领域的开源项目。这些开源平台一般提供了从数据准备到模型部署的人工智能全流程开发支持，甚至还有低门槛、高灵活、零代码的定制化模型开发工具，能根据标注数据自动设计模型、自动调参、自动训练和部署模型。

人工智能是影响面广的颠覆性技术，其发展具有不确定性，从而给人类社会带来新挑战，比如：一些岗位因为人工智能的应用而造成需求数减少，智能系统(比如自动驾驶汽车)的应用也会带来法律责任问题，人工智能在法律审判中应用的边界与合法性等，都将冲击法律与社会伦理。人工智能应用也会带来新的安全问题，人工智能系统自身的安全性，基于大数据的分析与挖掘存在侵犯个人隐私的风险等。人工智能应用将对政府管理、经济安全和社会稳定乃至全球治理产生深远影响，需要政府加强前瞻预防与约束引导，最大限度降低风险，确保人工智能安全、可靠、可控发展。

15.2 机器学习

机器学习是人工智能领域的重要分支。机器学习是专门研究计算机怎样模拟或实现人类的学习行为，以获取新的知识或技能，重新组织已有的知识结构使之不断改善自身的性能。

人类的成长就是不断地学习、向外界吸取经验和获取知识的过程,因此,学习是人类智能的主要标志和获取知识的基本手段。智能行为的基础在于具有学习能力,人工智能要模拟人的智能,最基本的一点就是要模拟人的学习功能。

不同学派对机器学习有不同观点,比如:(1)“学习是使系统做一些适应性变化,从而系统在下一次完成同样的或类似的任务时比前一次更有效。”——西蒙,认为学习就是行为的改变;(2)“学习是知识的获取”,强调知识获取,属于“认知主义”的学习观点;(3)“学习是构造或修改所经历事物的表示”——米哈尔斯基,强调学得的任何知识都必须以某种形式来表示和存贮。

机器学习在人工智能研究的早期就备受关注,并逐渐成为人工智能的一个中心研究领域;同时,人工智能研究的发展也为机器学习提供了丰富的工具和广阔的应用场所。近几年来,随着互联网和物联网的发展,各种数据急剧增多,为机器学习的应用和发展提供了丰富的“沃土”,其中典型代表就是深度学习在计算机视觉、语言识别和自然语言理解中的成功应用。

15.2.1 机器学习研究发展历程

机器学习研究基本上经历了以下几个发展时期:① 通用的学习系统研究;② 基于符号表示的概念学习系统研究;③ 基于知识的各种学习系统研究;④ 机器学习方法的蓬勃发展。

1. 通用学习系统的研究

这一时期从 20 世纪 50 年代中期开始,几乎和人工智能学科的诞生同步。当时,人工智能的研究着重于符号表示和启发式方法的研究,而机器学习则致力于构造一个没有或者只有很少初始知识的通用系统,这种系统所应用的主要技术有神经元模型、决策论和控制论。

鉴于当时计算机技术的限制,研究主要停留在理论探索和构造专用的实验硬件系统上。这种系统以神经元模型为基础,只带有随机的或部分随机的初始结构,然后给它一组刺激,一个反馈源和能够修改自身组织的足够自由度,使系统有可能自适应地趋向最优化组织。这种系统的代表是 1958 年诞生的被称为感知机的神经网络。系统的学习主要靠神经元传递信号中所反映的概率上的渐进变化来实现。同时也有人开发了应用符号逻辑来模拟神经元系统的,如麦卡洛克与皮茨用离散决策元件模拟神经元的理论。相关的工作还包括进化过程的仿真,即通过随机演变和“自然”选择来创造智能系统,如弗里德贝格的进化过程模拟系统。这方面的研究引出了人工智能的一个新分支——模式识别,以及学习的决策论方法。这些学习方法是从给定的例子集中,获取一个线性的、多项式的或相关的识别函数。

神经元模型的研究未取得实质性进展,并在 20 世纪 60 年代末走入低谷。另一方面,一种最简单、最原始的学习方法——机械学习,却取得了显著的成功。该方法通过记忆和评价外部环境提供的信息来达到学习的目的。采用该方法的代表性成果是萨缪尔设计的西洋跳棋程序，随着使用次数的增加，该程序会积累性记忆有价值的信息，可以很快达到大师级水平。正是机械学习的成功激励了研究者们继续进行机器学习的探索性研究。

2. 基于符号表示的概念学习系统研究

从 20 世纪 60 年代中期开始，机器学习转入第二时期——基于符号表示的概念学习系统研究。当时，人工智能的研究重点已转到符号系统和基于知识的方法研究。如果说第一时期的研究是用数值和统计方法的话，这一时期的研究则综合了逻辑和图结构的表示；研究的目标是获取表示高级知识的符号描述及概念的结构假设。这时期的工作主要有概念获取和各种模式识别系统的应用。其中，最有影响的开发工作当属 1975 年温斯顿的基于示例归纳的结构化概念学习系统。受其影响，人们研究了从例子中学习结构化概念的各种不同方法。也有部分研究者构造了面向任务的专用系统，这些系统旨在获取特定问题求解任务中的上下文知识，代表性工作有 Hunt 与 C.I.Hovland 的 CLS（Hunt & Hovland，1963）和 1978 年布坎南等人的 Meta-Dendral，后者可以自动生成规则来解释 Dendral 系统中所用的质谱数据。这个时期机器学习的研究者已意识到应用知识来指导学习的重要性，并且开始将领域知识编入学习系统，如 Meta-Dendral 和里南的数学概念发现系统 AM 等。

3. 基于知识的学习系统研究

起始于 20 世纪 70 年代中期的第三时期注重基于知识的学习系统研究。人们不再局限于构造概念学习系统和获取上下文知识，同时也结合了问题求解中的学习、概念聚类、类比推理及机器发现的工作。一些成熟的方法开始用于辅助专家系统的知识获取，并不断地开发新的学习方法，使机器学习达到一个新的时期。这时期特点主要有：

（1）基于知识的方法：着重强调应用面向任务的知识和指导学习过程的约束。从早先失败的无知识学习系统中吸取的教训就是：为获取新的知识，系统必须事先具备大量的初始知识。

（2）开发各种各样的学习方法，除了早先从例子中学习外，各种有关的学习策略相继出现，如示教学习、观察和发现学习。同时也出现了如类比学习和基于解释的学习等方法。

4. 机器学习方法蓬勃发展

20 世纪 80 年代中后期，连接学习（connectionist learning）和符号学习的深入研究导致机器学习领域极大繁荣，开始百花齐放。首先，符号学习已经有了三十多年的发展历程，各种方法日臻完善，出现了应用技术蓬勃发展的景象。比如，分析学习（特别是解释学习）的发展，ID3 算法的提出带动了决策树算法的研究，遗传算法的成功和强化学习方法的广泛应用。同时，神经网络的研究重新迅速崛起，并在语音识别、图像处理等诸多领域得到很大成功。一批机器学习研究者，经过坚持不懈的努力，发现了用隐含层神经元来计算和学习非线性函数的方法，克服了早期神经元模型的局限性。计算机硬件技术高速发展也为开发大规模和高性能的人工神经网络扫清了障碍，使得基于人工神经网络的连接学习从低谷走出，发展迅猛。

这个时期的重要特点是各种机器学习方法不断涌现，除了前述的相关进展外，在统计学习、集成学习等方面也取得了重大进展。1995 年，万普尼克（Vapnik）提出支持向量机(SVM),用一个分类超平面将样本分开从而达到分类效果,以 SVM 和更一般的核方法(kernel method)为代表的统计学习便大放异彩,并迅速对符号学习的统治地位发起挑战;同年,Freund 和 Schapire 提出 AdaBoost 算法,通过多个基学习器结合来完成学习任务的集成学习;2001 年,布莱曼提出随机森林算法。在神经网络方面,1995 年杨立昆提出卷积神经网络(convolutional neural network,CNN),2006 年辛顿等提出深度置信网络(deep belief network,DBN)学习,通过逐层学习方式解决多隐含层神经网络的初值选择问题,开启了深度学习新纪元。当前,集成学习和深度学习已经成为机器学习中最为热门的研究领域。

机器学习作为人工智能的核心技术,已经广泛应用于国民经济、社会发展中的许多应用领域,比较活跃的四大应用场景是:① 数据挖掘,发现数据之间的关系;② 计算机视觉,看懂世界;③ 自然语言处理,看懂文字、听懂语音;④ 机器人决策,具有决策和行动能力。

15.2.2 监督学习与无监督学习

所谓学习就是从以往经验和案例中获取新的知识或技能的过程。比如,我们有一堆植物花草照片,有人告诉你这几张是玫瑰,那几张是桂花,那些是荷花;当你看了一系列照片并了解了相应的类别后,你就慢慢学会区分玫瑰、桂花、荷花了。在这里,照片就是数据,“玫瑰”“桂花”“荷花”就是分类信息,又叫标签(label)。

针对已有的数据集,知道每个数据(样本)的分类信息(标签),要求训练得到一个最优的模型,找到数据特征和标签之间的关系。这种学习方式就叫监督学习(supervised learning)。典型的监督学习有:回归(regression)、分类(classification)等。

根据已有的二手车交易数据,分析二手车汽车品牌、车龄、里程、发动机性能等数据与二手车价格的关系,就是一种回归问题,即用一个函数 $y=f(X)$ 来拟合这些二手车属性 X 与价格 y 的关系。

分类问题是已知若干样本数据 x_i 的分类信息 y_i,要求训练一个分类模型 $y=F(x)$,实现输入数据 x 到输出数据 y 的映射,并具有对未知数据分类的能力。比如,“形色”app 就利用一堆有分类信息的花草照片,用深度学习方法进行训练,产生具有识别花草能力的分类模型。

如果输入数据没有被标记,即样本数据类别未知,则需要根据样本间的相似性对样本集进行聚类(clustering),这种学习方式叫无监督学习(unsupervised learning)。聚类试图将样本数据分为若干类,使类内差距最小化,类间差距最大化。相当于给读者一堆照片,不告诉读者照片是什么(“玫瑰”还是“荷花”),让读者自己把照片分个类,这叫聚类。读者可能会根据照片中的色彩,把照片分为树林(绿色多)、海滩(蓝色多)、人体(肉色多)等类别。我们在“9.1.3 数据挖掘”中提到的 k-means 就是一种典型的划分式聚类算法,也是一种无监督学习方法。如果说监督学习是在教师指导下的学习,无监督学习更像是自学。

还有一种典型的无监督学习方法是主成分分析(principal component analysis,PCA)。主成分分析是一种数据降维技术,寻找一些新的变量代替原始数据变量,以降低数据空间的维数,从而简化特性分析的复杂程度。

总之,根据训练数据是否有标签,学习方式可大致划分为"监督学习"和"无监督学习"两大类。

近年来,一种介于监督学习与无监督学习之间,折中标记数据工作量与机器学习准确率的半监督学习(semi-supervised learning)正逐渐发展起来。半监督学习让机器自动地利用未标记样本来提升学习性能。

对于半监督学习,其训练数据的一部分是有标签的,另一部分没有标签,而没标签数据的数量常常远大于有标签数据数量。半监督学习的基本依据是:数据的分布不是完全随机的,通过一些有标签数据的局部特征,以及更多没标签数据的整体分布,可以得到可接受甚至是非常好的分类结果。

半监督学习具有很强的现实需求,因为在现实应用中的大量数据往往没有标签,而获取标签却很困难,需耗费大量的人力与物力。比如,医院里医学影像数量极多,但所有病灶都标记的影像可能是少数,大量的影像是没有标记的;又如,土木工程的振动种类侦测的数据标注任务,标记几百个异常振动就需要花费一个领域专家几个月的时间。可见,用高质量的标注数据去训练合适且精密的模型以达到最高的准确率在很多现实场景中难以实现,而只使用无标注数据的无监督学习又往往表现不佳。因此,半监督学习在人工智能领域逐渐成为研究热点,其主要的研究方向是利用无类标签的样例提高学习算法预测精度和加快学习的速度。

【思考】以电子邮件分类为例(包括垃圾邮件自动分类),分析监督学习、无监督学习、半监督学习的场景分别是什么。

15.2.3 神经网络

人工神经网络(Artificial Neural Network)的研究始于 20 世纪 40 年代。1943 年,美国心理学家麦卡洛克和数学家皮茨提出了一个非常简单的神经元模型,即 M-P 模型,将神经元当作一个功能逻辑器件来对待,从而开创了神经网络模型的理论研究。人工神经网络是一个用大量称为人工神经元的简单处理单元经广泛连接而组成的人工网络,用来模拟人类大脑神经系统的结构和功能。

1957 年,罗森布拉特首次提出了感知机(perceptron)的概念,它由阈值性神经元组成,试图模拟动物和人脑的感知和学习能力。从 20 世纪 60 年代初到 80 年代初,神经网络的研究进入低潮。一个重要原因是:麻省理工学院著名的人工智能学家明斯基和派珀特在 1969 年写了一本书《感知机》(*Perceptron*),对当时神经网络沿感知机方向的发展研究泼了一盆冷水。在经历了几十年的曲折发展,到了 20 世纪 80 年代,神经网络的研究取得了重大的进展,如霍普菲尔德(Hopfield)提出了 Hopfield 神经网络模型,鲁梅尔哈特提出了多层神经网络的反向传播算法,使神经网络的研究再次出现热潮。

1. 感知机的两分类与训练

感知机是最简单的神经网络,需要学习的连接层只有一层,即输入层与输出层神经元之间的连接,如图 15–1 所示。它有若干输入,每个输入 x_i 都有相关联的权重 w_i,输出 y 是输入的加权和,见公式(15–1)。如果使用感知机进行两分类判别,我们还可以定义一个函数 $f(y)$,根据 y 是否大于 0,将 $f(y)$ 值分为 1 和 0。这个函数 $f(y)$ 就叫门限函数(threshold function)。

$$y=\sum_{i=1}^{n}(w_i x_i)+w_0 \tag{15–1}$$

如果我们的目标是希望构建一个两分类模型,比如,根据客户的收入、存款、职业、年龄、以往还款记录等信息,判别该客户的贷款风险程度:高风险还是低风险。我们就可以用上述简单的感知机模型来构建一个两分类模型,客户相关数据(比如收入、存款等)作为输入 $X=(x_1,x_2,\cdots,x_n)$,而模型的计算输出值 $f(y)$ 就代表了客户的类别,比如 1 代表高风险,0 代表低风险。

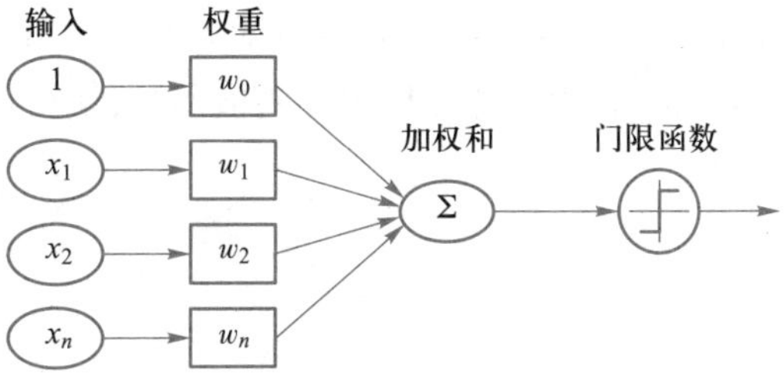

图 15–1 简单感知机模型

这样的模型能做出正确的分类靠什么呢?其中,最关键的是感知机中连接各输入 x_i 的权重 w_i。如果权重值取得合适,这样的感知机模型是可以用于简单的两分类问题。比如,一种简单的两分类问题是线性分类,即用一个线性的超平面将输入空间划分为两部分。

对于感知机模型,如何获得合适的权重 w_i 呢?前提是需要有训练样本数据,每个样本数据包括输入 X 以及相应的类别(标签)。

如果一批样本数据是一次性给定的,对于线性两分类问题,我们可以通过回归方法求得合适的权重 w_i。当然,一般更可能的情况是:未能一次性提供全部训练样本,而是逐个提供训练实例,要求在每次提供实例后就及时更新感知机权重,使之逐步收敛。

为了根据每个训练实例就能调整权重,我们需要定义一个误差函数(或者叫损失函数)$E(w|X)$,用于评价当前以 w 为权重集的模型对目前实例 X 的分类结果与实际结果的误差(损失)。权重调整的目的是使这个误差最小,因此,如果误差函数是可微的,我们就可以使用梯度下降法(gradient descent)来制定 w 中每个权重 w_i 的更新规则,即沿偏导数组成的梯度向量方向更新 w_i:$w_i=w_i+\Delta w_i$。

一般在计算权重更新值 Δw_i 时,会使用一个叫学习率的参数,用于控制权重的更新速度(即更新量),也代表了沿梯度方向的更新步长。一般来说,学习率越大,权重更新对当前实例的依赖越大,对以前训练例的“遗忘”越快;学习率越小,更新速度越慢,对当前实例的依赖也越小。

按照上述思路,一开始我们可以给感知机设置一个随机初始权重,然后在每个实例的训练迭代中根据权重更新规则,逐步调整权重,直到收敛或者训练完所有样本。

当然，类似感知机这样的单层神经网络的功能是比较弱的，只能用这样的模型来逼近线性函数，对大量非线性分类问题无能为力。于是，多层神经网络就应运而生。

2. 多层神经网络与训练

研究表明，提高神经网络分类能力的一个有效途径是给网络加上一些隐单元，即这些单元既不是输入单元又不是输出单元，而是中间单元。这样的神经网络就是一种多层神经网络，相当于是一个由多层感知机构成的网络结构。如图 15-2 所示的神经网络有三层，左边是输入层（input layer），右边是输出层（output layer），中间是隐含层（hidden layer）。其中，前一层神经元的输出作为后一层神经元的输入，前后层两个神经元的连接对应有个权重 W_{ij}。

与前面的感知机一样，每个神经元接受前层神经元的输入，并进行加权和计算，然后经过一个特定函数 $f(\ )$ 计算后输出，如图 15-3 所示。该函数称为激活函数（activation function），相当于感知机中的阈值函数，使得输入输出变换非线性化。

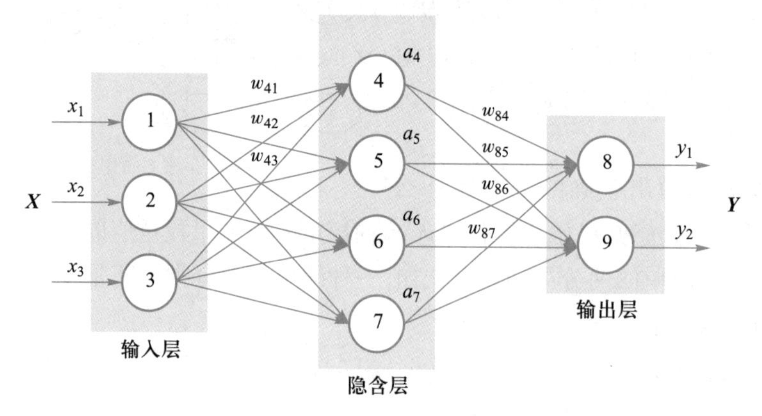

图 15-2 多层神经网络

由于多层神经网络的非线性特征，其连接权值 W_{ij} 并不可能由设计者事先指定，而必须通过训练在动态学习中渐渐获得，以达到连接权重的最优设置。如何动态学习，即相应的学习算法的研究，也是成了神经网络研究的重点。

鲁梅尔哈特等人提出的误差逆传播算法（back propagation algorithm）是一种比较著名的神经网络学习算法，也叫 BP 算法。BP 算法的基本思想是：学习过程由正向传播和反向传播组成。在正向传播过程中，输入信息从输入层经隐含层，逐层处理，并传向输出层。每一层神经元的状态只影响下一层神经元的状态。如果在输出层得到的输出结果与期望的输出结果不一样，则转入反向传播，将输出层单元的希望输出与实际输出之间的偏差逐层向输入层方向逆向传播，逐层调整各连接权重。权重调整的方法也是

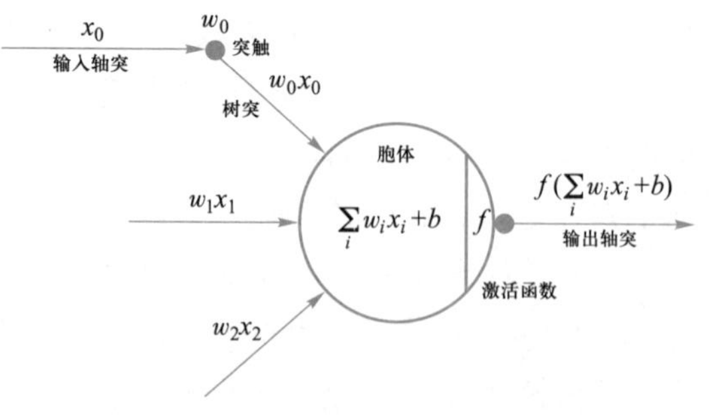

图 15-3 神经元的输入、输出

根据损失函数(误差函数),使用梯度下降法以使误差最小化的方式更新各层神经元的连接权重。

神经网络已被广泛应用于模式识别、最优化问题求解,以及认知科学的研究中。对于一个具体的应用,当选定了一个网络模型(层数、神经元数等)后,首要的问题就是要通过样本数据的训练确定各连接权值。当训练完成时,一个神经网络就建立起来并可以应用了:当给定输入后,经神经网络计算产生的输出即为所需要的结果。

对于分类问题,我们已知若干训练样本,希望通过训练找出一种分类模型实现输入 X 到输出 Y 的映射:$Y=F(X)$。这里的输出 Y 就是我们的分类信息。例如,对于植物花草识别这样的目标,输入 X 就是照片,输出 Y 就是该照片所对应花草的类别。显然,对于花草识别这样复杂的问题,我们不可能构造出这样的函数 $Y=F(X)$。于是,我们希望通过构造一个比较简单的模型,来逼近正确的函数映射。这样的模型就是神经网络。就像我们想要计算 e^x,但无法算出准确值,于是我们用一个多项式函数来逼近 e^x,如式(15–2)。显然,我们是用只有前两项的多项式(“$1+x$”)来逼近,还是用有前二十项的多项式来逼近,或者是有前两百项的多项式来逼近,求解的精度是完全不一样的,项数越多越精确。

$$e^x = 1+x+\frac{x^2}{2!}+\frac{x^3}{3!}+\cdots+\frac{x^n}{n!}+\cdots \qquad (15\text{–}2)$$

同样道理,对于神经网络,单层的感知机的逼近能力显然不如多层神经网络。那如果神经网络的层数更多呢? 这就是“深度学习”(deep learning)。从 20 世纪 80 年代开始,神经网络经历过单层神经网络、多层神经网络和深度神经网络三次发展阶段。深度学习技术逐渐成熟的背后,是与神经网络层数的演进有关的。深度学习可以理解为“深度”和“学习”这两个名词的组合。“深度”反映了神经网络的层数,一般来说,神经网络的层数越多,也就是越深,则学习效果越好;“学习”体现了神经网络可以通过样本数据的不断训练,自动更新、调整连接权值等参数,从而拟合出更好的效果。

2006 年,加拿大多伦多大学教授辛顿和他的学生在《科学》上发表了一篇论文,开启了深度学习的浪潮。辛顿教授发表论文后的 2006 年到 2012 年间,受整体计算机算力不够和训练数据量较少的限制,深度学习并没有条件发挥它的真实效力。在 2012 年,辛顿教授和他的两个学生在 ImageNet 比赛上,使用深度学习技术将识别错误率从 26.2% 猛然降低到 15.3%,深度学习这才被广泛关注,并成功应用于计算机视觉、自然语言理解、数据挖掘等许多领域。所以有人说,深度学习的三要素是:数据、算力、算法。

15.3 【扩展资料】强化学习

15.3.1 强化学习的基本思想

强化学习(reinforcement learning)是机器学习中的一个重要研究领域,它以试错的机制与环境进行交互,通过最大化累积奖赏来学习最优策略。由于其方法的通用性、对学习的背景知识要求较少,以及适用于复杂、动态的环境等特点,引起了许多研究者的注意,并成了机器学习的一种主要方式之一。

在计算机领域,第一个强化学习问题是明斯基于1954年的应用奖惩手段学习迷宫策略。随后1959年萨缪尔在西洋跳棋的问题中应用了类似的思想。从20世纪80年代中后期起,强化学习方法引起了人工智能及机器学习领域学者的广泛注意,最早引人注目的成果是1985年霍兰德提出的应用于分类系统中的Bucket brigade算法及一系列基于时差(temporal difference,TD)的学习方法。

许多强化学习方法都基于一种假设,即系统与环境的交互可用一个马尔可夫决策过程(Markov decision process,MDP)来刻画:

(1) 可将系统和环境刻画为同步的有限状态自动机;

(2) 系统和环境在离散的时间段内交互;

(3) 系统能感知到环境的状态,并用于做出反应性动作;

(4) 在系统执行完动作后,环境的状态会发生变化;

(5) 系统执行完动作后,会得到某种回报。

所有的强化学习方法都有一个共同的目标,那就是通过与环境的试错(trial and error)交互来确定和优化动作的排序,以实现所谓的序列决策任务。在这种任务中,系统通过选择并执行适当的动作,以导致系统状态的变化,并有可能得到某种强化信号(称为立即回报),从而实现与环境的交互。强化信号就是对系统行为的一种标量化奖惩。系统学习的目标是寻找一个合适的动作策略,使遵从该策略的动作序列可产生某种最优的结果(如累计的立即回报最大)。

强化学习算法的一般形式为:将学习者(系统)的内部状态I初始化为0,定义一个评价函数F和更新函数U,循环做以下步骤。

(1) 观察当前环境状态,设为s;

(2) 利用评价函数F选择一个动作,$a=F(I,s)$,其中I为内部状态;

(3) 执行该动作a;

(4) 设r为在状态s执行完动作a后所获得的立即回报;

(5) 利用函数U更新内部状态,$I=U(I,s,a,r)$。

内部状态I包含了从环境中学习的结果,一种典型的表示方式是用状态和动作构成的二维评价表$T(S,A)$。表里的每一元素$T(s,a)$代表了在状态s时选择动作a的价值。评价函数F将当前内部状态I和环境状态s映射为动作a,即选择一个下一步要执行的动作。更新函数U则根据强化信号等修改内部状态I,即改进原有学习结果。不同的强化学习方法会使用不同的F、U函数。

在强化学习技术中,基于时差(TD)的方法是一类典型的算法。TD方法通过预测当前动作的长期影响(即预测未来回报)将奖惩信号传递到先前的动作中,像霍兰德的Bucket brigade算法及在强化学习领域中著名的Q学习(Q learning)算法均是TD思想的例子。

15.3.2　Q 学习

沃特金斯于 1989 年提出了一类通过延时强化信号，求解无完全信息的 MDP 类问题的方法，称为 Q 学习。Q 学习是基于时差策略的强化学习方法。

Q 学习的积累回报函数 $\boldsymbol{Q}(s,a)$，是指在状态 s 执行完动作 a 后希望获得的回报。它是当前的立即回报加上期望的未来折扣回报。所有状态动作对的 $\boldsymbol{Q}$ 值存放在一张二维的 $\boldsymbol{Q}$ 表中，其值在每个时步中被修改一次；修改的方法往往是对原 $\boldsymbol{Q}$ 值和新估计 $\boldsymbol{Q}$ 值的组合。当系统处于状态 s 时，其动作决策的方式是选取具有最大 $\boldsymbol{Q}$ 值的动作。该值也代表了该状态的效用(utility)，即期望的回报。

Q 学习一开始就给定一些 $\boldsymbol{Q}$ 值，并在问题求解中利用 TD 思想动态地修改 $\boldsymbol{Q}$ 值。一般过程如下。

(1) 初始化所有的 $\boldsymbol{Q}(s,a)$；选择初始状态 s_0。

(2) 循环做以下步骤：

① 观察当前环境状态，设为 s；

② 利用 $\boldsymbol{Q}$ 表选择一个动作 a，使 a 对应的 $\boldsymbol{Q}(s,a)$ 最大；

③ 执行该动作 a；

④ 设 $\boldsymbol{R}$ 为在状态 s 执行完动作 a 后所获得的立即回报；

⑤ 根据一种平衡立即回报 $\boldsymbol{R}$ 和未来期望回报的方法更新 $\boldsymbol{Q}(s,a)$ 值，同时进入下一新状态 $s' \leftarrow T(s,a)$。

例如，假设一个房子有五个房间，房间之间通过门连接，从 0 到 4 编号，屋外视为一个单独的房间，编号为 5，如图 15-4(a)。

假设我们的目标是从屋内任意一个房间(比如 2 号房间)走到屋外，即编号 5 区域。从 2 号房间出发可以到 3 号房间，进而可以到 1 号房间或者 4 号房间。如果到了 1 号房间，就可以到 5 号房间(目的地)或者回到 3 号房间。房间之间的通达关系如图 15-4(b)所示，其中，把房间作为节点，如果两个房间有门相连，则中间用一条边表示。每条边还设定奖励值，指向 5 的为 100，其他为 0。

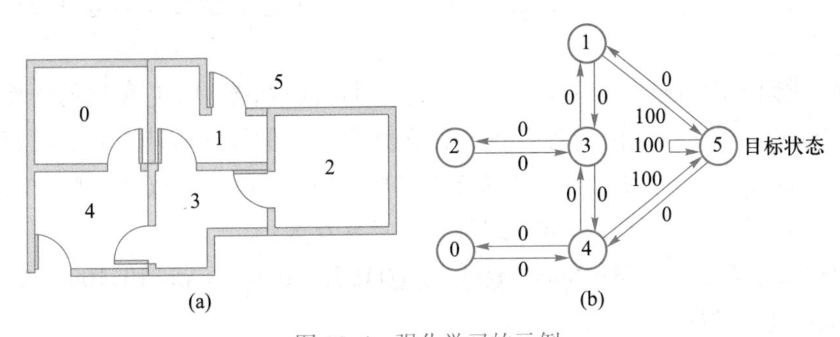

图 15-4　强化学习的示例

可以应用上述Q学习策略，不断地试探和进行 **Q** 值更新，最后获得一个正确的 **Q** 表，以指引任何状态下的动作决策，成功达到5号区域。

首先，将上述不同“状态”下采取不同“动作”的奖励方案可以用如下奖励表（reward table）表示。其中，到达目的地的奖励值为100，不可通达的为 -1，其他为0。

$$\boldsymbol{R}=\begin{array}{c} \\ \text{State} \\ 0 \\ 1 \\ 2 \\ 3 \\ 4 \\ 5 \end{array}\begin{array}{c}\text{Action} \\ \begin{array}{cccccc} 0 & 1 & 2 & 3 & 4 & 5 \end{array} \\ \left[\begin{array}{cccccc} -1 & -1 & -1 & -1 & 0 & -1 \\ -1 & -1 & -1 & 0 & -1 & 100 \\ -1 & -1 & -1 & 0 & -1 & -1 \\ -1 & 0 & 0 & -1 & 0 & -1 \\ 0 & -1 & -1 & 0 & -1 & 100 \\ -1 & 0 & -1 & -1 & 0 & 100 \end{array}\right]\end{array}$$

然后，创建一个 **Q** 表，也是一个大小与奖励表一样的矩阵，表示学习到的经验，所有元素初始化为0。其中，行代表当前状态，列代表可能的动作，矩阵元素值表示从一个状态执行一个动作（到另一个状态）能获得的总奖励的折现值。

Q 表中的值根据如下的公式来进行更新：

$$\boldsymbol{Q}(s,a)=\boldsymbol{R}(s,a)+\gamma\cdot\max_{\tilde{a}}\{\boldsymbol{Q}(\tilde{s},\tilde{a})\} \tag{15-3}$$

其中，s 表示当前的状态，a 表示当前的动作，$\tilde{s}$ 表示执行动作 a 之后的下一个状态，$\tilde{a}$ 表示下一个状态可执行的动作；$R(s,a)$ 是状态 s 下采取动作 a 的立即获得收益；γ 为贪婪因子（$0<\gamma<1$），用来平衡立即获得收益与未来收益，对这个例子假设设置为0.8。

如果当前位于1号房间（s 状态），那么可选的动作是进入3号房间和5号区域。由于当前对应 **Q** 值（初始值）都是0，假定随机选择进入5号区域（动作 a）。进入5号区域（$\tilde{s}$ 状态）后，可以选的动作（动作 $\tilde{a}$）有：去1号房间，4号房间，或者5号房间。因此，根据上式，**Q** 值的修改方法是：

$$\boldsymbol{Q}(1,5)=\boldsymbol{R}(1,5)+0.8\times\text{Max}\left[\boldsymbol{Q}(5,1),\boldsymbol{Q}(5,4),\boldsymbol{Q}(5,5)\right]=100+0.8\times0=100$$

此时，$\boldsymbol{Q}(5,1)$，$\boldsymbol{Q}(5,4)$，$\boldsymbol{Q}(5,5)$ 都是0。

那么，当前状态是5号区域，已达到目标状态。此时，**Q** 表已更新为 $\boldsymbol{Q}(1,5)=100$，其他值还是都是0。

接下来，我们再随机选一个初始状态，比如3号房间（状态 s）。它可选的动作是去1号房间、2号房间和4号房间。由于对应的3个 **Q** 值都是0，假设随机选1号房间（动作 a），我们想更新 $\boldsymbol{Q}(3,1)$ 的值。这时候需要考虑在1号房间（状态 $\tilde{s}$）的可选动作（动作 $\tilde{a}$），有两个选择：去3号房间和5号房间。根据公式（15-3）修改 **Q** 表：

$$\boldsymbol{Q}(3,1)=\boldsymbol{R}(3,1)+0.8\times\text{Max}\left[\boldsymbol{Q}(1,3),\boldsymbol{Q}(1,5)\right]=0+0.8\times\text{Max}(0,100)=80$$

因此，新的 **Q** 表为：

$$
\boldsymbol{Q}=\begin{array}{c}0\\1\\2\\3\\4\\5\end{array}\overset{\begin{array}{cccccc}0&1&2&3&4&5\end{array}}{\begin{bmatrix}0&0&0&0&0&0\\0&0&0&0&0&100\\0&0&0&0&0&0\\0&80&0&0&0&0\\0&0&0&0&0&0\\0&0&0&0&0&0\end{bmatrix}}
$$

类似的过程可以不断进行，最后 $\boldsymbol{Q}$ 表会收敛成类似如下矩阵（个位数四舍五入）：

$$
\boldsymbol{Q}=\begin{array}{c}0\\1\\2\\3\\4\\5\end{array}\overset{\begin{array}{cccccc}0&1&2&3&4&5\end{array}}{\begin{bmatrix}0&0&0&0&400&0\\0&0&0&320&0&500\\0&0&0&320&0&0\\0&400&256&0&400&0\\320&0&0&320&0&500\\0&400&0&0&400&500\end{bmatrix}}
$$

经过简化（比如同除以 5），就变成：

$$
\boldsymbol{Q}=\begin{array}{c}0\\1\\2\\3\\4\\5\end{array}\overset{\begin{array}{cccccc}0&1&2&3&4&5\end{array}}{\begin{bmatrix}0&0&0&0&80&0\\0&0&0&64&0&100\\0&0&0&64&0&0\\0&80&50&0&80&0\\64&0&0&64&0&100\\0&80&0&0&80&100\end{bmatrix}}
$$

根据上述学习获得了 $\boldsymbol{Q}$ 值表，以后就可以应用该 $\boldsymbol{Q}$ 值表，无论初始状态在哪个房间都可以通过选择最大 $\boldsymbol{Q}$ 值的动作而达到目标状态。

对于 Q 学习，有一个很好的理论结果，即 Q 学习可最终收敛于最优值。

下面是上述走出房间问题 Q 学习的 Python 代码，读者可以运行这些代码体验一下 Q 学习效果。

```
import numpy as np
import random
r=np.array([[-1,-1,-1,-1,0,-1],[-1,-1,-1,0,-1,100],
[-1,-1,-1,0,-1,-1],[-1,0,0,-1,0,-1],[0,-1,-1,0,-1,100],[-1,0,-1,-1,0,
100]])
q=np.zeros([6,6],dtype=np.int32)
```

```
gamma=0.8
step=0
while step<3000：
    state=random.randint(0,5)
    next_state_list=[]
    for i in range(6)：
        if r[state,i]! =-1：
            next_state_list.append(i)
    next_state=next_state_list[random.randint(0,len(next_state_list)-1)]
    qval=r[state,next_state]+gamma*max(q[next_state])
    q[state,next_state]=qval
    step+=1
    print(q)
```

运行结果：

```
[[  0    0    0    0  396    0]
 [  0    0    0  316    0  496]
 [  0    0    0  316    0    0]
 [  0  396  252    0  396    0]
 [316    0    0  316    0  496]
 [  0  396    0    0  396  496]]
```

上述代码的运行得到了 ***Q*** 值表。我们可以应用学习得到的 ***Q*** 值表，在任何状态下，通过选择最大 ***Q*** 值的动作最终都可以走到室外，即达到目标状态。下面程序中，我们做三次实验，应用该 ***Q*** 值表引导机器人走到目标状态，设机器人初始位置随机。

```
for i in range(3)：
    print("第{}次验证".format(i+1))
    state=random.randint(0,5)
    print("机器人处于{}".format(state))
    count=0
    while state!=5：
        if count>20：
            print("fail")
            break
        #选择最大的q_max
        q_max=q[state].max()
        q_max_action=[]
```

```
        for action in range(6) :
            if q [ state,action ]==q_max:
                q_max_action.append(action)
        next_state=q_max_action [ random.randint(0,len(q_max_action)-1) ]
        print("the robot goes to"+str(next_state)+'.')
        state=next_state
        count+=1
```

运行结果:

```
第 1 次验证
机器人处于 0
the robot goes to 4.
the robot goes to 5.
第 2 次验证
机器人处于 5
第 3 次验证
机器人处于 3
the robot goes to 1.
the robot goes to 5.
```

近年来,一种将强化学习与深度学习相结合的深度强化学习方法在 AlphaGo、AlphaGo Zero 等系统上得到成功应用。AlphaGo 创新性地结合深度强化学习和蒙特卡罗树搜索,通过策略网络选择落子位置减少搜索宽度,通过价值网络评估棋局以降低搜索深度,使搜索效率大幅度提升,胜率估算也更加精确。而 AlphaGo Zero 使用强化学习的自我博弈来对策略网络进行学习,改善策略网络的性能,并使用自我对弈和快速走子结合形成的棋谱数据进一步训练价值网络。可以说,深度强化学习利用了深度学习的感知能力,以及强化学习的决策能力,能够为复杂系统的感知决策问题提供解决思路。

习题 15

1. 感知机能模拟逻辑运算函数吗?请以二元逻辑与(AND)函数 $y=x_1$ AND x_2,为例进行分析,其真值表如下。

x_1	x_2	y
0	0	0
0	1	0
1	0	0
1	1	1

2. 对于分类问题,请讨论一下如何评价分类模型的好坏。

3. 针对你熟悉的专业领域或者社会生活领域,请设想一项人工智能、大数据或者区块链技术在该领域可能的创新应用,简述:(1) 应用场景;(2) 可能的创新应用思路。请注意设想的合理性和创新性。

4. 将图 15-4 中例子中房间的连通关系改变一下,并对应修改一下 Q 学习的 Python 代码。请运行修改后的程序,分析运行效果。

参考文献

[1] 李廉,王士弘.大学计算机教程——从计算到计算思维[M].北京:高等教育出版社,2016.

[2] 谢红霞,张华炳,吴红梅.Python 核心编程与应用[M].北京:电子工业出版社,2021.

[3] 金芝,周明辉,张宇霞.开源软件与开源软件生态:现状与趋势[J].科技导报,2016,34(14):7.

[4] 隐私计算联盟.隐私计算白皮书(2021 年)[R].中国信息通信研究院云计算与大数据研究所,2021.

[5] 陈越,何钦铭,徐镜春,等.数据结构[M].2 版.北京:高等教育出版社,2016.

[6] 程学旗,刘盛华,张儒清.大数据分析处理技术新体系的思考[J].中国科学院院刊,2022,37(1):8.

[7] 毛德操,杨小虎.区块链教程[M].杭州:浙江大学出版社,2021.

[8] 高济,何钦铭.人工智能基础[M].北京:高等教育出版社,2008.

[9] 吴飞.人工智能导论:模型与算法[M].北京:高等教育出版社,2020.

[10] 周志华.机器学习[M].北京:清华大学出版社,2016.

[11] WEISS M A.Data Structures and Algorithm Analysis in C [M].2nd. [S.L.]: Addison Wesley Longman,1997.